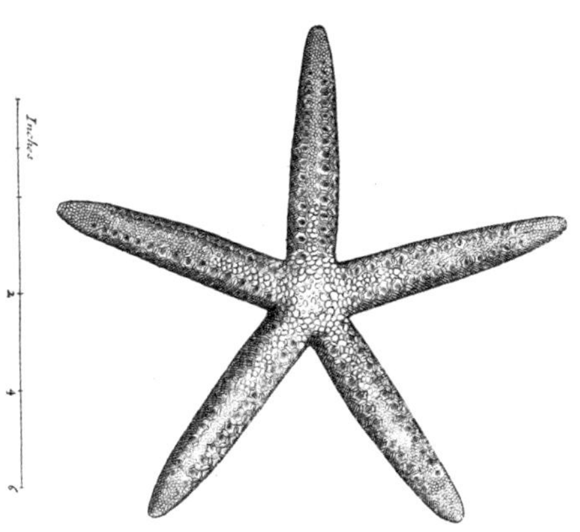

How Zoologists Organize Things

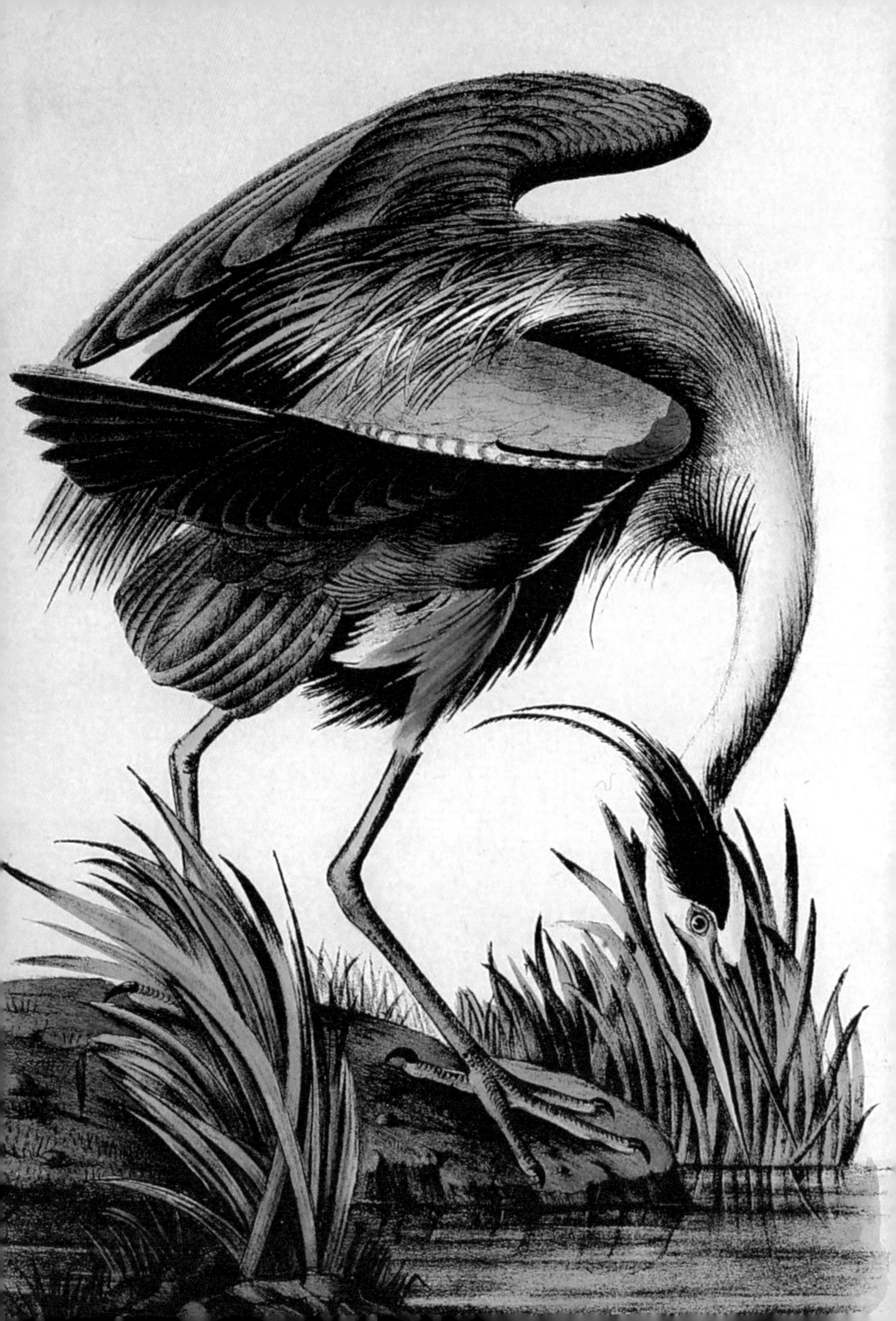

分类的艺术

动物学家如何认识世界

David Bainbridge

How Zoologists Organize Things

The Art of Classification

〔英〕大卫·班布里奇——著
胡晗 邢路达 王维——译

北京日报出版社

Original title: *How Zoologists Organize Things: The Art of Classification*

First published in 2020 by Frances Lincoln,
an imprint of The Quarto Group.

北京版权保护中心外国图书合同登记号：01–2023–5557

地图审图号：GS（2023）710 号

图书在版编目(CIP)数据

分类的艺术：动物学家如何认识世界 /（英）大卫·班布里奇著；胡晗，邢路达，王维译．-- 北京：北京日报出版社，2024.1

ISBN 978-7-5477-4710-0

Ⅰ．①分… Ⅱ．①大… ②胡… ③邢… ④王… Ⅲ．①动物分类学—图集 Ⅳ．① Q959-64

中国国家版本馆 CIP 数据核字 (2023) 第 217099 号

特约策划：马步匀
责任编辑：姜程程
装帧设计：高　熹
内文制作：米　沙　陈基胜

出版发行：北京日报出版社
地　　址：北京市东城区东单三条 8–16 号东方广场东配楼四层
邮　　编：100005
电　　话：发行部：（010）65255876
　　　　　总编室：（010）65252135
印　　刷：北京利丰雅高长城印刷有限公司
经　　销：各地新华书店
版　　次：2024 年 1 月第 1 版
　　　　　2024 年 1 月第 1 次印刷
开　　本：710毫米 × 1000毫米　1/16
印　　张：16
字　　数：260千字
定　　价：168.00元

推荐序

周忠和

中国科学院院士，中国科学院古脊椎动物与古人类研究所研究员

要想认识纷繁复杂、瞬息万变的世界（包括生命世界），分类是不可或缺的科学工具。《分类的艺术：动物学家如何认识世界》一书是英国剑桥大学解剖学家大卫·班布里奇（David Bainbridge）于2020年出版的科普读物，他从“科学探索也是艺术追寻”的视角，梳理了生物分类学的历史脉络，回顾了从古至今人类关于自然的奇思妙想与理性思考。

从蒙昧时代的寓言和神话故事，到亚里士多德开启的趋向客观描述的分类时代，再到达尔文和华莱士通过自然选择来阐释物种之间的亲缘关系与演化过程，以及孟德尔所引发的遗传学分类革命，读者在书中既能看到分类学家身份的转换——即从神学家到哲学家、艺术家、博物学家再到科学家，又能看到生物分类学这一学科横跨人文艺术与科学领域，不断地被注入新的艺术灵感与研究思路，进而永葆活力。

在书中被提到的生物分类法，除了如亚里士多德构建出的原始分类体系，林奈所提出的双名法等至今仍在沿用，而且由于人类的思维存在时间与地域上的差别，再加上科研发展的不平衡性，一些现在看来并不科学的分类方法也被保留下来。一方面，从人文艺术的角度来看，在东、西方文化中，许多动物（如狐狸、乌鸦、猫头鹰等）仍然笼罩着寓言色彩，甚至直到现在，包括非洲狩猎采集民族在内的诸多人群仍然相信世界是由神或者无名的力量所创造，动物也具有其特殊的宗教意义。另一方面，从科学的角度来看，多种生物分类方式继续并存，不仅有依靠遗传物质或者形态等进行的单一分类，还有结合古生物学、比较胚胎学、比较解剖学、遗传学等多种证据的自然分类系统，甚至仅仅就动物分类而言，就包括了支系分类、进化分类等多个学派。

此外，跟随作者的思路，读者还能看到人类对于生物世界的探知，很大程度上还促进了人类对于自身的理解——除了人类的生理特性、人类在演化树上的位置，作者还思考了包括语言和认知在内的文化演化，以及人类与动物的种种关系，如饲养动物会改变环境、人类的哪些活动对其他物种的威胁更大等。

在中国，不论是被达尔文引用过的《本草纲目》这样的经典著作，还是古诗词中的自然世界与花鸟情趣、成语故事中的动植物角色，我们从不缺乏在探知生物世界时兼顾美的享受的实践。本书的译者胡晗、王维和邢路达都是我熟知的优秀青年科研人员，同时也是热心科普的文艺青年，他们的外文功底加上优美的语言，再配上书中数量众多的精美插图，会让中国读者在阅读过程中，掌握解锁生物世界分类的多种密码，并充分领略到西方生物分类学中蕴含的艺术之美。

目录

Contents

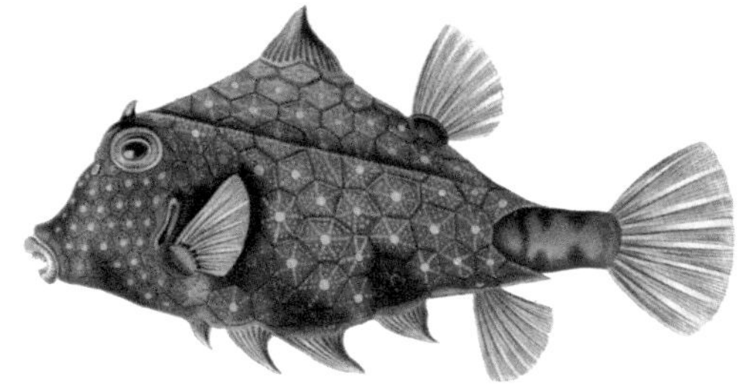

绪 言

在人类最初的绘画作品中，动物便拥有一席之地。有两个主题在人类的早期岩画中频频出现：旷野里的动物和人类的手——后者灵巧而有力的拇指令其在一众生物中脱颖而出，别具优势。人们探索动物世界的热忱往往出于实用，比如判断猎物是否有毒或是否易于捕获，但另一个驱动力同样不容忽视：对艺术的追求。

地球上栖居不计其数的生命，彼此之间有着各种相似与不同之处。早在达尔文、克里克与沃森之前，人类祖先的目光就已经落在了它们身上。早期学者们已经隐约感知到，生命体们似乎有着某种统一的秩序。古老而原始的动物分类尝试，让我们看到了人类对于揭示这一隐秘秩序的渴望。

这些尝试在历史上出现之频繁超出我们的想象。祖先们对动物分类高昂的热忱为我们留下了丰盛的艺术遗产，在西方体系中主要分为四个阶段：古典时代和中世纪的民间传说与宗教故事、启蒙运动时博物学家的分门别类、十九世纪的演化树与演化线路图，以及现代基于计算机技术的复杂化分类体系。这四个阶段也正是本书的脉络所在。

人类尝试对动物进行分类有着悠久的历史。在犹太教和基督教的创世神话中，就认为上帝在第五天创造了海洋与天空中的生灵，接着又在第六天创造出了陆生动物，其中就包括我们人类。甚至早在基督教席卷欧洲之前，地中海沿岸已经出现了繁荣的动物分类学启蒙——古埃及人的壁画中有大量的可食用动植物，亚里士多德构建出的原始分类体系的精髓更是延续至今。不过要等到大约十二世纪的中世纪中期，动物分类视觉艺术的宝库才真正开始在西方崭露头角，并流传至今。令人毫不意外的是，这些中世纪动物寓言集和百科全书所呈现的动物世界面貌，是与基督教的世界观相匹配的——其中的动物们在数个世纪的时间里，都被严格按照宗教化的标准进行了阶序划分。在这个世界里，荒芜险峻的边缘地带盘踞着各种或真实或虚构的凶猛野兽。正是这些极具艺术感的作品带领人类走上了动物分类的迷人道路，并随着漫长时光的流逝，终于进入了现代动物分类学的时代。

动物分类的艺术作品在十八世纪时出现了风格的转变，由此进入了发展的第二阶段。在稍早于此的文艺复兴时期，艺术与科学的进步以及时人对古典哲学理想化的追念，已经开始令人们以全新的视角审视世界上的万物生灵。到了十八世纪启蒙运动之时，依据宗教寓言对动物进行分类的方法逐渐被摒弃，取而代之的是依据生物间异同点而进行的客观判断。人们渐渐认识到了动物间亲缘关系的远近，各项特征的异同，甚至物种间祖先与后裔关系的可能性，而这一切都暗示着

雅各布·范·马兰特（约1235—1291），《自然之花》，约1350年；长牙的鸟

* 书中的图像与图像上的说明文字，都来自不同时期各相关学科的经典文献，系原配插图。

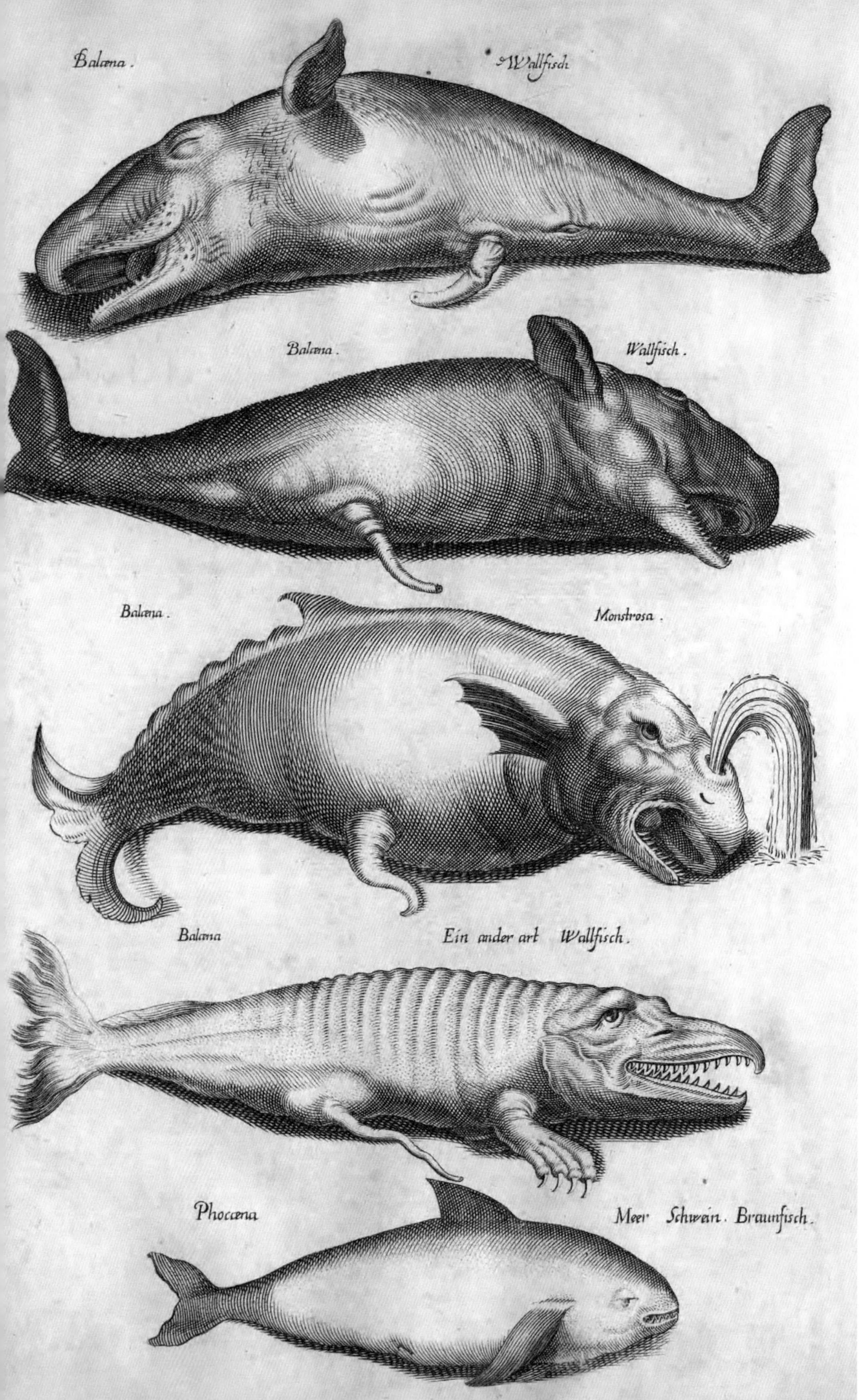
Balæna.
Wallfisch
Balæna.
Wallfisch.
Balæna.
Monstrosa.
Balæna
Ein ander art Wallfisch.
Phocæna
Meer Schwein. Braunfisch.

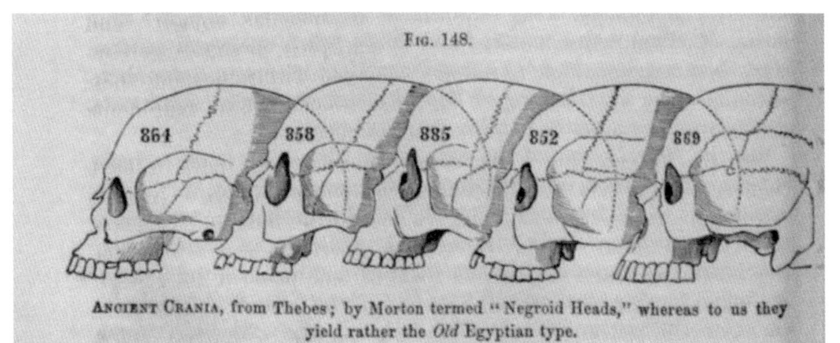

Ancient Crania, from Thebes; by Morton termed "Negroid Heads," whereas to us they yield rather the *Old* Egyptian type.

约西亚·诺特（1804—1873）及合作者，《人的种类》，1854 年；现代人头骨——下埃及地区的工匠

一个生物界深层机制的存在。尽管极少被正式提及，但一些有悖于神创论的思想似乎在此时出现了萌芽，即动物间的异同可能有着其他原因，而并非出自上帝的设计——灭绝了的动物们也许彼此间有着千丝万缕的联系，又或者，它们甚至发生过某些演变。这些朦胧的自然历史初始猜想极大地刺激了启蒙运动时期人们本就旺盛的求知欲。博物学家，又或者说是分类学家的艺术作品随之出现了井喷，以素描、版画、油画等形式对生物世界的描绘源源不绝。人们对于生物间关系模式的认识也由此进入了新纪元。

十九世纪时动物分类艺术揭开了第三阶段的帷幕，其驱动力是科学领域的三大开创式进展。首先，人们意识到在一段长时间的框架下物种真的是可变的，甚至可以分裂形成新种；其次，达尔文和华莱士提出自然选择理论，成功解释了演化的内在机制；最后，地质学证据显示地球年龄其实极其古老，足以为物种提供演化的时空舞台，而且地层中也确实保留下了清晰的化石演化证据。发展至此，人们终于意识到演化是真实存在的，它拥有自己的运转机制，也拥有充裕的发生时间。演化理论与过去的宗教解释背道而驰：所有的动物包括人类都因来自共同的祖先而彼此关联，同时地质学、动物学与人类学也打破壁垒产生了各种交融。作为这些科学进展结出的硕果之一，十九世纪的动物分类艺术作品展现出了无与伦比的张力与自信。或是一棵枝繁叶茂的生命树，或是一张井然有序的表格，又或是一幅脉络清晰的追溯图——这些载体上总结出的自然世界满怀着优雅的艺术感。此外，在欧洲人沉迷于探索海外奇异动物群的同时，他们意识到独特而多样的欧洲本土动物同样也能支持这些新理论——“回望故乡，亦有风景”。

对页：约翰·琼斯顿（1603—1675），《自然史（第五卷）：鱼类和水生哺乳动物》，1650—1653 年；鲸

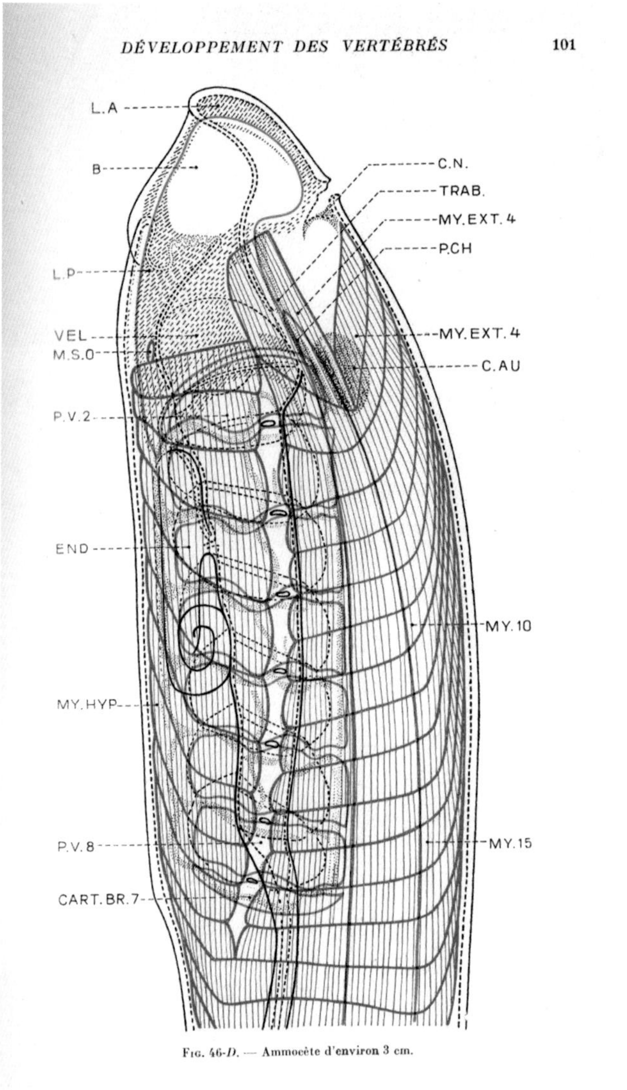
DÉVELOPPEMENT DES VERTÉBRÉS
101
L.A
B
L.P
VEL
M.S.0
P.V.2
END
MY.HYP
P.V.8
CART.BR.7
C.N.
TRAB.
MY.EXT.4
P.CH
MY.EXT.4
C.AU
MY.10
MY.15
FIG. 46-D. — Ammocète d'environ 3 cm.

皮埃尔－保罗·格拉斯
（1895—1985），
《动物学第十三卷：无颌类和有颌鱼类》，
1958 年；七鳃鳗幼体

二十世纪伊始，动物分类学开始超越简单的数据积累期，进入了第四阶段。随着生物学探索的不断深入，人们也逐渐认识到动物之间的异同点有着更加深远的含义。不只是物种的形态，它们的基因、染色体、基因组也都在不断地演变和分化。因此，动物们演化、灭绝、适应和相互影响的方式是多样而非单一的，这让试图描绘它们的艺术家们感到难以下手。层级清晰的演化树变成了错综复杂的丛林，而为了解开这些盘根错节的枝杈间关系，更是诞生了一批听上去生僻拗口的学科：系统发育学、分类学、染色体学、表型分类学、系统学、生物地层学、埋藏学、基因组学。这些交叉学科使人们意识到物种间的相互影响不仅体现在演化关系上，也在其他的诸多方面：生态、行为、共生、寄生、生物力学、生物物理学、环境以及灭绝。尽管面对着大量爆炸式的科学知识，我们依然能够用艺术的方式去抽丝剥茧，简约而不失美感地呈现出关键信息。也正因如此，现当代成了动物分类艺术多样化程度最高，最百花齐放的时代。

一次又一次，我们看到人们描绘和给动物分类的热情远远超出了简单的生存所需，有时甚至到达了近乎病态的极致精细。正是这些狂热创造出了“汗牛充栋”的精美艺术作品，穷极一生我们也难以阅尽。这些作品所达到的审美高度，往往超越了其作为原始数据进行理论推导的原始科学价值。一次又一次，我们看到这些作品中高超的描绘精细度和审美艺术性，仿佛除了科学信息，震撼人心的视觉呈现本身就能给予人类深邃的哲学体悟。

因此，本书意在重现这一艺术化的动物分类发展史。书中的图画表格体现了各阶段盛行的艺术风格及重要的科学发现，同时有着贯穿始终的深层逻辑：动物世界是寓言主角，是生命之树，是清单编目，是网络，是迷宫，是未知之地，也是我们人类审视自己的一面镜子。

术语说明

动物分类学衍生出的一系列交叉重叠的术语，不仅困扰着普通读者，甚至很多生物学家有时面对它们也会感到迷惑。

1 大部分情境下，Classification 与 Taxonomy 含义相近，都是对物种进行鉴定，然后归入某个分类体系中特定位置的学科，即分类学。但前者含义较为宽泛，而 Taxonomy 专指生物分类。科学家们曾有过关于它们之间细微差别的争论，但对读者来说这些差异几乎微不足道。

2 “系统发育学”（Phylogenetics）依据物种的共同祖先和谱系关系进行分类，建立在认为物种多样性来自演化的基础上。“系统发育学”——Phylogeny 的原意即为“种系的起源”。

3 “表型分类学”（Phenetics）则仅根据物种表面特征的异同进行归类，而不考虑亲缘关系的影响。在演化理论被广泛接受之前，表型分类学曾一度非常盛行。如今的生物学家仅在数据不足以揭示物种间真实演化关系时，会偶尔加以采用。

4 “演化生物学”（ Evolutionary biology）的研究对象是演化过程的机制——生命的起源、物种的变化、物种的分裂以及影响这些过程的外部因素，通常不会着眼于物种鉴定等细节。

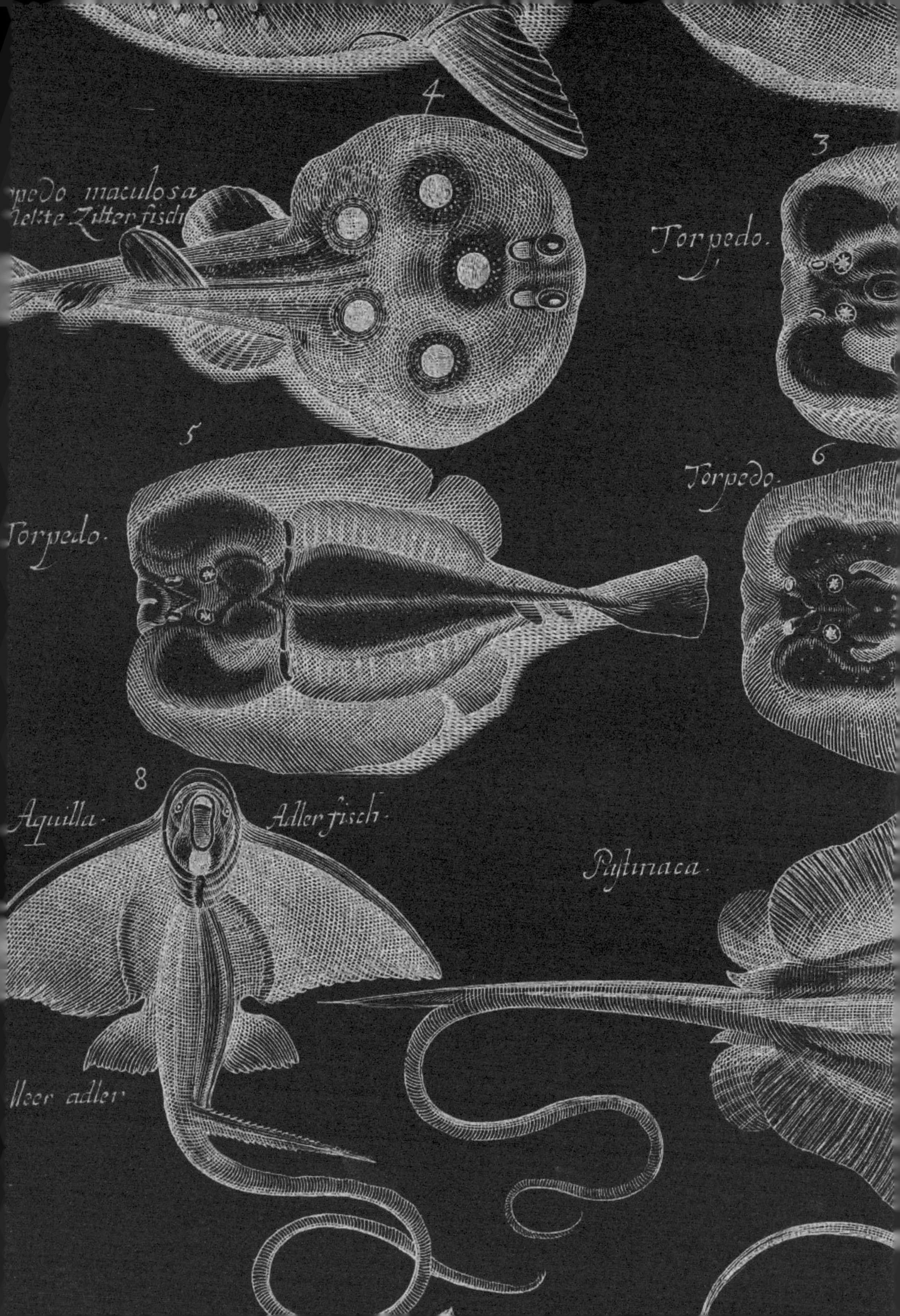
4
pedo maculosa.
lekte Zitter fisch
3
Torpedo.
5
Torpedo.
6
Torpedo.
8
Aquilla.
Adler fisch.
Pastinaca.
leer adler

第一章

亚里士多德、动物寓言集和狗头人

chapter 1

Aristotle, Bestiaries &c Cynocephali

约翰·琼斯顿（1603—1675），
《自然史（第五卷）：鱼类和水生哺乳动物》，
1650—1653 年；翻车鲀和鳐

分类学的萌芽（远古时期—1700年）

西方社会对动物进行命名分类来源于犹太教和基督教的传统，相关的内容在宗教典籍中频频出现。《圣经》中神在同一天造出了亚当和陆地上的其他动物，而这竟与“人类是动物中普通一员”的现代理念不谋而合。神交予亚当的首项任务之一，便是为这些飞禽走兽取名。值得注意的是，《圣经》中而后提及神造夏娃的原因是其他的生物无法陪伴和协助亚当。

《圣经》中关于动物分类的寓意影响深远，甚至衍生出了对特定动物的食用禁令。《利未记》的第十一章用类似现代“决策树”的方式，规定了人类只可吃“分蹄的、反刍的”，或“长着翅与鳞的”动物。这些规定可能来源于此前人们对食物的试错结果，其中有些食物可能曾引发过严重的微生物或寄生虫疾病。直至如今，犹太教徒们依然遵循着这些古老的饮食选择传统。在阅读这些神秘的禁令时，人们很容易便会感觉到，它们大多应当有着关乎生死的实用理由。事实

佚名，
《阿伯丁动物寓言集》，
约1200年；
上帝造物

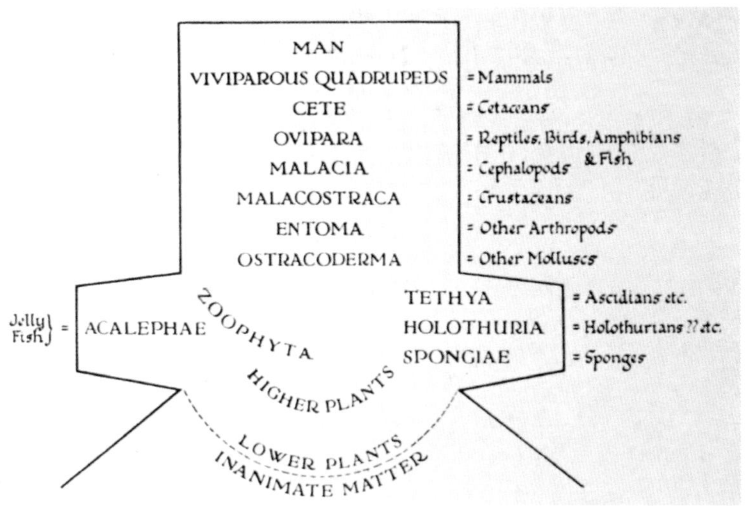

查尔斯·辛格（1876—1960），《生物学简史》，1931 年；亚里士多德的自然阶序图

上，实用性确实是人类进行动物分类的一大驱动力。严格来讲，只有知晓哪些猎物是危险或有毒的，原始人类才能存活下来，而我们则是这些幸存者延续至今的后裔。

除了《圣经》，了解西方动物分类的历史时同样无法避开古希腊。相对于求生本能，后者更多是出于纯粹的知识性探索。乍看之下，古希腊时期的分类方法甚至与现代方法有着惊人的相似之处。公元前四世纪，亚里士多德的自然哲学中就总结了大量希腊动物的简单生物学信息，它们可能是亚里士多德的个人发现，也可能有着未经引用的其他来源。

亚里士多德生活、写作的地点是爱琴海中最大的岛屿之一——莱斯沃斯岛（Lesbos）。岛上的动物群，尤其是温暖的浅潟湖中的生物们，构成了他笔下描述的主体。亚里士多德一直强调自己的描述基于亲身的自然观察，而非前人讹传的机械重复。他说的大体没错：对于遇到的各种动物（希腊文 ζῷον，即 zoön，意为 animal，进而引申为 zoology），他都通过观察尝试去找出能进行分类鉴定的特征。在这个过程中，他意识到有些特征是所有动物共有的，而简单的颜色、形状和体形有时并不能提供可靠的结果。最终他形成了一套动物分类的标准：食谱，习性行为，呼吸方式，是否有变态过程，具社会性还是独居，夜行还是日行，驯养还是野生，捕猎还是被捕猎，卵生还是胎生，海床底栖还是自由游泳、行走、蠕动或飞行。

不过亚里士多德的思想有时也并不“现代”。尽管他创造出了目前

佚名，
《阿伯丁动物寓言集》，
约 1200 年；豹

已知的首个动物分类“科学”体系（见 3 页），但仍困囿于一个执念：试图将整个世界归入形而上学的框架之中。作为自然分类的先驱者，他创建了一个形似“自然之梯”的上升式阶序体系：从植物，动物，人类到神，世间万物被从低到高安放在了阶梯的不同位置。事实上，这一等级森严的分类体系与亚里士多德亲身观察到的、庞杂的动物多样性并不相符。尽管如此，它依然形成了后续大量动物分类系统的基础，甚至直到十九世纪前，它都一直塑造着人类普世的哲学观。这一体系将人类置于其他动物之上，令他（那是个用“他”来指代人类的时代）处在通往完美的路途中，远离那些奇形怪状的生物而更靠近神。然而这是个不完美的体系，亚里士多德自己有时给出的信息都会撼动它——比如他似乎常常觉得人类“不过是一种动物”，而且这一猜想其实在他脑海中经年难散。

随后，一本可能成书于二世纪亚历山大港的图集——《博物学者》，成为动物分类艺术史上继亚里士多德之后的又一转折点。这本著作奠定了这一领域此后近千年的基调。姓名已佚失的作者在这本书中倾注了新的基督教哲学观，描绘了四十种动物但并不着重于它们的动物学特性，而是更多地强调其宗教象征意义。这些动物以早前希腊动物寓言的形式绘制而成，但各自在基督教典故中拥有自己的角色，阐述着特定的基督教教义。在《博物学者》中，动物们仅仅是描述上帝之国的工具——动物学沦落成了神学的附庸，在往后漫长的时间里它科学的光辉都被后者所遮蔽。

七世纪早期，一个异类出现了——圣伊西多尔和他的《词源》，一本代表了百科全书早期探索的皇皇巨著。诚然，作者对于一些传统观点的保留使得书中部分内容略失之偏颇。正如书名所示，圣伊西多尔相信找到词语的来源是了解它真正含义的关键。比如当他看到“笨拙”（elephantine）一词，便会直接将其与“大象”（elephant）的特质联系到一起。然而对于现代读者而言，概念可以反过来用于命名动物——比如“树懒”（sloth）的原意就是懒惰，同时动物的名称也可以组合成新的概念——比如“混战”（dogfight）的英文字面意思是狗咬狗。《词源》可能是历史上人类着迷于动物分类的经典案例——人们甚至试图利用语言学来超越自身能够达到的动物观察水平。这本巨著在中世纪西欧和伊斯兰世界里不断地重印、流传，对当时和后世都产生了深远的影响。

佚名，赫尔福德地图，约 1300 年；狗头人

康拉德·格斯纳（1516—1565），《动物史》，1551—1558 年；完美的蛙

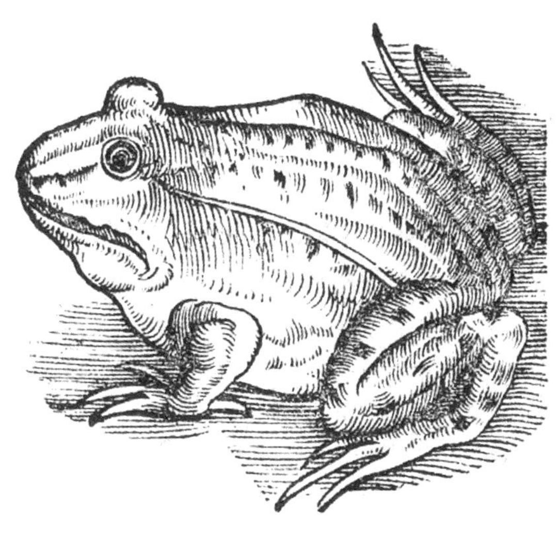

亚里士多德的形而上学，圣伊西多尔对名字的执念，和基督教的自省——上述种种都可以视为中世纪晚期动物分类艺术繁荣的前奏。在它们的基础上，一种极具艺术观赏性的动物分类艺术题材诞生了：动物寓言集。

中世纪动物寓言集在十二、十三世纪时发展到了顶峰，尤其是在法国、英格兰和苏格兰地区。尽管它们的艺术水准各有不同，但却在内容结构和关注点上达到了惊人的统一。艺术家们大量地汲取前人或同时代的作品精髓作为灵感来源，以至于他们的作品自身竟形成了清晰的演化脉络，可以依据相关性和传承性归入不同的谱系之中。前作《博物学者》里收录的动物们主要来自北非，而此时的作品则增补了北欧的动物成员和虚构的奇珍异兽，形成了一个足以讲述各种宗教典故的动物集群。极具观赏性的画作令当时不识字的受众也能理解这些宗教典故，而这些读者是否怀疑过书中所绘动物的真实性，我们就不得而知了。相对于它们的自然属性，寓言集中的动物们对作者来说有着更高的功能——讲述上帝的故事。因此，它们是否在现实中真的存在，对当时的作者和读者来说并不那么重要。寓言集中的有些象征十分直观——狐狸诱捕鸟象征着魔鬼引诱人；豹子攻击龙象征着耶稣击退撒旦。与此同时，有些动物，尤其是中世纪读者日常所熟悉的动物，则可能有着更为复杂的意义——一只山羊可能在某些语境中代表着被地狱吞噬的罪人，但在另一些语境中则可能转而象征万能的救世主。

除了动物寓言集，世界地图是中世纪时流行的另一种视觉艺术形式。这些风格化的巨幅地图提纲挈领地描绘了时人所认为的整个世界——他们眼中上帝创造出的世界。在绝大多数地图中，当时已知的亚洲、非洲和欧洲三块大陆环绕着耶路撒冷，强调圣城世界中心的位置。三块大陆以外的世界边缘则是一些险恶之地，其上各种骇人的凶兽肆意横行。这些令信徒们心惊胆战的怪物通常由真实的动物形象扭曲塑造而成，有时甚至是虚构出来的邪恶的人兽拼凑体。最极

乌利塞·阿尔德罗万迪（1522—1605），《蛇与龙的自然史》，1640 年；蛇与龙

端的例子——狗头人出现在赫尔福德地图（见5页）的边缘地带。这种狗头人身的诡异动物可能取材自现实世界里的狒狒，它们往往在图中被描绘为嬉戏玩耍的形象。

到了文艺复兴时期，人们的想法开始逐渐有所变化：中世纪时宗教主导的分类模式开始让位于更加客观的判断标准。十六世纪时，以瑞士哲学家康拉德·格斯纳的巨著《动物史》为代表的一系列作品得以出版。五十年后，乌利塞·阿尔德罗万迪在博洛尼亚收集了大量的珍奇动物，他的著作《鱼类学》和《鸟类学》也成了当时众多书籍中的佼佼者。陈旧的阶梯式分类体系无法再承载此时陡增的动物多样性，阶梯图上的台阶们彼此间的界线也开始变得模糊。人们逐渐意识到，这种从低级物种到神明的直线式分类模式可能过于简单化了。在后世的某个时刻，这种分类系统将被二叉树或其他体系所替代，而这些各式各样新的分类体系则是中世纪的艺术家们从未想象过的。

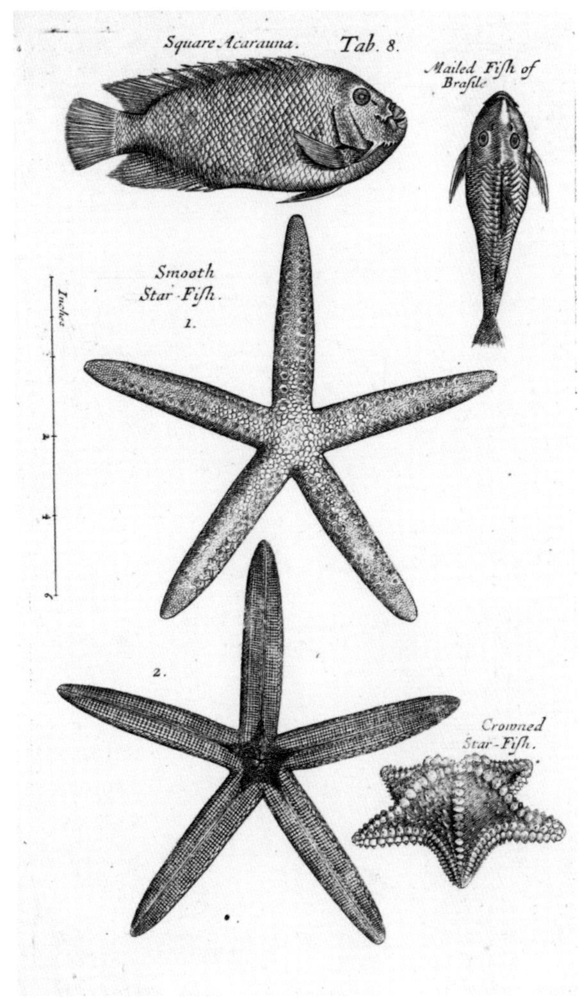

尼希米·格鲁
（1641—1712），
《皇家学会博物馆》，1681年；
鱼和海星

佚名，《阿伯丁动物寓言集》，约1200年；
上帝造鸟与鱼（上图），亚当为动物命名（对页图）

尽管年代并非最古老，但《阿伯丁动物寓言集》可以说是最具视觉冲击力的动物寓言集。上帝造物，尤其是随后亚当取名的情节在《创世记》中有着重要的地位（见2页）——这仿佛预示了后人对于动物命名与分类的迷恋与执着。

佚名，《诺森伯兰动物寓言集》，约 1250—1260 年；

刺猬与蜜蜂（上图与下图）；海怪（对页图）

动物寓言集是日常动物、奇珍异兽和幻想产物奇妙的集合体，其中一些动物的象征意义可能会让现代读者惊诧不已。例如在《诺森伯兰动物寓言集》中，善良可爱的刺猬摇身一变成了邪恶的小偷，在地上滚上一圈便能用身上的刺将水果一扫而空。

挪亚方舟

中世纪时生命、死亡与分类的意象

Noah's Ark

Medieval motifs of life, death and classification

关于美索不达米亚大洪水的传说来源已不可考，但应当极为古老——可能五千多年前就已经出现了。尽管不可能发生过传说中的世界大洪水，但这些故事可能真实来源于底格里斯河与幼发拉底河流域的局部洪灾，甚至可能记载了末次冰河时代大融冰的远古记忆——比如当时的波斯湾曾是有人类居住的陆地。

《圣经·创世记》中所载的大洪水只是众多流传的版本之一，而且其中的描述仅是短短几句一笔带过：

奥尔良的劳伦特弟兄*，《罪与美之书》，约1295年；挪亚方舟

*译注：此处“弟兄”为基督教信徒间的称呼。

> 耶和华对挪亚说，你和你的全家都要进入方舟，因为在这世代中，我见你在我面前是义人。凡洁净的畜类，你要带七公七母。不洁净的畜类，你要带一公一母。空中的飞鸟，也要带七公七母，可以留种，活在全地上。

不过，挪亚方舟这一简短故事中所包含的宏大叙事，以及圣徒将生灵分类为飞禽与走兽、洁净与不洁净、公与母来加以挽救的方式，为中世纪的视觉艺术创作者提供了无尽的灵感。

其中一个杰出的例子是《罪与美之书》，一本献给法国菲利普三世的神学及道德指导书，作者为多明我修道士劳伦特弟兄（见对页图）。显

列巴纳的贝亚图斯（约 730—785），《启示录注释集》，十二世纪；挪亚方舟

然，挪亚方舟画起来有着相当大的难度，动物们只能以奇怪的姿势被一一塞进修道院式的小室之中。有意思的是，很多中世纪作品中如此画就的方舟与其说是抵御洪水的利器，不如说更像是现代的动物分类科学表格。

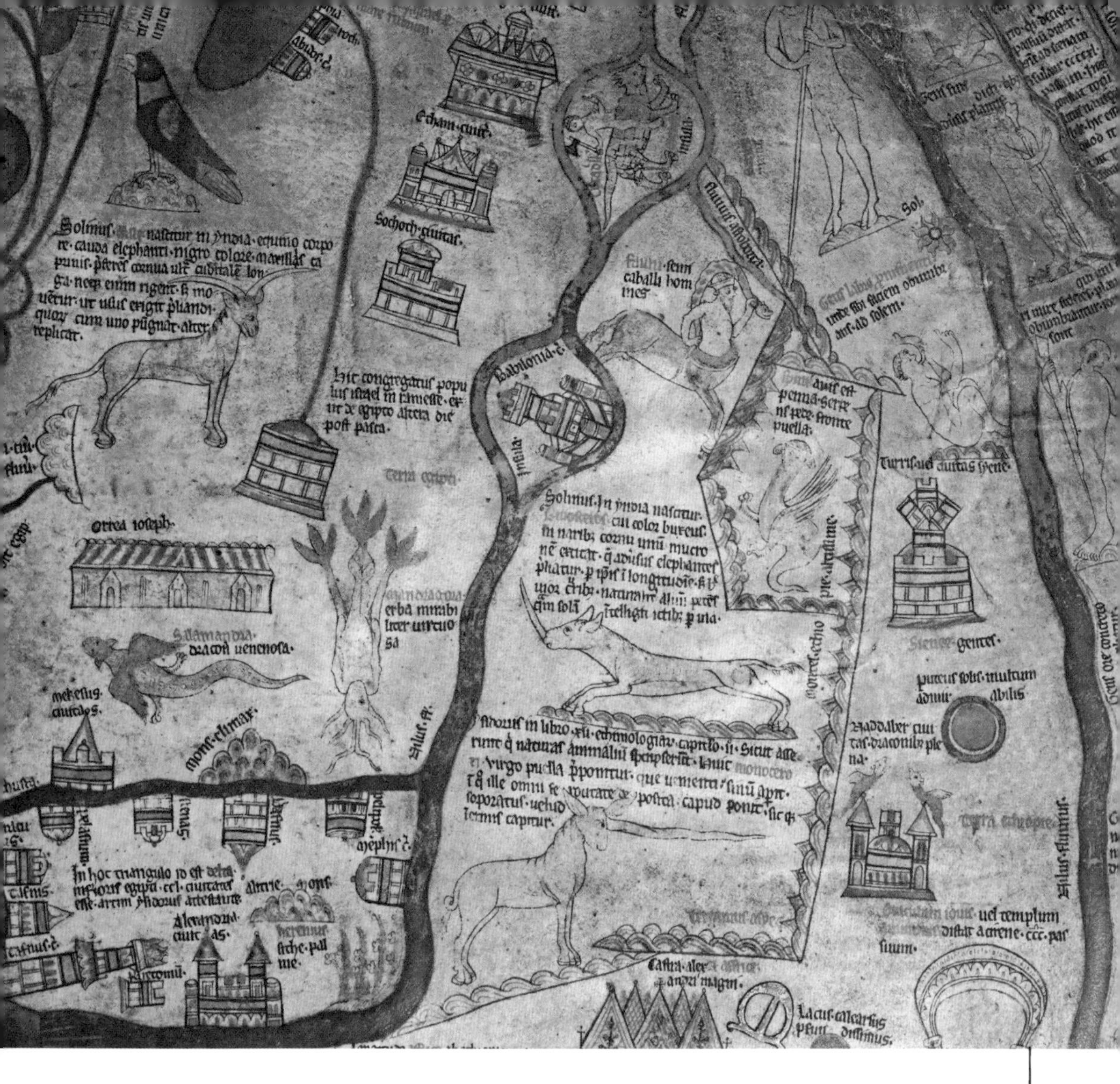

佚名，赫尔福德地图

赫尔福德地图应当是中世纪地图中最光彩夺目的一幅——24 平方英尺（约合 2 平方米）的巨大牛皮纸上绘满了繁复的图案和标注。和其他众多中世纪地图一样，图中三块已知的大陆环绕着位于中心的耶路撒冷，地图边缘上则盘踞着各种诡异神秘的怪兽（见 5 页）。上图是赫尔福德地图的东北角一隅，包括了严重扭曲的埃及和东非，其上绘有曼德拉草、蝾螈、凤凰、独角兽、犀牛和野迩（一种形似旋角羚的神话动物），甚至还有一只古以色列人异教崇拜所用的黄金牛犊。

巴塞洛缪·安格利克（1203—1272），《万物志》，作者去世后，于1403年出版；狮子、鹿、独角兽和马

“英国人巴塞洛缪”流传后世的信息很少，仅仅知道他在巴黎和马格德堡工作，以及他创作了这本早期百科全书。

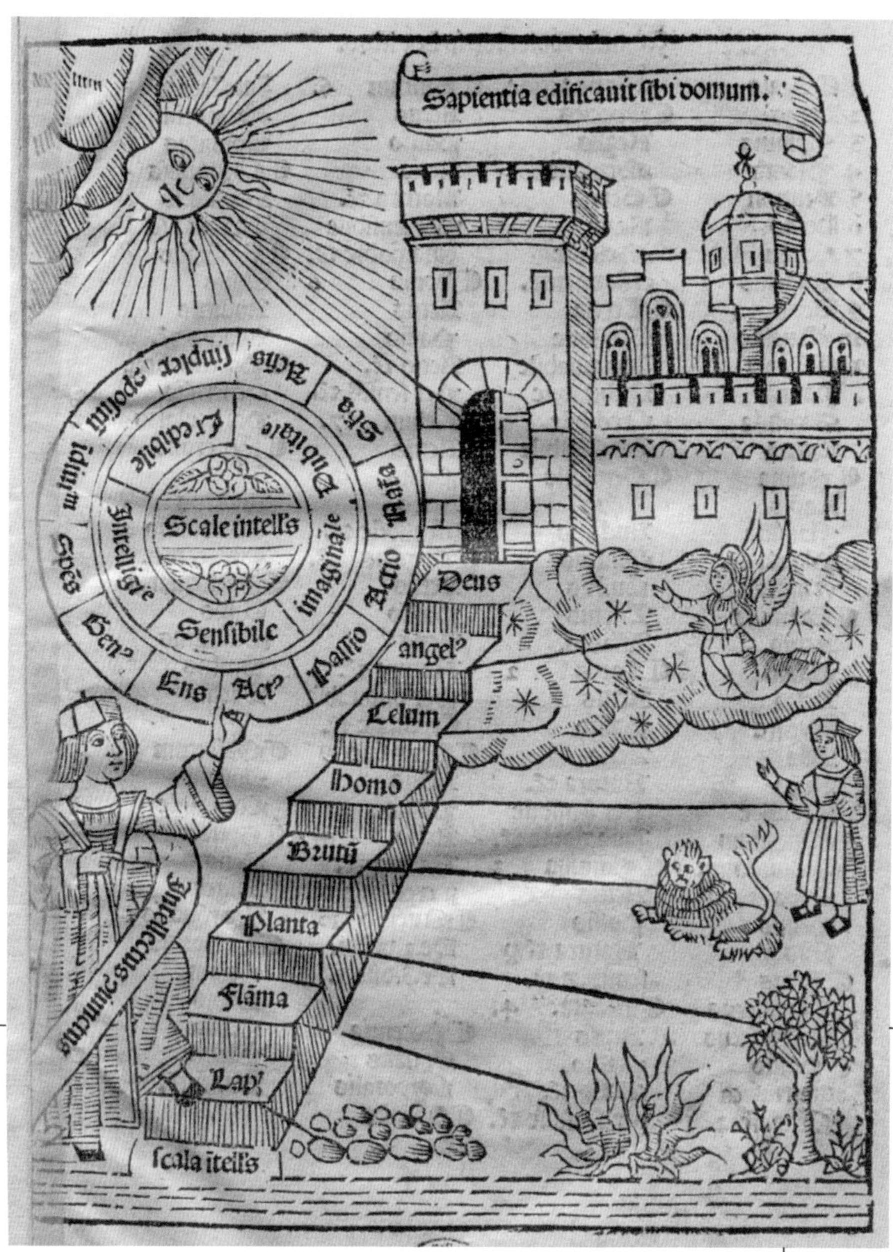

拉蒙·柳利（约 1230—约 1315），《伟大的艺术》，约 1305 年；认知的阶梯

马略卡哲学家拉蒙·柳利所绘制的“自然阶序”（scala naturae）有着巨大的影响力。他将非生命体、生命体和神学意象综合成了一个等级森严的阶序体系，为后世以“伟大的生命之链”（great chains of being）为主题的众多作品奠定了基调。直到二十世纪，生物学中这种物种由低向高演化的看法才逐渐消失。柳利在图中设定的哲学阶梯从低到高依次为：岩石（lapis）、火焰（flama）、植物（planta）、动物（brutum）、人类（homo）、天空（caelum）、天使（angelus）、上帝（Deus）。

迪亚哥·巴拉德斯（1533—1582),《基督教辞令》, 1579 年；伟大的生命之链

迪亚哥·巴拉德斯和拉蒙·柳利虽然生活年代相去甚远，前者的阶序体系划分也明显更为细致，但二者作品的主旨是相当一致的，都捍卫着万物之间的高低顺序。巴拉德斯生于墨西哥，是一名方济各会的成员。他的神学论著《基督教辞令》中的万物排序，明显受到了不幸遭西班牙殖民的新大陆上生灵状态的影响。

雅各布·范·马兰特（约 1235—约 1291），《自然之花》，约 1350 年；各种动物

十三世纪时荷兰诗人范·马兰特的《自然之花》由《博物学者》（见 4 页）衍生而来，是对整个自然界且着重于对动物进行描述的著作。这一插图版本出现于他去世以后，其最初来源已不可考。全书以动物寓言集的传统形式绘制而成，广泛涵盖了各种日常、奇异甚至神话传说中的物种。并肩而立毛茸茸的野兔，形态原始的狮子和羊羔，行走的鱼，大夏国的骆驼，鹰和鼻子宛如漏斗的大象，各种形象在书中层出不穷。

哈德曼·舍德尔（1440—1514），《纽伦堡编年史》，1493 年；
上帝造鱼与飞鸟（上图）；上帝造人与走兽（对页图）

《纽伦堡编年史》记叙了世界从创世到末日审判的七个时期，是最早同时配有插图和文字的印刷书籍之一。书中在“第一时期”里迷人地描绘出了《创世记》中所提及的动物们：第五天造出的鱼和飞鸟，第六天造出的走兽和人。

佚名，《人类救赎之镜》，约1320年，
（本页图出自约1500年的版本）；
挪亚方舟，约拿和大鱼及其他

《人类救赎之镜》有多个版本存世，描绘了《旧约》中耶稣诞生之前所发生的故事。随着时间的推移，书中的文字几经修订，不同的绘画风格也被兼容并包地收录其中，但里面各种各样的动物依然是宗教的象征或工具。

罗比特·特斯塔德
（1470—1531），
插图作品，
《自然史的秘密——世界志怪录》，
约1500年

《自然史的秘密——世界志怪录》是一部百科全书和世界地名录的早期作品，各种版本已难以一一确定作者来源及出版年代。书中描绘了来自遥远异域的各种动物，其中有的真实存在，有的则完全出于虚构。书中记叙的故事则大部分源自古希腊的寓言。

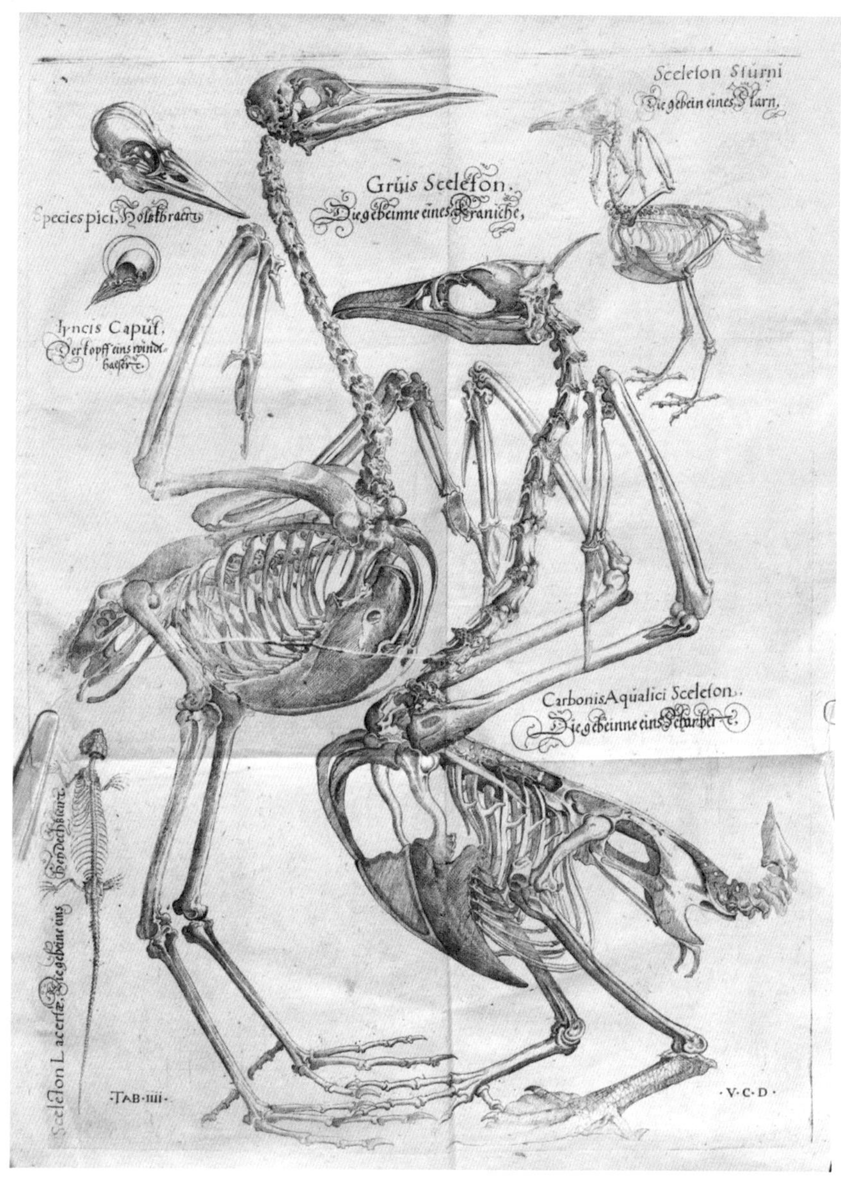

沃尔彻·库特（1534–1576），《加布里瓦·法罗皮奥的解剖课》，1575 年；鸟类骨骼（上图）；不同鸟类间的差异（对页图）

沃尔彻·库特生于格罗宁根，他的作品是动物分类开始走向现代方法的重要代表。他详细地探究了动物身体尤其是骨骼结构，并亲自制作了精美的雕版用于印刷。他还创建了非常细致的动物分类系统，依据解剖学特征进行不断的划分与次级划分——对页展示的鸟类就是其中一个例子。

DE AVIUM SCELETIS.

CAPUT SECUNDUM,

De differentijs Auium.

PRæcipuæ differentiæ auium, quæ ex pennato genere sūt, uel quæ fissam habent pennā, sumuntur à

- **Volatu, aliæ**
  - Volatiles alisq; grandibus atq; ualidis sunt, utpote
    - Quæ ungues habent aduncos, & carne uescuntur, uolaces enim tota uita esse necesse est, quòd ob unguium curuaturam ad currendum, & ut insistant saxis ineptæ sint. Vncunguium corpora sunt exigua exceptis alis: quoniam alimenti copia in alas & arma præsidiumq; absumitur.
    - Quæ pernicitate sese tuentur.
    - Quæ loca mutare solent, ut sunt ardeæ, ciconiæ, grues, & id genus aliæ.
  - Non uolatiles, sed graues, quibus uita terrena, hæ autem
    - Fruge uiuunt, ut sunt gallinacea omnia, perdices, coturnices, & similes.
    - Nant, ut sunt mergi.
    - Apud aquas morantur.
- **Volandi modo, aliæ enim**
  - Pedibus & cruribus exporrectis uolant, utpote longis cruribus præditæ, quæ cruribus loco gubernaculi & caudæ utuntur, tales sunt grues, ciconiæ, ardeæ & similes alites.
  - Cruribus & pedibus ad uentrem contractis uolant, sic autem
    - Nullis partibus impedimento sunt pedes.
    - Pedes uncunguibus ad raptum sunt expeditiores.
  - Collo sunt longo. Cui aui collum est
    - Crassum simul & longum, exporrecto uolat collo.
    - Tenue & longum, curuato fertur collo. Cum enim tenue e[illegible] longitudine quatitur, facilè frangi posset.
  - Collum habent breue, hæ expedito collo uolant.
- **Locis, in quibus uictitant, & maiori uitæ parte degunt. Quædam uiuunt in**
  - Aquis & natant, hæ breuia habent crura, & palmipedes, siue Plinio solidipedes sunt.
  - Paludosis & palustribus locis uersantur, quæ id consequutæ sunt crura & colla longa, & pedes minimè membraneos. Nam ad nandum non sunt natæ, degunt in solo præmolli & lubrico. Accommodauit enim natura instrumenta ad officia. Hinc ijs longa crura, digiti productiores & longè à se multum dehiscentes, & flexus etiam plures in digitis magna ex parte contigère.
  - Terra, ut sunt coturnices, pernices, & gallinacea omnia.
- **Partibus auium utpote, ex**
  - Rostris, siue ore, quod auibus rostrum uocatur, & ijs loco dentium, labiorum manusq;, sed uario pro usu & auxilio inseruit. Rostra ossea, & maiori ex parte cornu obducta sunt, atq; maximum in capitibus discrimē adferunt. Variant pro ratione uictus, alijs enim concessum est
    - Rectum, utpote ijs, quæ cibi capiendi gratia id tantum habent.
    - Acutum, ut culicilegis.
    - Vncum, hæ sunt aut
      - Carniuoræ. His enim rostrum uncum utile est ad retinendum id, quod raptu ceperunt, & prædam ex animalibus adipiscendam, simul & ad uim inferendam. Vis enim in ung: & rostro est sita. Huius generis sunt aquilæ, accipitres, Falcones, uultures, milui, bubones & similes.
      - Minimè, nimirum quæ frugibus corticibus uel folliculis inclusis uescuntur, & arbores scandunt: adunco enim rostro fruges deglubare, & truncos arborum appræhendere queunt. Huius generis sunt psittaci, loxia, uel curuirostra auis. Num hæ aues sint carniuoræ, me latet. Cum aues rostra ad latera non mouent, consequuntur carniuoræ rostrum aduncum admodum & acutum.
    - Falcatum, quòd aut falcis, aut arcus speciem imitatur, fit autem dupliciter, aut
      - Sursum, ut in auosella apparet.
      - Deorsum, ut in arquata atq; falcinello, ceu numeno.
    - Latum ijs, quibus uictus ratio placida, & ex herbis comparanda. Tale enim rostrum ad effodiendum pabulum, & ad euellendum, & ad tondendum commodius est. Harum auium plurimarum rostrorum extremo corneus quasi unguis adhæret, quo cibos apprehendunt. Dentium loco circa rostrum striæ asperiusculæ inueniuntur, præcipuè in anatibus, his enim serratum rostri extremum est: ita enim herbarum carptus, quo uiuunt, facilius agitur. Cygnus siue olor est rostro parum turbinato, & falcis instar dentatos dentes habet in rostro minutissimos.
    - Longum ut & collum, quoniam cibum ex alto capere solent: bona pars tamen earum, tum etiam palmipedum, aut simpliciter, aut parte eadem captura bestiolarum aquatilium uiuit. Itaq; fit, ut collo, quasi arundine piscatoria, rostro, ueluti linea, & hamo utantur.
    - Robustum & prædurum, uerbi gratia roborisecorum & carniuororum generi tale contigit os.
    - Lautum & mollius minuti generis auibus ad terræ fructus colligendos, & ad bestiolas capiendas idoneum.
  - Collo, quod eadem de causa, qua alijs animantibus porrectum est, & ferè pro crurum modo magna ex parte descriptum est. Vt quibus
    - Longa sunt crura, ijs collum longum, ut sunt aues in paludibus & palustribus locis degentes. His etiam in principio iuncturæ digitorum membrana reperitur, quæ securitatis causa digitorum principia coniungit, in solo præmolli & duro degunt.
    - Breuia sunt crura, ijs collum breue palmipedibus exceptis.
      - Causa est
        - Quòd collum nec breue cum cruribus longis, nec longum cum cruribus breuibus pastū ex terra administrare potest.
        - Carniuoris longitudo colli incommoda est, imbecille enim quod prolixū est, carniuoris aūt, uictus beneficio uiriū comparatur: quamobrem nulli collū longū, cui ungues adunci.
    - Pedum digiti diuisi, parum diducti, & tamen membranis iuncti sunt, atq; propterea natura palmipedum est, his longa sunt concessa colla, talia enim ad cibum ex humore petendum commodiora sunt. Breuia habent crura, quo melius natare possint. Huius generis sunt olores, siue cygni, anseres, & multi mergi.
  - Calcaribus quædam aues
    - Calcaria habent, quæ grauium nonnullis præsidio sunt, nam uice alarum suis cruribus calcaria gerunt. Huius generis sunt in gallinaceorum genere galli, sic et anseres scotici capricalci dicti.
    - Calcaribus tanquàm inutilibus uncungues priuantur.
    - Aliæ omnes aues calcaribus destitutæ sunt.
  - Pedibus, quibus donantur uitæ, quam degunt, ratione. Prima distinctio uolucrū, inquit Plinius, maximè constat pedibus. Ego hic ex Aristotele & Plinio differentias auium ex pedum diuersitate desumptas colligere institui. Aues aliæ sunt
    - Apodes, id est, pedibus priuatæ, quæ uolatu præcipua munia perficiunt, ut sunt aues paradyseæ pedibus omnino carentes, & hirundines quædam, quarum marinæ ob breuia crura, quibus donatæ sunt apodes maiores, Syluestres, apodes minores dictæ sunt.
    - Pedibus præditæ, harū quædam
      - Sunt fissipedes, qui digitos habent separatos, et nulla membrana uel cute coniunctos. Hæ rursus consequuntur
        - Digitos rectos expansosq;, ut, quæ iuxta terram, uel in syluis ex frugibus, uermiculis et similibus uiuūt. Hæ rursus obtinent uel
          - Ternos digitos anteriori in regione pedis, & unicum in posteriori, qui loco calcis existit, tales sunt gallinacei generis omnes aues, pernices, alauda, columbæ, & infinitæ aliæ.
          - Ternos digitos antè, nullum, uel admodum exiguum posterius, ut tarda auis, charadreus pluuialis ex uanellorum specie auis, quæ hoc digito prorsus carere uidentur. In uanellis, gruibus, corece, gallinulis aquaticis & omnibus quasi uolatilibus, quæ longa habent crura, & iuxta aquas ex captura bestiolarum aquatilium uiuunt, postremus digitus admodum breuis, & paruus est. Alijs forsan in paludibus & aquis hic digitus impedimento foret: alijs uelocem cursum impediret.
          - Binos digitos antè, & binos post, ut in hirundine saxatili, iynge, quòd eius corpus minus, quàm cæterarum propensum est in aduersum, embiriza pratensi, pico maximo, uel nigro, pico uario & uiridi, & psittacis. In his interni digiti sunt externis breuiores.
        - Digitos curuos ob ungues aduncos, ut sunt uncungues aues. Harum aliæ
          - Ternos habent digitos antè, & unum retrò, ut sunt accipitres, falcones, & aquilæ buteo similes.
          - Oscines aues in caueis domi enutritæ etiam obtinent curuos ungues, minimè tamen sunt carniuoræ.
          - Binos antè, & binos pòst, ut in noctua siue ulula, tinnunculo, accipitre, aquila anataria conspicitur.
      - Sunt palmides uel solipedes. Planos pedes consequuntur interiecta inter digitos membrana, uel digitos in palmæ effigiē contextos obtinent, ijs enim utuntur ad nandum, ut remis nautæ, & pinnulis suis pisces. Membrana in his uel
        - Integra & continua est, atq; minimè diuisa, ut in omnibus ferè palmipedibus contingit. Rursus in his membrana aut
          - Coniungit tres anteriores digitos, quartum & posteriorem liberum relinquit, ut in auibus, quæ simul gradiuntur et uolant & natant, quales sunt anates, anseres, olores & similes. In his rursus membrana uel
            - Ad extremitatem digitorum pertingit.
            - Paulò ante extremitatem digitorum terminatur, ut conspicere licet in multis anseribus, anatibus, & cygnis, auosellis.
          - Simul coniungit posteriorem anterioribus, ut in carbone aquatico, qui ad natandum & uolandum, & non ad currendum natus esse uidetur.
        - Diuisa minimeq; coniuncta existit, huius generis sunt mergi aliquot præditi ternis tantum digitis pedum latis adhærentibus membranis, ad aliquousq; diuisis, non, ut in cæteris aquaticis coniunctis. Hoc uidetur in columbis maioribus mergorum generi asscriptis. Habent hæ aues ungues alijs auium unguibus latiores, præsertim medium, & habent membranam utrinq; scissam, aut saltem ab utraq; parte iuxta articulorum digitos inprimis in medio. Similes pedes habent trapazorolæ uel merguli. Est & huius generis fulica, cuius digitis pedum membranæ nigræ latæ adhærent.

约翰·琼斯顿与马特乌斯·梅里安

自然史

Joannes Jonstonus and Matthäus Merian

The Natural Histories

时间线

1593:	马特乌斯·梅里安出生
1603:	约翰·琼斯顿出生
1650:	马特乌斯·梅里安去世
1657:	《自然史》出版
1675:	约翰·琼斯顿去世

约翰·琼斯顿（1603—1675），
《自然史（第一卷）：四足动物》，1657年；
鸟类和蝙蝠

约翰·琼斯顿是一位出生于波兰的苏格兰裔医生和科学家，足迹曾遍及北欧各地。在随后的一个世纪里，他的作品将成为动物学论著的范式。

十七世纪中叶，约翰·琼斯顿开启了他众多宏伟项目中的一个：撰写昆虫、“无血”水生动物、鱼类、鲸和鸟类环环相扣的庞大自然史书。他对自然世界的观察描述范围极广且巨细靡遗，同时得到了瑞士杰出版画家马特乌斯·梅里安的鼎力相助。

梅里安出身巴塞尔一个优渥的家族。他不仅是一名版画艺术家，同时还拥有着自己的出版作坊。他的版画作品技术精湛，栩栩如生。其中最令人着迷的一幅描绘了胸前挂着小蝙蝠、正在哺乳的蝙蝠妈妈，仿佛是在强调蝙蝠与鸟类天差地别的生物学特性。梅里安五十六岁时去世，而他留给世界的礼物甚至比他的艺术作品更加宝贵——他的女儿玛丽亚（见50页）将为世界带来更大的震撼。

对页图：约翰·琼斯顿，
《自然史（第四卷）：“无血”水生动物》，
1657年；章鱼和乌贼

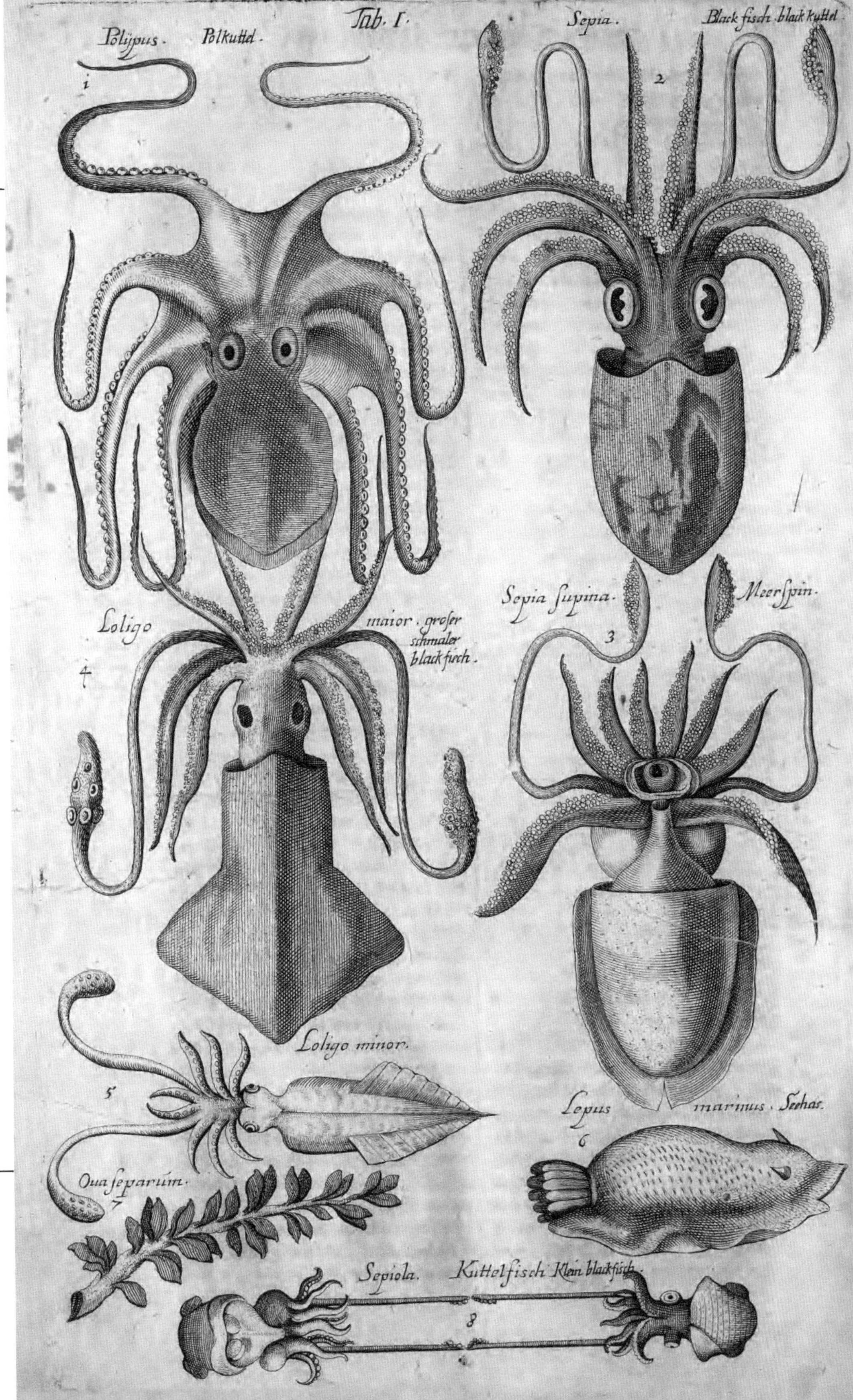

Tab. I.
Polÿpus. Polkuttel.
1
Sepia. Black fisch black kuttel.
2
Loligo maior. groser schmaler black fisch.
4
Sepia supina. Meerspin.
3
Loligo minor.
5
Lepus marinus. Seehas.
6
Oua separum.
7
Sepiola. Kuttelfisch Klein blackfisch.
8

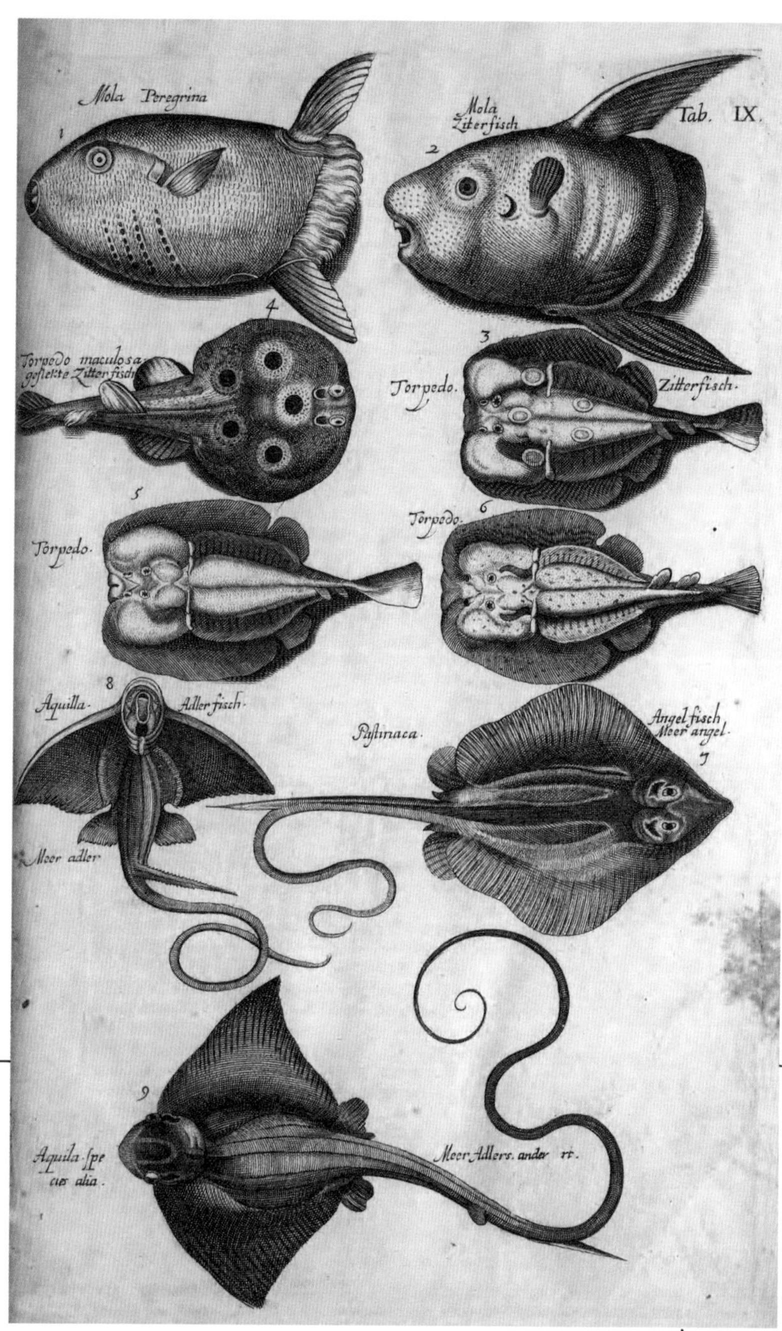

上图：
约翰·琼斯顿，
《自然史（第五卷）：鱼类和水生哺乳动物》，
1657年；翻车鲀和鳐

对页：
约翰·琼斯顿，
《自然史（第一卷）：四足动物》
独角兽

Tab. X
Monoceros Unicornu
Einhorn
Capricornq Marinq
Meer Steinbock
Monoceros Unicornu
Einhorn

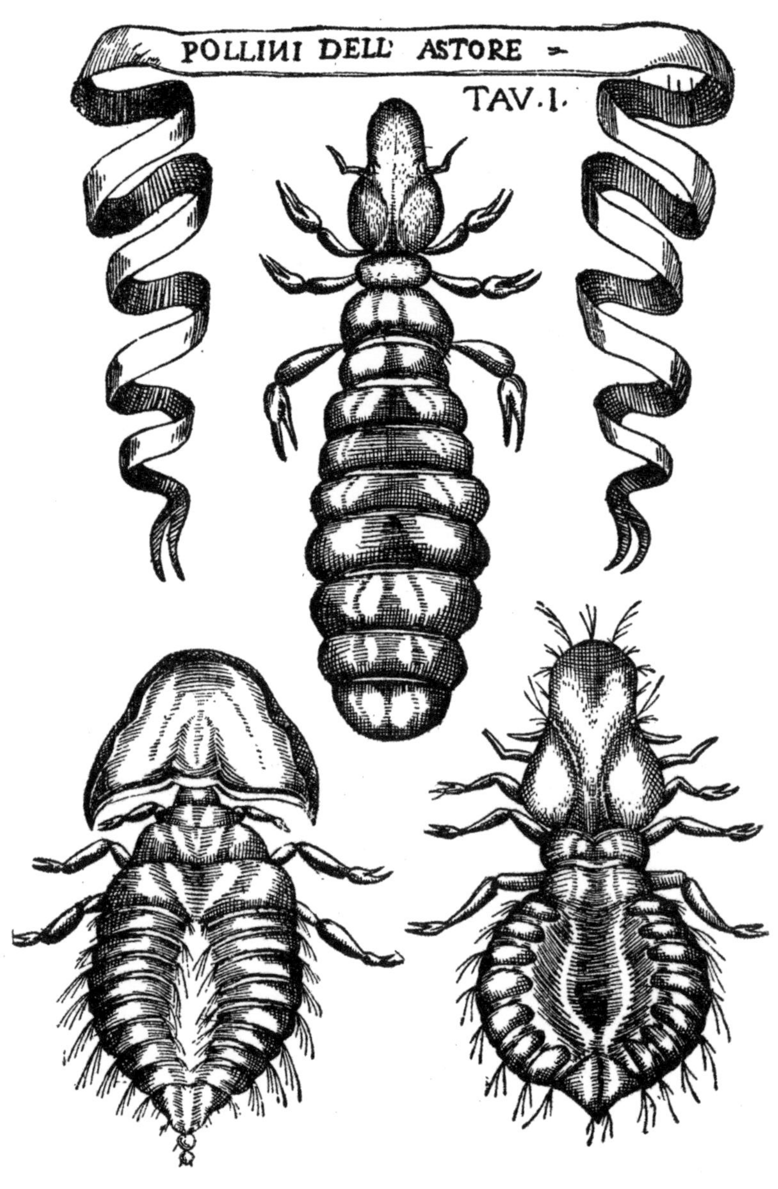

弗朗切斯科 · 雷迪（1626—1697），《昆虫诞生实验》，1668 年；虱子

雷迪是一位依据实验观察进行推理，具备现代思维方式的科学家。他最著名的实验是证明了简单的生命体，比如蛆，不会由腐败物质自发生成，而是来自人类肉眼无法看见的卵。上图中观察描绘如此精细入微的虱子，只会出现在狂热的昆虫学家所著的书中——雷迪和他的《昆虫诞生实验》。

阿诺德·蒙塔努斯（1625—1683）和雅各布·范·莫伊尔斯（约1617—约1679），《新世界》，1671年；狒狒和蛇

无论是作者蒙塔努斯还是版画师莫伊尔斯，都未曾真的到访过自己作品中地处西方和南方的“新世界”，书中描绘的部分人物和动物可能利用了时人的轻信态度。在他们笔下的“新世界”里，老鹰会攻击独角兽，乌贼悬浮在半空中。或者像上图中这样，云蒸雾绕的原始丛林里充斥着令人心惊肉跳的野兽。

本页：

约翰·雷（1627—1705）和
弗朗西斯·威路比（1635-1672）合著，
《鸟类学》，1678 年；
杓鹬、黄颈鹮、长脚鹬和其他各种鹮

弗朗西斯·威路比和约翰·雷（见 43 页）这两位博物学家有着长期的合作关系，他们共同倾心于动植物的分类。在威路比的原始思路之上，雷发展建立起了一整套基于生物异同点的分类体系。雷还常常被认为是“物种”（species）这一概念的创立人。

当时这本《鱼类史》的出版耗费巨大，使得英国皇家学会无力承担艾萨克·牛顿的《自然哲学的数学原理》的出版。

对页：

约翰·雷和
弗朗西斯·威路比合著，
《鱼类史》，1686 年；各种鳐

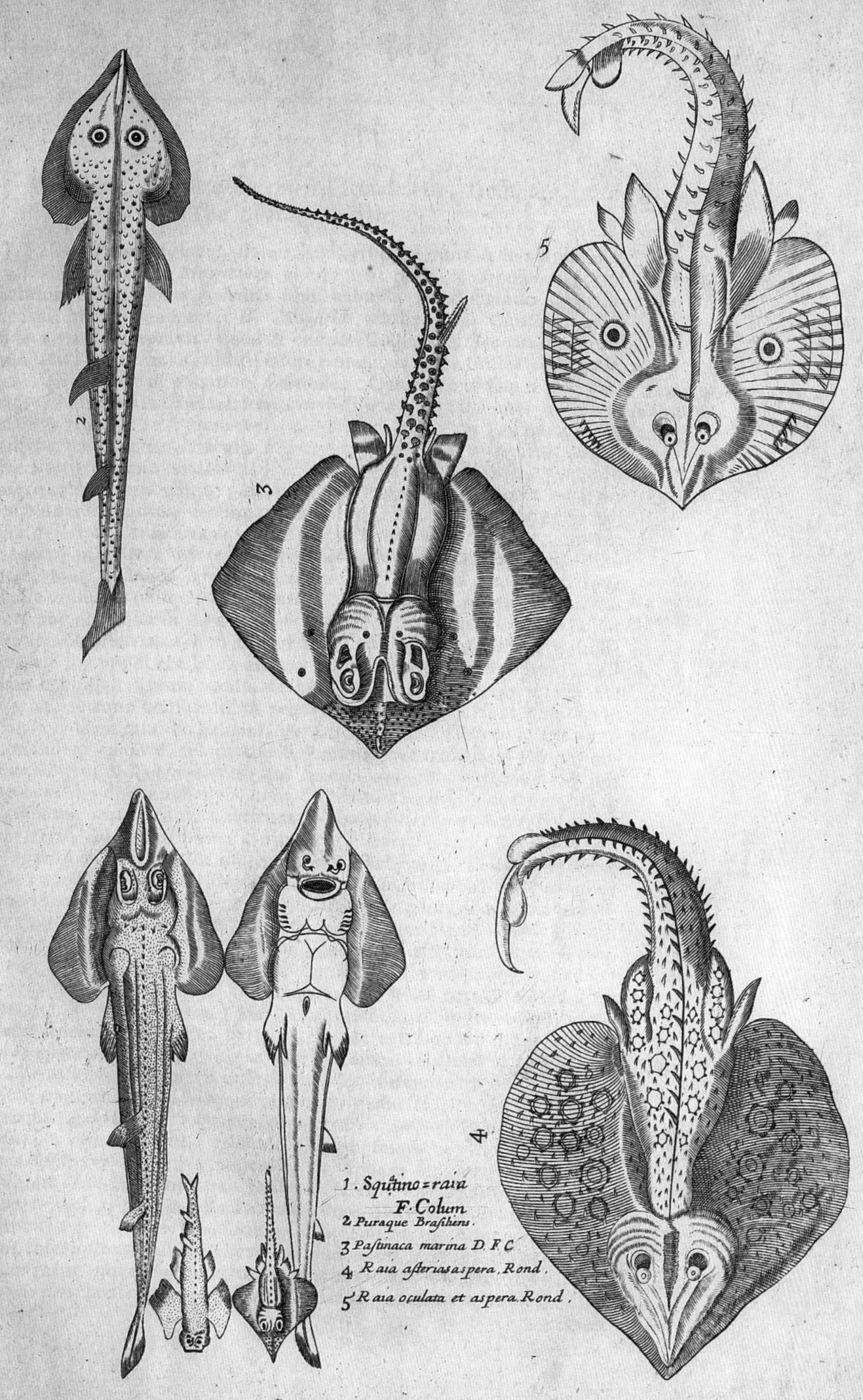

Tab. D. 5

Sumpt. D. Samuelis Pepys Præsidis Societatis Regalis

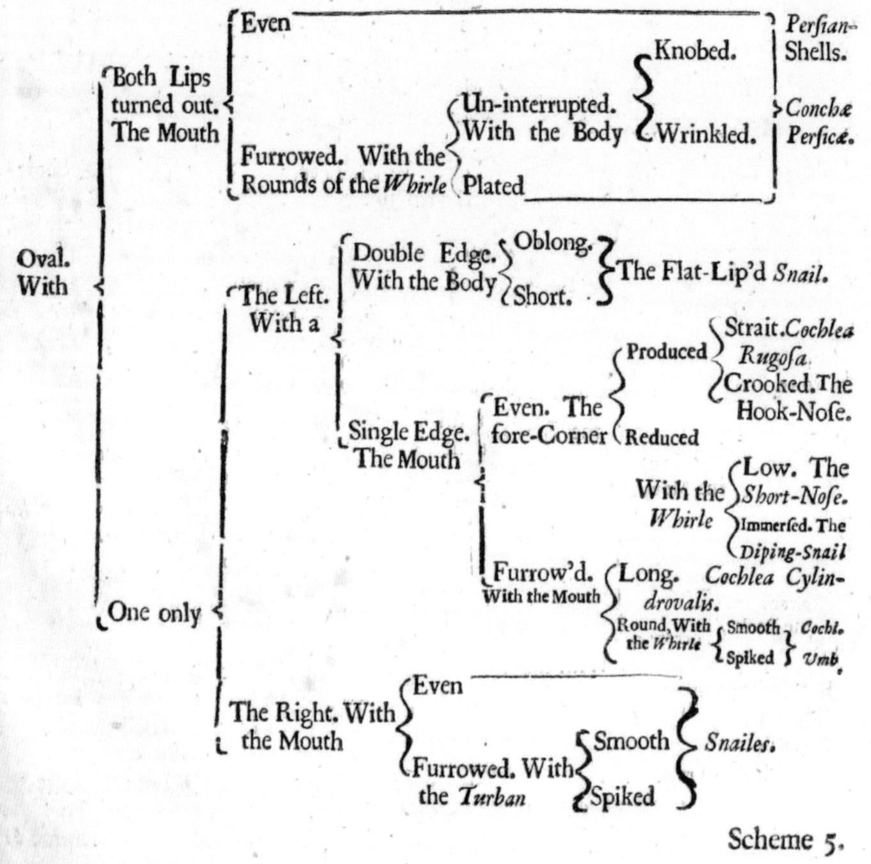

尼希米·格鲁（1641—1712），《皇家学会博物馆》，1681 年；
甲壳动物分类系统（上图）；四种哺乳动物的消化道解剖图（对页图）

格鲁的作品一半是展示供观光的珍奇柜，另一半则是现代生物学分析的启蒙。上图可以说是现代物种分类方法的先驱，而对页图则对四种哺乳动物的消化系统进行了清晰的科学对比：图中一半都是兔子令人眩晕的肠道、胃囊和囊尾。

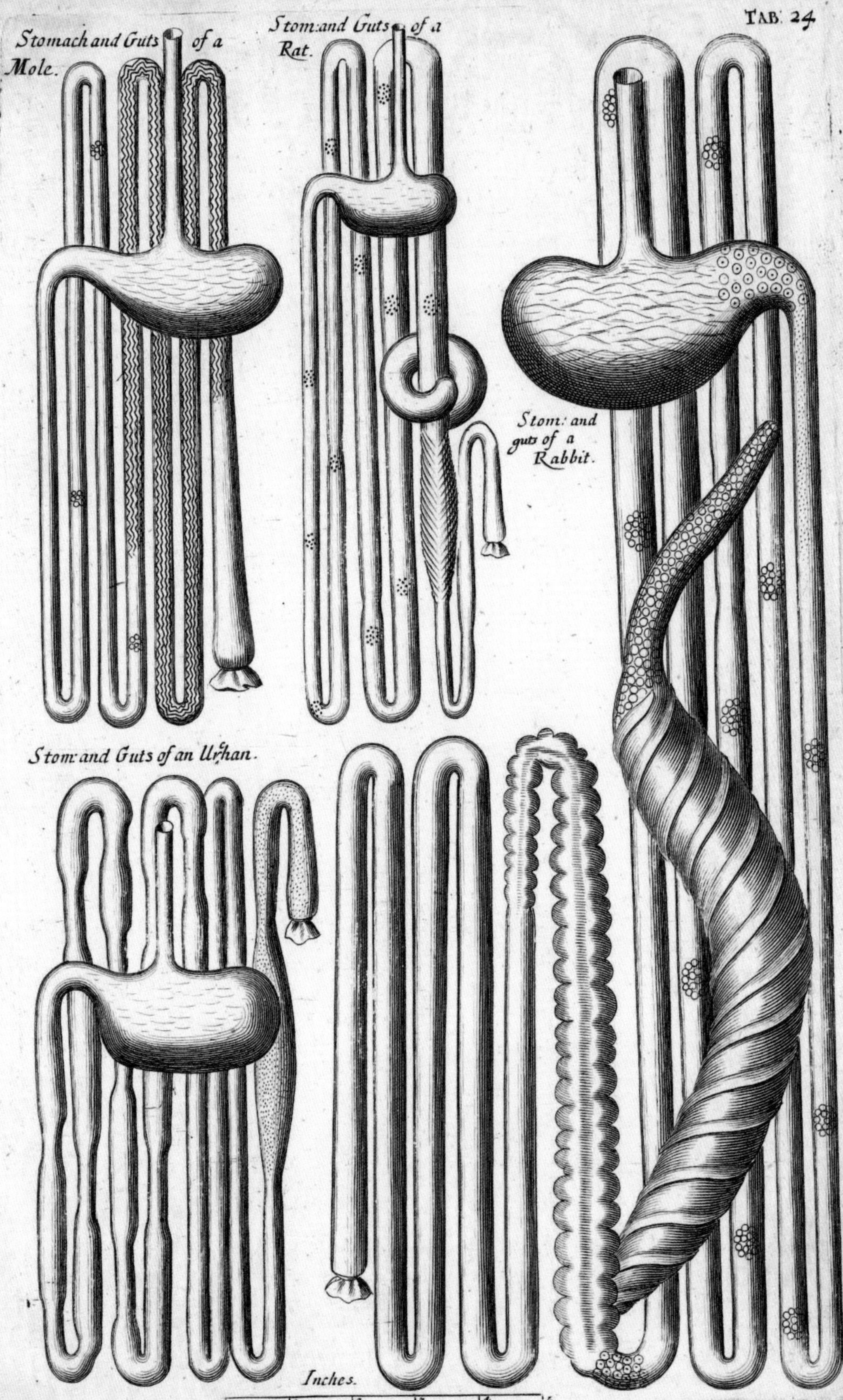

Stomach and Guts of a Mole.
Stom: and Guts of a Rat.
Stom: and guts of a Rabbit.
Stom: and Guts of an Urchan.
Inches.

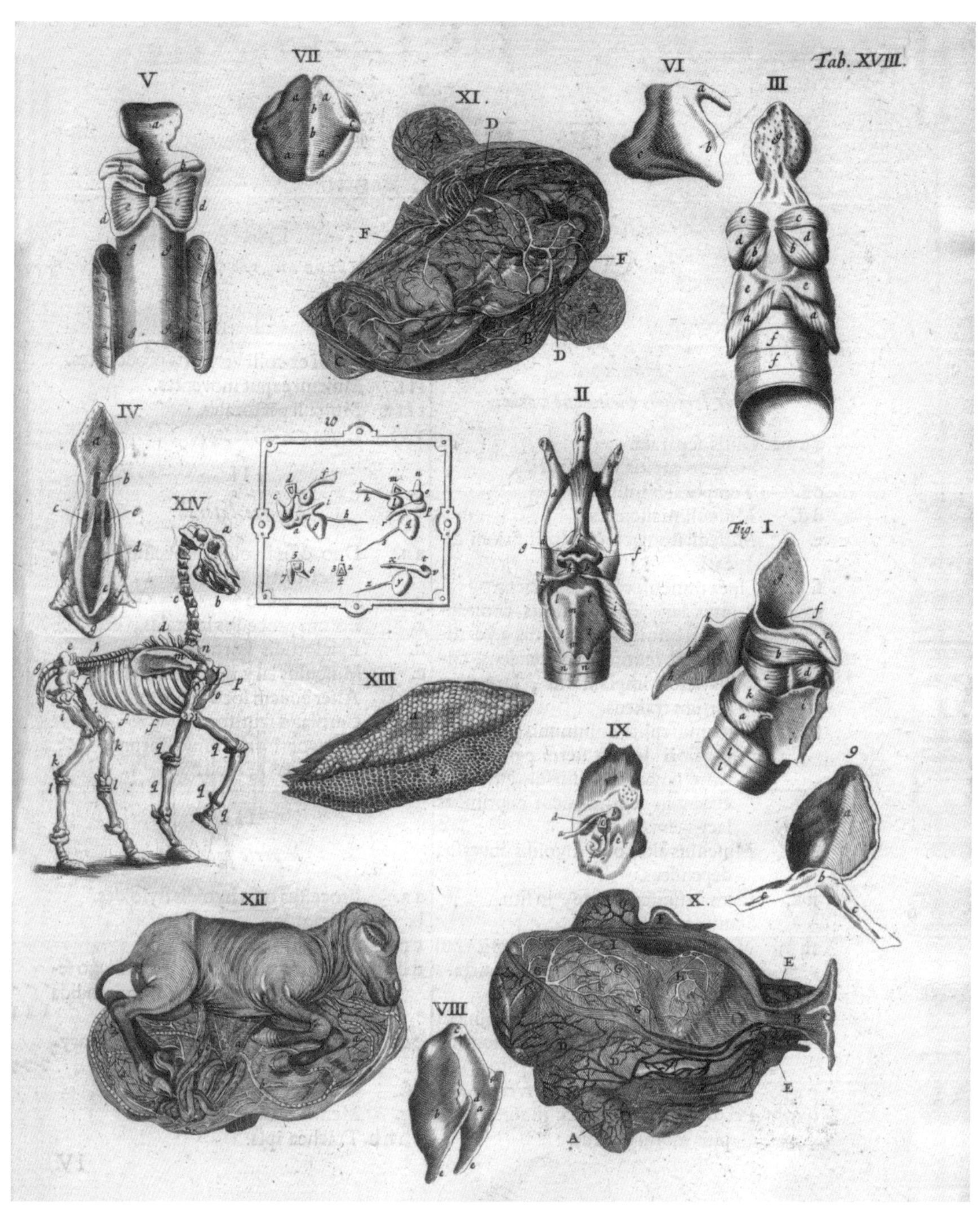

杰拉德·布莱修斯（1627—1682），
《动物解剖》，1681 年；
马的解剖，以及与人的对比

布莱修斯是一位高产的荷兰科学家，他的出版物涉及生物学和物理学的各个领域。这张图着眼于马的比较解剖，创作资料主要来自意大利北部的解剖学家们。

扬·路肯
(1649—1712),
人和动物的二十八个
头颅,1682 年

荷兰诗人和版画家扬·路肯的这幅多形象拼图显然是为艺术而创作,但它暗含的“反拟人主义”却展示出了人类和动物外形的相似性,而这可能反映着其背后深刻的生物学关系。

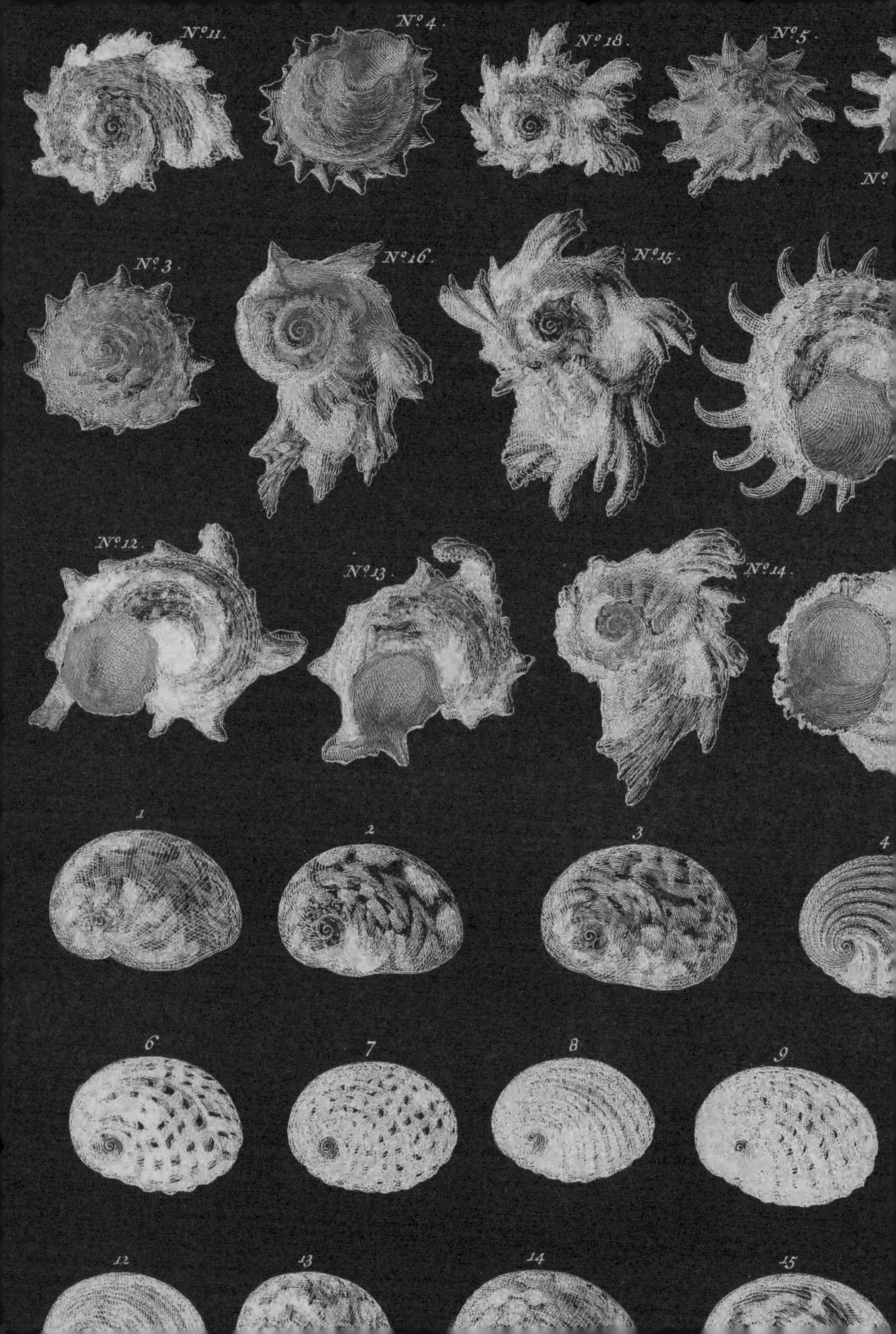
N°11.
N°4.
N°18.
N°5.
N°3.
N°16.
N°15.
N°12.
N°13.
N°14.
1
2
3
4
6
7
8
9
12
13
14
15

第二章

在纷繁中建立秩序

chapter 2

Creating Order from Profusion

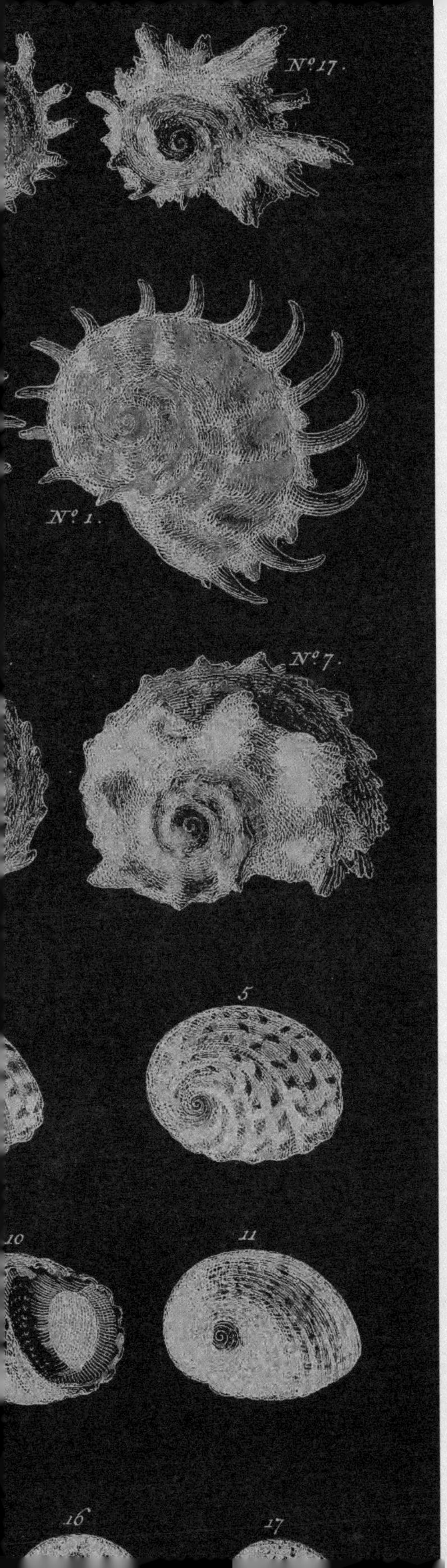

阿尔贝图斯·塞巴（1665—1736），
《自然万宝全书》，1734—1765年；贝壳

文艺复兴与启蒙运动时期（1700—1820）

现在我们对于动物物种之间关系的理解，
其实都基于1750年至1870年间逐渐形成的三个观念。

这三个重要观念分别为：演化论，即动物物种随着时间推移发生变化、分离、分化的观念；古老的地球，即地质历史十分悠久，使物种的演化得以发生，从而造就出如今这个复杂而多样的动物世界；自然选择，即如今被认为是引起演化分异发生的机制。

三个观念并非像同时奏响的三和弦那样完整地同时出现，而是伴随着科学证据的不断积累以及人们对于宗教思想枷锁的逐渐摆脱而相继出现。在宗教叙述里，全知全能的上帝或许只需一个星期便可以创造出亘古不变的动物王国，接下来的世界历史也不过只有几千年的时间。但是到了启蒙运动时期，许多有识之士逐渐发现《圣经·创世记》中的描述与客观证据并不相符。

回望过去，十八世纪是生物学史上极为重要的时期。当时对眼前这个纷繁的动物世界起源的解释，根本无法令自然哲学家们满意，怀疑的种子在他们的头脑中只经过了极短的孕育便开始生根发芽。而在此期间，世界各地不断发现新物种，使得自然哲学家们更加坚信动物形态的变化是无穷无尽的。不断积累的化石记录则向我

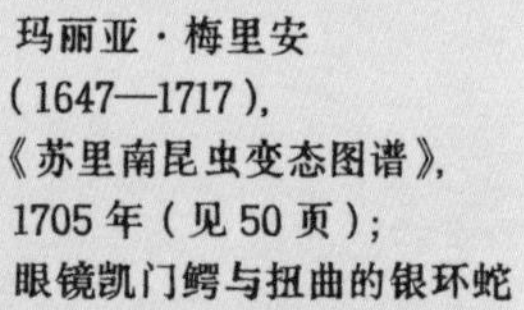
玛丽亚·梅里安（1647—1717），《苏里南昆虫变态图谱》，1705年（见50页）；眼镜凯门鳄与扭曲的银环蛇

玛丽亚·梅里安
《毛毛虫，奇妙的变化以及来自花朵的奇特食物》
1679年；长有果实的桑树

们展示了不仅现在如此，过去漫长地史中的动物世界也经历了千变万化。

这一证据不断积累的结果便是，动物分类的重心在十八世纪发生了转变。十八世纪初，动物分类学家信心十足地将他们心中有限的、互不相关的上帝造物杰作分门别类。到了世纪末，这项工作则变成了理解这个多样程度难以估量的动物世界，而进行全无把握的主观抓放。到了本章所讲述时期的尾声——1820年，"演化论"和"古老地球"这两大观念已经广为传播，只有"自然选择"尚在酝酿之中。

演化论这一思想的出现远比我们认为的要早。一些听起来非常现代且富有冲击力的理论，早在神学禁锢尚未形成的科学环境里便已经出现了，远远早于十八世纪的西欧。一些古希腊哲学家已经开始认为，地球上的生命最初起源于无机物，动物会随时间发生变化，甚至断言陆生动物的祖先生活在水中。此外，他们还推测出化石是远古时代动物的遗骸，它们的死亡是由一些环境巨变引起的灾难导致的，比如洪水。无独有偶，早期伊斯兰世界的智者同样认为动物会随时间发生变化，甚至提出变化的发生是由"生存竞争"导致的，与后来的自然选择理论如出一辙。而且他们还认识到，历史上不断变化的动物们生活在一个同样不断变化的世界里，地理格局不是固定不变的——如今的陆地过去可能是一片大海，反之亦然。

在西欧，动物分类向现代模式迈进的重要一步是十七世纪末约翰·雷在剑桥大学圣凯瑟琳学院完成的，笔者现在就在这里工作。除了创造了"物种"概念这一为后世所铭记的贡献之外，雷还发明了一套根据特征对现生物种进行识别的有效分类方法，并将其同时运用到了动物界和植物界。

现在看来，他当时精心编撰的动物类群名单并不能重现演化进程，也不能被视为演化支系树，但在当时却展现出了一套客观而科学的全新分类思路。例如，雷根据体内解剖学证据推断鲸类属于哺乳动物而非鱼类，这如今已经成为常识。他还根据昆虫的生命周期和变态机制对它们进行了系统分类。

动物学分类的下一个阶段，尽管因为发展出了现在仍在使用的动物分类系统而妇孺皆知，但在观念上却反而倒退了。1738 年出版的瑞典生物学家彼得·阿特迪的遗作《鱼类学哲学》开启了这一阶段。在书中阿特迪发明了一套类似于今天纲、目、科、属、种的分类阶元体系。他的同事卡尔·冯·林奈（Carl von Linné，或拉丁化为“Linnaeus”）随后发展了阿特迪的思想，将这套分类阶元运用到其他动物、植物甚至矿物分类中。最终，林奈在 1735 年发表了简明的初版《自然系统》。书中，他尝试将所有的生物和矿物纳入一个连贯的分类系统中。尽管林奈所划分的所有分类层级（除了“种”）都是完全的主观臆断，而非真正的自然现象，但经过如此精巧的编排，看似杂乱无章的自然界在人们眼中变得豁然明了。这项工作太令人满意了，以至于我们今天依然在使用它，或至少在使用它改良过的新版本。林奈另一项成就是在分类学中引入了双名法，比如我们人类这个物种便被冠以“智人”（*Homo sapiens*）这个响亮的学名。实际上，林奈丝毫不掺杂感情色彩地将人类纳入他的分类蓝图这件事本身，便是他最重要的科学创见之一。

这场科学革命的下一位重要人物是乔治-路易·勒克莱尔，布丰伯爵——一位生活在十八世纪中期的法国学者。他对地球生命的起源与相互关系方面具有极强的求知欲，并终生在广泛的知识领域开疆辟土。布丰的研究涉及地球的起源，无机物如何演化出生命，动物的认识能力，以及岩石中那些早已灭绝的“失落”物种。当然，这些研究的结论在后世稍有争议。布丰也是第一个将地球历史划分为多个史前时代的人。他甚至认为当时的物理学和古生物学已经揭示地球至少有 5 万至 7 万年的历史——这跟《圣经》里讲述的历史比起来，久远程度已经令人震惊。布丰还注意到动物化石埋藏的地方与现生同类生活的地方相距甚远，由此推测动物随时间发生了变化，而种群的迁徙则是引起变化的原因。

约翰·雷
《方法纲要》1693 年；
动物总表

Animalium Tabula generalis.

Animalia ſunt vel
Sanguinea, eáque vel
Pulmone reſpirantia, corde ventriculis prædito,
Duobus,
Vivipara,
Aquatica; Cetaceum genus.
Terreſtria, Quadrupedia, vel, ut *Manati* etiam complectamur, piloſa. Animalia hujus generis amphibia terreſtribus annumeramus.
Ovipara, Aves.
Unico, Quadrupedia vivipara & Serpentes.
Branchiis reſpirantia, Piſces ſanguinei præter Cetaceos omnes.
Exanguia.
Majora, quæ vel
Mollia, Μαλάκια, Polypus, Sepia, Lolligo.
Cruſtacea, Μαλακόστρακα, Locuſta, Aſtacus Cancer.
Teſtacea, Ὀστρακόδερμα, quæ vel univalvia, vel bivalvia, vel turbinata.
Minora, Inſecta.

他进一步提出动物的特征可以通过客观存在的机制遗传给下一代，作为对新环境的适应。然而这些成就依然让他意犹未尽，布丰还是第一个绘制出动物之间关系图表的人。他绘制了一幅“网络”状图表，以相似程度将各个品种的狗连接起来。这种方式已经很接近现在的做法，尽管和演化树仍有很大不同，而不同的原因或许是：与野生的物种不同，各个品种的狗还没有分化到出现生殖隔离的程度。综上，我们可以认为远早于基因和 DNA 出现，布丰就已经为现代生物学的出现奠定了基础。

到了十八世纪末，演化论和古老地球学说依然蓬勃发展。普鲁士动物学家彼得·西蒙·帕拉斯在他 1766 年的著作《动植物驳难》中提出动物学家应该使用网状图或分支树来描绘现生物种之间的关系，而不能机械地使用线性“等级”来描述。他在书中写道，生命之树的主干可以一分为二——动物和植物，这两条主干的前半部分由一些“基本”类型的物种构成，而后半部分更细小的分支上则是较为特化的类型。遗憾的是，帕拉斯似乎从未真正动手画过这样一棵生命之树。

托马斯·彭南特
(1726—1798),
《不列颠动物志》1776 年；
鼬与貂

托马斯·比维克
(1753—1828),
《四足动物通史》, 1790 年；
斑马

到了随后不久的1785年，詹姆斯·赫顿在他的著作《地球原理》一书中提出了地球年龄的问题。他认为大多数塑造地球表面形态的进程，要么十分缓慢，比如沉积作用和侵蚀作用；要么并不经常发生，比如火山作用。因此，地球如果要形成现在的面貌，仅仅几千年是不够的。这一主题随后由自学成才的测量员及地质学家威廉·史密斯（见78页）在他的著作《利用有机物化石鉴定地层》中进行了拓展。史密斯仔细记录了整个英国各个地区沉积岩中的化石，发现每个岩层都包含了独特的一套化石，即不同的动物群。他甚至进一步推断，化石群落间的缺失既有可能是因为地质记录的不完整，也有可能代表了过去发生的生物大灭绝事件。到了这时，科学家发现地球的古老程度已经不是人类通过思考就能得出结论的了。

以分支谱系的树状结构去表示演化关系（随后在十八世纪时被命名为“系统发育树”）这一思想现在看来是理所当然的，但当时的生物学家们还是在他们各自偏好的分类样式上停留了好几十年。这种进步的缓慢也许反映出，现今无所不在的树状形式所暗含的动物起源及演变事实，却是当时的生物学家们难以接受的。

事实上，最早的生物“分类树”用在了植物上，而非动物。奥古斯丁·奥吉尔1801年绘制出了“植物分支树”，尽管他并没有打算展现植物演化谱系，也没有体现出植物随时间发生的变化，但依然是根据明确界定的标准对植物进行比较的系统发育学尝试。然而使用“树”这一形式的动机绝不仅仅是为了好看。不同植物具有相同特征，到底是因为这些不同物种的特

马库斯·埃利泽·布洛赫（1723—1799），《鱼类学或鱼类自然史》1796年；鲤属（Cyprinus）下各种

征来历完全相同（近似于我们现在所说的“同源”），还是因为不同物种需要近似的结构去行使同样的功能（即“同功”），奥吉尔进行了许多探讨。这样一来，奥吉尔在并不认同演化进程发生的前提下，深入探索了一些微妙的演化问题——同时也向众人暗示了，这种图形展现方式也适用于动物。

八年之后，第一幅动物系统发育“树”——尽管是以一种非常克制的方式——出现在了让－巴蒂斯特·拉马克的著作《动物学哲学》中（见75页）。与奥吉尔不同，拉马克坚信他所观察到的生物形态多样性只能用演化来解释，所以他的“树”无疑是有意要展现物种随时间所发生的变化和分化。拉马克始终坚持用“树”形图，而且他越晚绘制的“树”形图中就有越多的分枝，物种之间的关系也越发笃定，由假设性的虚线变成了确定的实线，或直接用大括号连接。遗憾的是，拉马克现在广受揶揄，因为他对演化过程的解释与现代演化理论有很大不同。拉马克正确地观察到环境是动物演化的重要原因，但却认为环境发挥的作用，只是改变动物个体使用不同器官和组织的程度，而这种相对地使用或弃用身体的某些部分导致器官发生的变化会遗传给下一代。对于存在一个大自然完美的理想型，而这一理想型是所有生物个体努力演变的终点这一守旧观点，拉马克也表示认同，尽管在他的思想中，这种演变方向存在的原因是演化，而非上帝或生命个体的意志。但是，现在人们也意识到，拉马克的错误跟他对特征遗传的笃定，尤其是认为特征遗传是通过自然法则而非生物意志发生，以及他对演化的启蒙性认识对后世生物学家的深刻影响相比，是不值一提的。

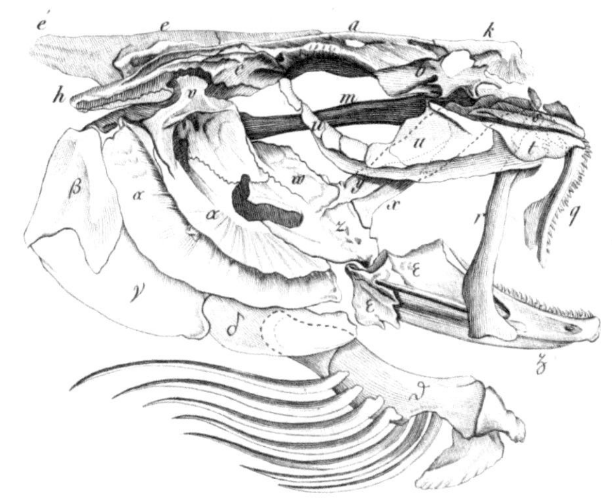

乔治·居维叶
（1769—1832），
《动物界》，1817年；
鳕鱼头骨

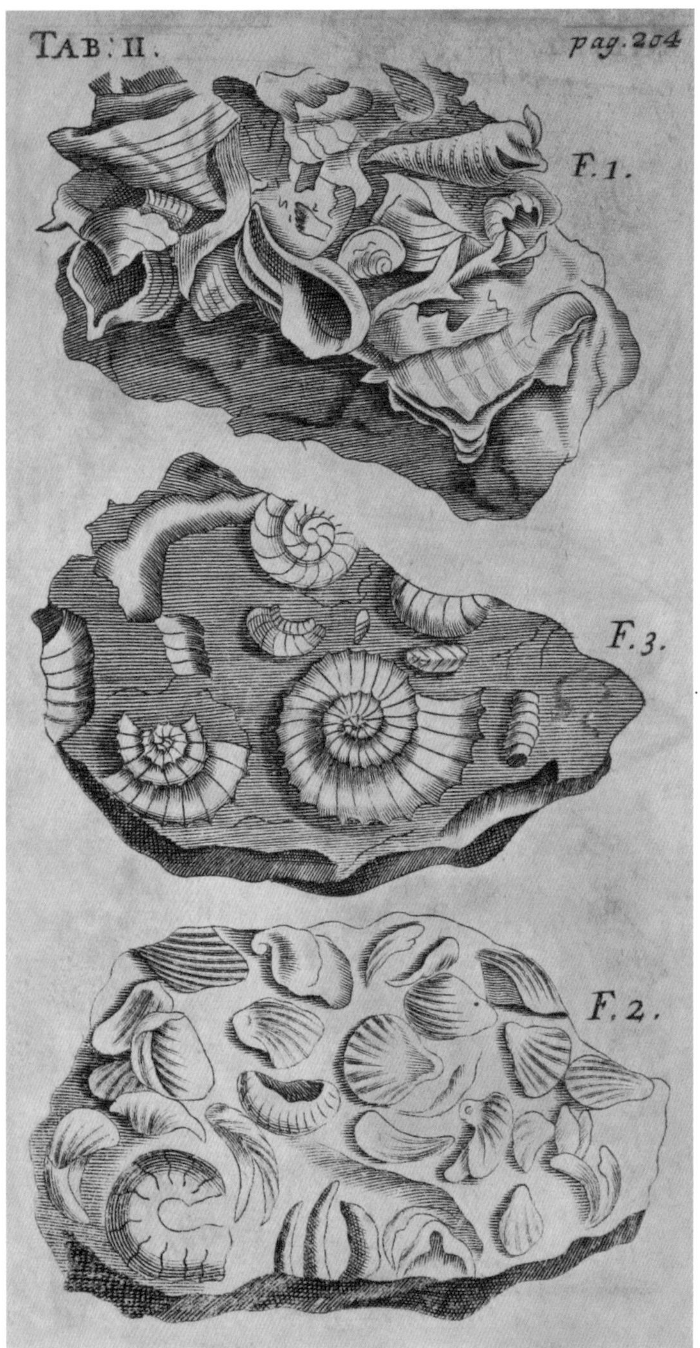

左图：
约翰·雷，
《三个自然神学论述》，
1693 年；化石

博物学家约翰·雷（见 43 页）在信件中大量讨论了化石的性质，最终认为它们确实是死亡生物的遗体，但是他并不确定这些生物的死亡是自然因素，还是《圣经》中提到的大洪水导致的。他还认为那些没有发现现代近似物种的化石其实也有着对应的现代物种，只是尚未被发现罢了。

对页：
威廉·德汉姆
（1657—1735），
以利亚撒·阿尔宾
（1690—1742），
《英国昆虫自然史》，
1720 年；天蛾

阿尔宾选择的艺术媒介是水彩画，表现的主题主要是鸟类和昆虫。《英国昆虫自然史》则是探索那些博大精深的生物主题的一种出奇有效的方式。

TO THE RIGHT HONORABLE

Henrietta Somersett Countess of Suffolk

this plate is humbly Dedicated by Eleazar Albin.

E. Albin. del.

H: Terasson, Sculp. London. 1713.

玛丽亚 · 梅里安

《苏里南昆虫变态图谱》

Maria Merian

Metamorphosis of the Insects of Surinam

时间线

1647:	玛丽亚 · 梅里安出生
1675:	第一本图书出版
1699—1702:	赴苏里南旅行
1705:	出版《苏里南昆虫变态图谱》
1717:	玛丽亚 · 梅里安去世

玛丽亚 · 西比拉 · 梅里安是励志女性的典范。作为多才多艺的马特乌斯 · 梅里安（见 28 页）家中天赋最高的女儿，玛丽亚主要得到了水彩画的训练，当时人们认为这种形式比油画和雕刻更适合女子。

玛丽亚刚开始画草木花卉不久，她的画面中就出现了取食它们的昆虫。事实上，她早期职业生涯的创作趋势就是植物作品越来越少，而昆虫作品越来越多。其中最突出的昆虫就是毛毛虫，以及变态之后的蝴蝶，它们深深地吸引了虔诚的玛丽亚——她将它们视为上帝和人类关系的另一种形式。

玛丽亚也是一位素养极高的科学家，她记录了大量昆虫学方面的发现，甚至为弗朗切斯科 · 雷迪随后反驳昆虫在基质中自然发生的学说提供了强有力的证据支持（见 32 页）。

定居荷兰后，事业心极强的玛丽亚为满足在昆虫学方面的兴趣，跟她的女儿多萝西娅一起到南美洲苏里南的热带雨林中旅行。她们的工作成果便是 1705 年出版的《苏里南昆虫变态图谱》。玛丽亚无疑有着敏锐的商业头脑，这本书同时拥有荷兰语版和拉丁文版、彩印版和黑白版，而且对第一批消费者进行了优惠销售。

玛丽亚还忠实地记录了南美洲殖民地那些颇有争议的状况——奴隶们因不堪奴隶主的虐待而自杀或服毒堕胎，以及其他类似的现象。

玛丽亚在社会和科学方面的自由和她的作品在十九世纪遭受的批评和忽视形成了鲜明对比。她的一幅作品（左图）展示了一个巨大的蜘蛛杀死了一只蜂鸟，过去时常被认为是女性特有的夸张表现手法，而现在我们知道，这就是忠实的记录。

玛丽亚 · 梅里安，《苏里南昆虫变态图谱》，1705 年；蜘蛛

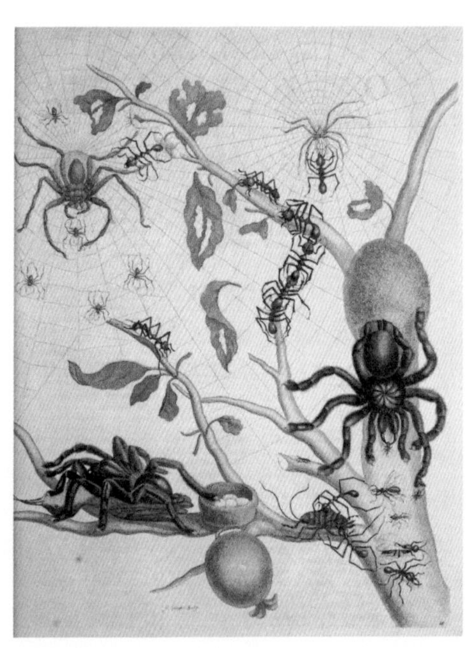

玛丽亚·梅里安，
《苏里南昆虫变态图谱》，
1705 年；毛毛虫与蝴蝶

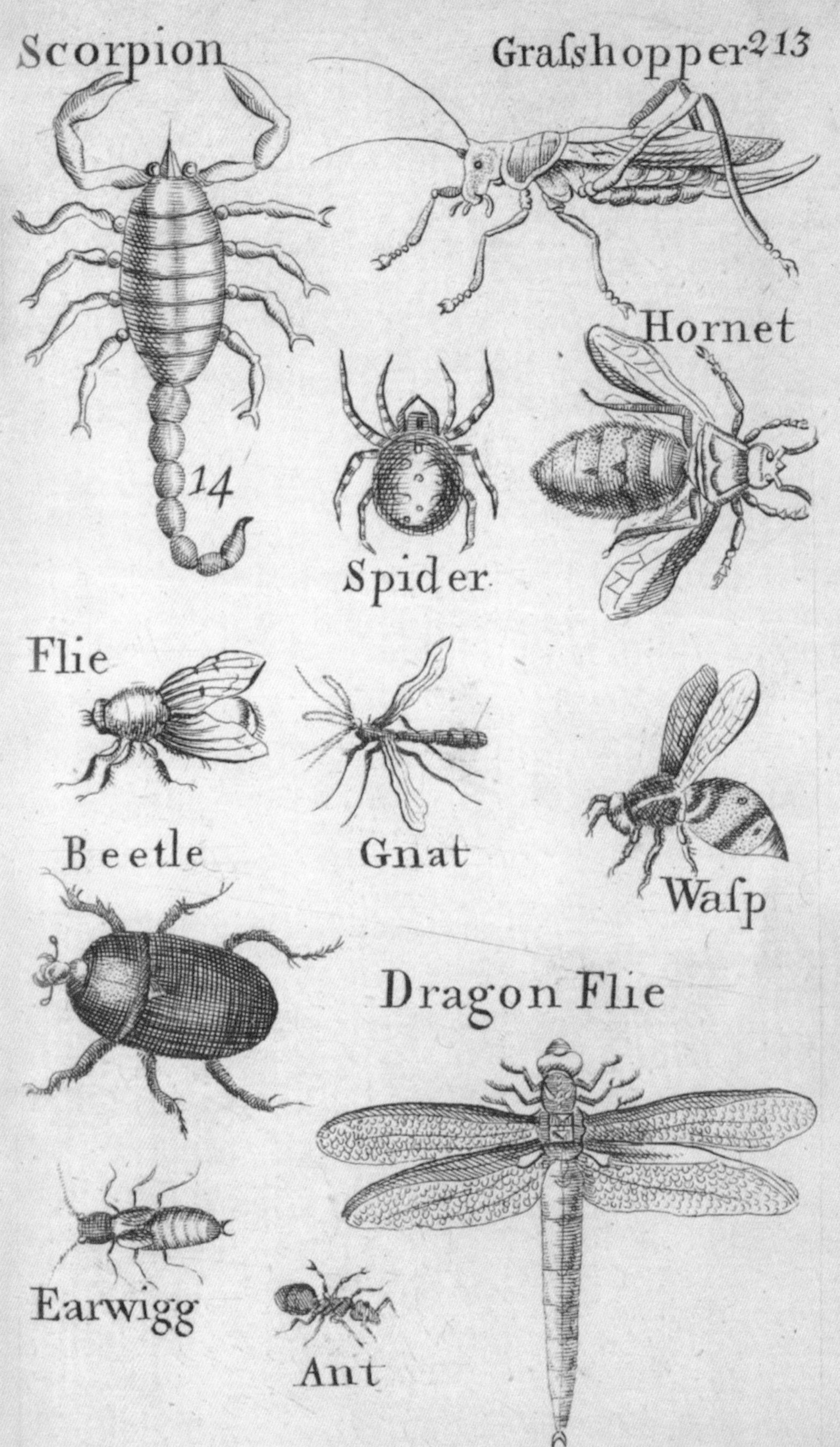
Scorpion
Graſshopper
213
Hornet
14
Spider
Flie
Beetle
Gnat
Waſp
Dragon Flie
Earwigg
Ant

上图：
卡尔·林奈（1707—1778），《自然系统》，1735 年；矿物界

《自然系统》发表于林奈离开医学院几个月后，是他最重要的作品。书中介绍了林奈最新的动物和植物分类，这个分类系统在该书随后的版本中不断完善。不过，林奈在这里试图将矿物也纳入他的分类体系中来，似乎过分延伸了生物分类的概念。

对页：
托马斯·博尔曼（1712—1785），《动物三百种》，1730 年；昆虫类和蛛形类

《动物三百种》实际上是一本童书，但过分偏重于过去的动物寓言集传统，在这三百种动物的评述中将常见的、异域的和神话中的生物都混淆在了一起。博尔曼是极具创新意识的出版商，很多人认为这本书就是他自己创作的。

CAROLI LINNÆI

I. QUADRUPEDIA.

Corpus hirsutum. *Pedes* quatuor. *Feminæ* viviparæ, lactiferæ.

Ordines.	Genera.
ANTHROPOMORPHA.	Homo. Simia. Bradypus.
FERÆ.	Ursus. Leo. Tigris. Felis. Mustela. Didelphis. Lutra. Odobænus. Phoca. Hyæna. Canis. Meles. Talpa. Erinaceus. Vespertilio.
GLIRES.	Hystrix. Sciurus. Castor. Mus. Lepus. Sorex.
JUMENTA.	Equus. Hippopotamus. Elephas. Sus.
PECORA.	Camelus. Cervus. Capra. Ovis. Bos.

Ordines. Genera. Characteres Generum. Species.

II. AVES.

Corpus plumosum. *Alæ* duæ. *Pedes* duo. *Rostrum* osseum. *Feminæ* oviparæ.

Ordines.	Genera.
ACCIPITRES.	Psittacus. Strix. Falco.
PICÆ.	Paradisæa. Coracias. Corvus. Cuculus. Picus. Certhia. Sitta. Upupa. Ispida.
MACRORHYNCHÆ.	Grus. Ciconia. Ardea.
ANSERES.	Platelea. Pelecanus. Cygnus. Anas. Mergus. Graculus. Colymbus. Larus.
SCOLOPACES.	Hæmatopus. Charadrius. Vanellus. Tringa. Numenius. Fulica.
GALLINÆ.	Struthio. Casuarius. Otis. Pavo. Meleagris. Gallina. Tetrao.
PASSERES.	Columba. Turdus. Sturnus. Alauda. Motacilla. Luscinia. Parus. Hirundo. Loxia. Ampelis. Fringilla.

III. AMPHIBIA.

Corpus nudum, vel squamosum. *Dentes molares* nulli: *reliqui* semper. *Pinnæ* nullæ.

Ordo.	Genera.	Characteres Generum.
SERPENTIA.	Testudo.	Corpus quadrupedium, caudatum, testa munitum.
	Rana.	Corpus quadrupedium, cauda destitutum, squamis carens.
	Lacerta.	Corpus quadrupedium, caudatum, squamosum.
	Anguis.	Corpus apodum, teres, squamosum.

AMPHIBIORUM Classem ulterius continuare noluit benignitas Creatoris; Ea enim si tot Generibus, quot reliquæ Animalium Classes comprehendunt, gauderet; vel si vera essent quæ de Draconibus, Basiliscis, ac ejusmodi monstris et τεράτωλόγοι fabulantur, certè humanum genus terram inhabitare vix posset.

PARADOXA

HYDRA corpore anguino, pedibus duobus, collis septem, & totidem capitibus, alarum expers, asservatur Hamburgi, similitudinem referens Hydræ Apocalypticæ à S. JOANNE CAP. XII. & XIII. descriptæ. Eaque tanquam veri animalis speciem plurimis præbuit, sed falso. Natura sibi semper similis plura capita in uno corpore nunquam produxit naturaliter. Fraudem & artificium, cum Ipsi vidimus, dentes Ferino-mustelini, ab Amphibiorum dentibus diversi, facillime detexerunt.

RANA-PISCIS s. RANÆ IN PISCEM METAMORPHOSIS valdè paradoxa est, quum Natura mutationem Generis unius in aliam diversæ Classis non admittat. Ranæ, ut Amphibia omnia, pulmonibus gaudent & ossibus spinosis. Pisces spinosi, loco pulmonum, branchiis instruuntur. Ergo legi Naturæ contraria foret hæc mutatio. Si enim piscis hic instructus est branchiis, erit diversus à Rana & Amphibiis. Si verò pulmones, erit Lacerta: nam toto cœlo à Chondropterygiis & Plagiuris differt.

MONOCEROS *Veterum*, corpore equino, pedibus ferinis; cornu recto, longo, spiraliter intorto, Pictorum figmentum est. MONODON *Artedi* ejusmodi cornu gerit, cæteris verò partibus multum differt.

PELECANUS rostro vulnus infligens femori suo, ut emanante sanguine sitim pullorum levet, fabulosè ab Iisdem traditur. Ansam fabulæ dedit saccus sub gula pendulus.

SATYRUS caudatus, hirsutus, barbatus, humanum referens corpus, gesticulationibus valde deditus, salacissimus, Simiæ species est, si unquam aliquis visus fuit. *Homines* quoque *Caudati*, de quibus recentiores peregrinatores multa narrant, ejusdem generis sunt.

BOROMETZ s. AGNUS SCYTHICUS plantis accensetur, & agno assimilatur; cui caulis alterius plantæ è terra erumpens umbilicum intrat; idemque sanguine præditus à feris devorari temerè dicitur. Est autem artificiose ex radicibus Filicinis Americanis compositus. Naturaliter autem est *Embryo Ovis* allegoricè descriptus, qui omnia data habet attributa.

PHOENIX, Avis species, cujus unicum in mundo individuum, & quæ decrepita ex ferali busto, quod sibi ex aromatibus struxerat, repuerascere fabulosè fertur, felicem subitura prioris vitæ periodum. Est verò PALMA DACTYLIFERA. vid. *Kæmpf.*

BERNICLA s. ANSER SCOTICUS & CONCHA ANATIFERA è lignis putridis in mare abjectis nasci à Veteribus creditur. Sed fucum imposuit *Lepas* interaneis suis penniformibus, & modo adhærendi, quasi verus ille anser *Bernicla* indè oriretur.

DRACO corpore anguino, duobus pedibus, duabus alis, Vespertilionis instar, est *Lacerta alata*, vel *Raja* per artem monstrose ficta, & siccata.

AUTOMA MORTIS Horologii minimi sonitum edens in parietibus, est *Pediculus pulsatorius* dictus, qui ligna perforat, eaque inhabitat.

IV.

Corpus apod…

PLAGIURI. CHONDROPTERYGII. BRANCHIOSTEGI. ACANTHOPTERYGII. MALACOPTERYGII.

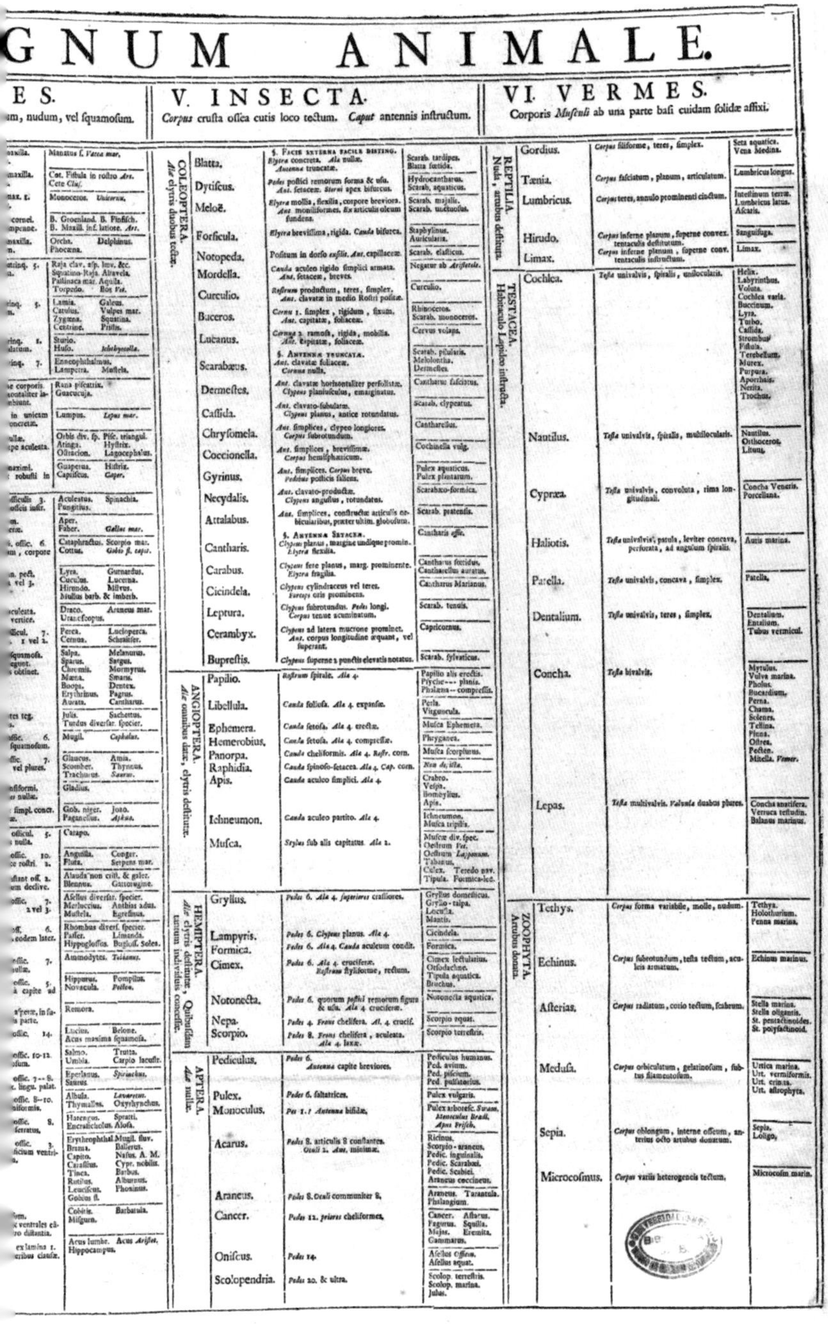

GNUM ANIMALE.

E S.

...m, nudum, vel squamosum.

...axilla.	Manatus f. *Vacca mar.*
...maxilla.	Cet. Fistula in rostro *Art.* Cete *Clus.*
...max. 1.	Monoceros. *Unicornu.*
...cornei. ...mpenne.	B. Groenland. B. Finfisch. B. Maxill. inf. latiore. *Art.*
...maxilla. ...n.	Orcha. Delphinus. Phocæna.
...trinq. 5.	Raja clav. asp. lev. &c. Squatino-Raja. Altavela. Pastinaca mar. Aquila. Torpedo. Bos *Vet.*
...rinq. 5.	Lamia. Galeus. Catulus. Vulpes mar. Zygæna. Squatina. Centrine. Pristis.
...rinq. 1. ...datum.	Sturio. Huso. *Ichthyocolla.*
...inq. 7.	Ennecophthalmus. Lampetra. Mustela.
...e corporis ...ontaliter la... ...biunt.	Rana piscatrix. Guacucuja.
...in unicam ...oncretæ.	Lumpus. *Lepus mar.*
...ullæ. ...pe aculeata.	Orbis div. sp. Pisc. triangul. Atinga. Hystrix. Ostracion. Lagocephalus.
...naximi. ...robusti in	Guaperua. Histrix. Caprifcus. *Caper.*
...ficulis 3. ...ofseis instr.	Aculeatus. Spinachia. Pungitius.
...m. ...eræ.	Aper. Faber. *Gallus mar.*
... offic. 6. ...m, corpore	Cataphractus. Scorpio mar. Cottus. *Gobio fl. capit.*
...n. pect. ... vel 3.	Lyra. Gurnardus. Cuculus. Lucerna. Hirundo. Milvus. Mullus barb. & imberb.
...culeata. ...vertice.	Draco. Araneus mar. Uranoscopus.
...ficul. 7. ... 1 vel 2.	Perca. Lucioperca. Cernua. Schraitser.
...squamosa. ...egunt. ...s obtinet.	Salpa. Melanurus. Sparus. Sargus. Chromis. Mormyrus. Mæna. Smaris. Boops. Dentex. Erythrinus. Pagrus. Aurata. Cantharus.
...tes teg.	Julis. Sachettus. Turdus diversar. specier.
...offic. 6. ...squamosum.	Mugil. *Cephalus.*
...ffic. 7. ...vel plures.	Glaucus. Amia. Scomber. Thynnus. Trachurus. *Saurus.*
...nsiformi. ...s nullæ.	Gladius.
...simpl. concr. ...æ.	Gob. niger. Jozo. Paganellus. *Aphua.*
...oficul. 5. ...s nulla.	Carapo.
...offic. 10. ...ce rostri 2.	Anguilla. Conger. Fluta. Serpens mar.
...stant off. 2. ...um declive.	Alauda non crist. & galer. Blennus. Gattorugine.
...offic. 7. 2 vel 3.	Asellus diversar. specier. Merluccius. Anthias adus. Mustela. Egrefinus.
...off. 6. ...eodem later.	Rhombus divers. specier. Passer. Limanda. Hippoglossus. Bugloss. Solea.
...offic. 7. ...ullæ.	Ammodytes. *Tobianus.*
...offic. 5. ...à capite ad	Hippurus. Pompilus. Novacula. *Pesten.*
...s'peræ, in su... ...s parte.	Remora.
...offic. 14.	Lucius. Belone. Acus maxima squamosa.
...offic. 10-12. ...osum.	Salmo. Trutta. Umbla. Carpio lacustr.
...offic. 7--8. ...c. lingu. palat.	Eperlanus. *Spirinchus.* Saurus.
...offic. 8--10. ...niformis.	Albula. *Lavaretus.* Thymallus. Oxyrhynchus.
...offic. 8. ...ferratus.	Harengus. Spratti. Encrasicholus. Alosa.
...offic. 3. ...ficium ventri...	Erythrophthal. Mugil. fluv. Brama. Ballerus. Capito. Nasus. A. M. Carassius. Cypr. nobilis. Tinca. Barbus. Rutilus. Alburnus. Leuciscus. Phoxinus. Gobius fl.
...rm. ...ventrales cå... ...ro distantia.	Cobitis. Barbatula. Misgurn.
...ex lamina 1. ...eribus clausæ.	Acus lumbr. Acus *Aristot.* Hippocampus.

V. INSECTA.

Corpus crusta ossea cutis loco tectum. *Caput* antennis instructum.

COLEOPTERA. *Alæ* elytris duobus tectæ.	Blatta.	§. FACIE EXTERNA FACILE DISTING. *Elytra* concreta. *Alæ* nullæ. *Antennæ* truncatæ.	Scarab. tardipes. Blatta fœtida.
	Dytiscus.	*Pedes* postici remorum forma & usu. *Ant.* setaceæ. *Sterni* apex bifurcus.	Hydrocantharus. Scarab. aquaticus.
	Meloë.	*Elytra* mollia, flexilia, corpore breviora. *Ant.* moniliformes. *Ex* articulis oleum fundens.	Scarab. majalis. Scarab. unctuosus.
	Forficula.	*Elytra* brevissima, rigida. *Cauda* bifurca.	Staphylinus. Auricularia.
	Notopeda.	Positum in dorso *exsilit. Ant.* capillaceæ.	Scarab. elasticus.
	Mordella.	*Cauda* aculeo rigido simplici armata. *Ant.* setaceæ, breves.	Negatur ab *Aristotele.*
	Curculio.	*Rostrum* productum, teres, simplex. *Ant.* clavatæ in medio Rostri positæ.	Curculio.
	Buceros.	*Cornu* 1. simplex, rigidum, fixum. *Ant.* capitatæ, foliaceæ.	Rhinoceros. Scarab. monoceros.
	Lucanus.	*Cornua* 2. ramosa, rigida, mobilia. *Ant.* capitatæ, foliaceæ.	Cervus volans.
	Scarabæus.	§. ANTENNÆ TRUNCATÆ. *Ant.* clavatæ foliaceæ. *Cornua* nulla.	Scarab. pilularis. Melolontha. Dermestes.
	Dermestes.	*Ant.* clavatæ horizontaliter perfoliatæ. *Clypeus* planiusculus, emarginatus.	Cantharus fasciatus.
	Cassida.	*Ant.* clavato-subulatæ. *Clypeus* planus, antice rotundatus.	Scarab. clypeatus.
	Chrysomela.	*Ant.* simplices, clypeo longiores. *Corpus* subrotundum.	Canthareilus.
	Coccionella.	*Ant.* simplices, brevissimæ. *Corpus* hemisphæricum.	Cochinella vulg.
	Gyrinus.	*Ant.* simplices. *Corpus* breve. *Pedibus* posticis saliens.	Pulex aquaticus. Pulex plantarum.
	Necydalis.	*Ant.* clavato-productæ. *Clypeus* angustus, rotundatus.	Scarabæo-formica.
	Attalabus.	*Ant.* simplices, constructæ articulis orbicularibus, præter ultim. globosum.	Scarab. pratensis.
	Cantharis.	§. ANTENNÆ SETACEÆ. *Clypeus* planus, margine undique promin. *Elytra* flexilia.	Cantharis *offic.*
	Carabus.	*Clypeus* fere planus, marg. prominente. *Elytra* fragilia.	Cantharus fœtidus. Canthareilus auratus.
	Cicindela.	*Clypeus* cylindraceus vel teres. *Forceps* oris prominens.	Cantharus Marianus.
	Leptura.	*Clypeus* subrotundus. *Pedes* longi. *Corpus* tenue acuminatum.	Scarab. tenuis.
	Cerambyx.	*Clypeus* ad latera mucrone prominet. *Ant.* corpus longitudine æquant, vel superant.	Capricornus.
	Buprestis.	*Clypeus* superne 2 punctis elevatis notatus.	Scarab. sylvaticus.
ANGIOPTERA. *Alæ* omnibus datæ, elytris destitutæ.	Papilio.	*Rostrum* spirale. *Alæ* 4.	Papilio alis erectis. Psyche--- planis. Phalæna -- compressis.
	Libellula.	*Cauda* foliosa. *Alæ* 4. expansæ.	Perla. Virgunculа.
	Ephemera.	*Cauda* setosa. *Alæ* 4. erectæ.	Musca Ephemera.
	Hemerobius.	*Cauda* setosa. *Alæ* 4. compressæ.	Phryganea.
	Panorpa.	*Cauda* cheliformis. *Alæ* 4. *Rostr.* corn.	Musca scorpiurus.
	Raphidia.	*Cauda* spinoso-setacea. *Alæ* 4. *Cap.* corn.	*Non descripta.*
	Apis.	*Cauda* aculeo simplici. *Alæ* 4.	Crabro. Vespa. Bombylius. Apis.
	Ichneumon.	*Cauda* aculeo partito. *Alæ* 4.	Ichneumon. Musca tripilis.
	Musca.	*Stylus* sub alis capitatus. *Alæ* 2.	Muscæ div. spec. Oestrum *Vet.* Oestrum *Lapponum.* Tabanus. Culex. Teredo nav. Tipula. Formica-leo.
HEMIPTERA. *Alæ* elytris destitutæ, Quibusdam tantum individuis concessæ.	Gryllus.	*Pedes* 6. *Alæ* 4. *superiores* crassiores.	Gryllus domesticus. Gryllo-talpa. Locusta. Mantis.
	Lampyris.	*Pedes* 6. *Clypeus* planus. *Alæ* 4.	Cicindela.
	Formica.	*Pedes* 6. *Alæ* 4. *Cauda* aculeum condit.	Formica.
	Cimex.	*Pedes* 6. *Alæ* 4. cruciferæ. *Rostrum* styliforme, rectum.	Cimex lectularius. Orsodachne. Tipula aquatica. Bruchus.
	Notonecta.	*Pedes* 6. quorum *postici* remorum figura & usu. *Alæ* 4 cruciferæ.	Notonecta aquatica.
	Nepa.	*Pedes* 4. *Frons* chelifera. *Al.* 4. crucif.	Scorpio aquat.
	Scorpio.	*Pedes* 8. *Frons* chelifera, aculeata. *Alæ* 4. laxæ.	Scorpio terrestris.
APTERA. *Alæ* nullæ.	Pediculus.	*Pedes* 6. *Antennæ* capite breviores.	Pediculus humanus. Ped. avium. Ped. piscium. Ped. pulsatorius.
	Pulex.	*Pedes* 6. saltatrices.	Pulex vulgaris.
	Monoculus.	*Pes* 1.? *Antennæ* bifidæ.	Pulex arboresc. *Swam.* *Monoculus Bradl.* *Apus Frisch.*
	Acarus.	*Pedes* 8. articulis 8 constantes. *Oculi* 2. *Ant.* minimæ.	Ricinus. Scorpio-araneus. Pedic. inguinalis. Pedic. Scarabæi. Pedic. Scabiei. Araneus coccineus.
	Araneus.	*Pedes* 8. *Oculi* communiter 8.	Araneus. Tarantula. Phalangium.
	Cancer.	*Pedes* 12. *priores* cheliformes.	Cancer. Astacus. Pagurus. Squilla. Majas. Eremita. Gammarus.
	Oniscus.	*Pedes* 14.	Asellus *Offic.* Asellus aquat.
	Scolopendria.	*Pedes* 20. & ultra.	Scolop. terrestris. Scolop. marina. Julus.

VI. VERMES.

Corporis *Musculi* ab una parte basi cuidam solidæ affixi.

REPTILIA. Nuda, artubus destituta.	Gordius.	*Corpus* filiforme, teres, simplex.	Seta aquatica. Vena Medina.
	Tænia.	*Corpus* fasciatum, planum, articulatum.	Lumbricus longus.
	Lumbricus.	*Corpus* teres, annulo prominenti cinctum.	Intestinum terræ. Lumbricus latus. Ascaris.
	Hirudo.	*Corpus* inferne planum, superne convex. tentaculis destitutum.	Sanguisuga.
	Limax.	*Corpus* inferne planum, superne conv. tentaculis instructum.	Limax.
TESTACEA. Habitaculo Lapideo instructa.	Cochlea.	*Testa* univalvis, spiralis, unilocularis.	Helix. Labyrinthus. Voluta. Cochlea varia. Buccinum. Lyra. Turbo. Cassida. Strombus. Fistula. Terebellum. Murex. Purpura. Aporrhais. Nerita. Trochus.
	Nautilus.	*Testa* univalvis, spiralis, multilocularis.	Nautilus. Orthoceros. Lituus.
	Cypræa.	*Testa* univalvis, convoluta, rima longitudinali.	Concha Veneris. Porcellana.
	Haliotis.	*Testa* univalvis, patula, leviter concava, perforata, ad angulum spiralis.	Auris marina.
	Patella.	*Testa* univalvis, concava, simplex.	Patella.
	Dentalium.	*Testa* univalvis, teres, simplex.	Dentalium. Entalium. Tubus vermicul.
	Concha.	*Testa* bivalvis.	Mytulus. Vulva marina. Pholus. Bucardium. Perna. Chama. Solenes. Tellina. Pinna. Ostrea. Pecten. Mitella. *Vomer.*
	Lepas.	*Testa* multivalvis. *Valvulæ* duabus plures.	Concha anatifera. Verruca testudin. Balanus marinus.
ZOOPHYTA. Artubus donata.	Tethys.	*Corpus* forma variabile, molle, nudum.	Tethya. Holothurium. Penna marina.
	Echinus.	*Corpus* subrotundum, testa tectum, aculeis armatum.	Echinus marinus.
	Asterias.	*Corpus* radiatum, corio tectum, scabrum.	Stella marina. Stella oligantis. St. pentactinoides. St. polyactinoid.
	Medusa.	*Corpus* orbiculatum, gelatinosum, subtus filamentosum.	Urtica marina. Urt. vermiformis. Urt. crinita. Urt. astrophyta.
	Sepia.	*Corpus* oblongum, interne osseum, anterius octo artubus donatum.	Sepia. Loligo.
	Microcosmus.	*Corpus* variis heterogeneis tectum.	Microcosm. marin.

卡尔·林奈，
《自然系统》
动物界

林奈对生命世界的分门别类近乎痴迷，《自然系统》就是展现这种热情的代表性著作。这个图表中，林奈将动物分为四足动物、鸟类、两栖类、鱼类、昆虫和蠕虫。然而这种自相矛盾的划分方式也意味着，林奈其实没能用一种全面而便于理解的方式来建立动物的分类体系。

The Cock Macaw from Jamaica.

对页：
以利亚撒·阿尔宾，
《鸟类自然史》，第二卷，1734年；
阿尔宾金刚鹦鹉

阿尔宾金刚鹦鹉只有这一幅画作存世，因此一般被认为已灭绝。很遗憾，许多新大陆的鹦鹉种类都有类似的情况，即如今的人们只能从十八、十九世纪动物学家的著作中一窥真颜。

右图：
夏尔·博内（1720—1793），
《昆虫学论文》，1745年；
生物等级图

“自然阶序”（scala naturae，见3、16页）思想最为详尽的表述之一，出现在法国自然哲学家夏尔·博内的这部昆虫学论著中。

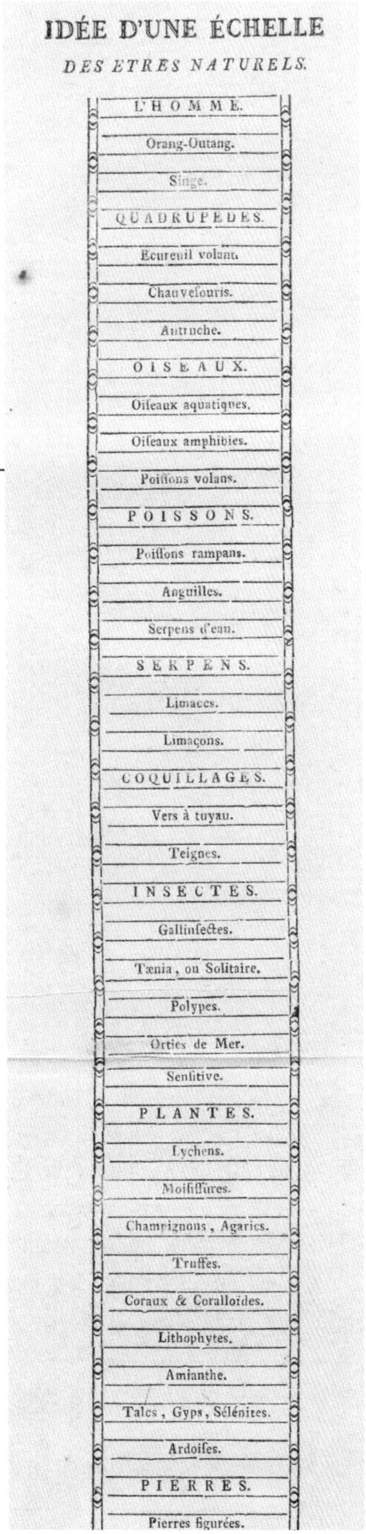

IDÉE D'UNE ÉCHELLE
DES ETRES NATURELS.

L'HOMME.
Orang-Outang.
Singe.
QUADRUPEDES.
Ecureuil volant.
Chauvefouris.
Autruche.
OISEAUX.
Oifeaux aquatiques.
Oifeaux amphibies.
Poiffons volans.
POISSONS.
Poiffons rampans.
Anguilles.
Serpens d'eau.
SERPENS.
Limaces.
Limaçons.
COQUILLAGES.
Vers à tuyau.
Teignes.
INSECTES.
Gallinfectes.
Tænia, ou Solitaire.
Polypes.
Orties de Mer.
Senfitive.
PLANTES.
Lychens.
Moififfures.
Champignons, Agarics.
Truffes.
Coraux & Coralloïdes.
Lithophytes.
Amianthe.
Talcs, Gyps, Sélénites.
Ardoifes.
PIERRES.
Pierres figurées.

乔治－路易·勒克莱尔，布丰伯爵（1707–1788），《自然史》，1749 年；二趾树懒

树懒在很多方面都很奇怪，其中一个方面就是它们与其他有胎盘哺乳动物（除有袋类之外的胎生哺乳动物）之间的分类关系。在许多现代动物分类体系中，树懒被认为是较早阶段便与其他大部分哺乳动物分离演化的“姐妹群”。布丰（见 44 页）是十八世纪科学革命的一位重要人物。

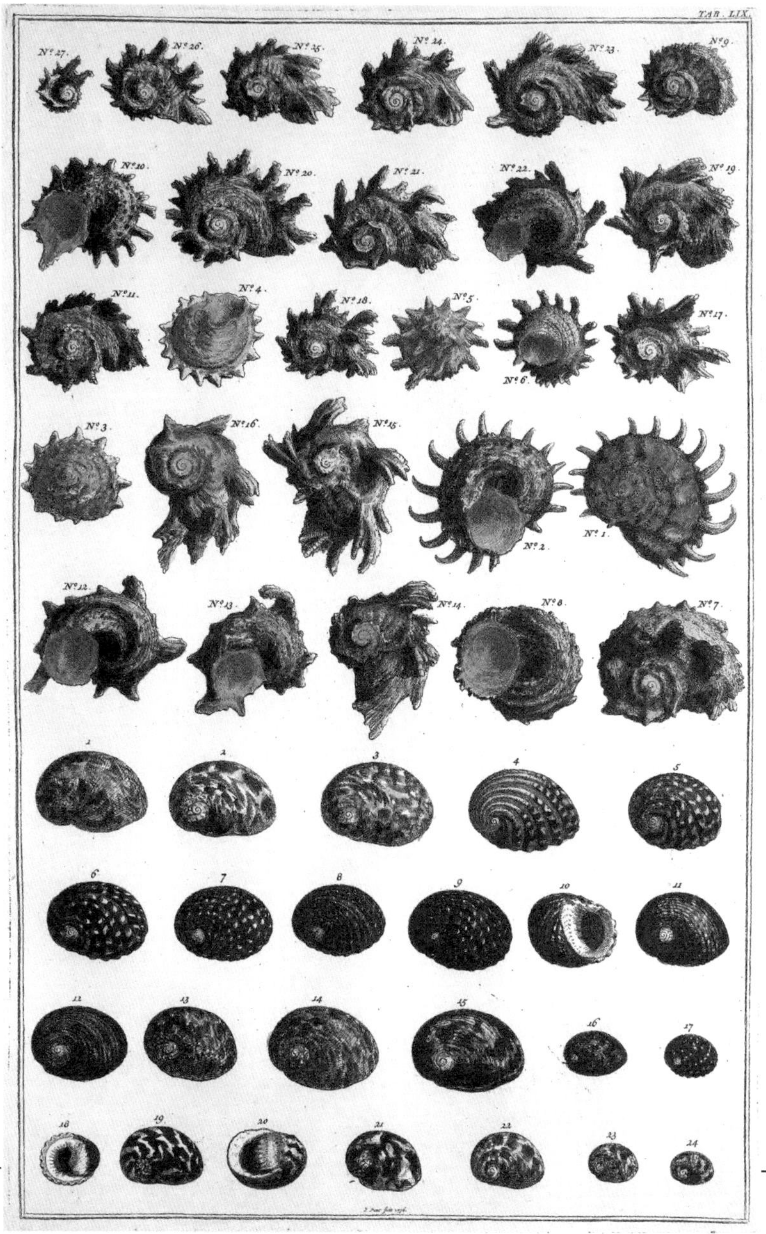

阿尔贝图斯·塞巴，
《自然万宝全书》，
1734—1765 年；贝壳

荷兰动物学家阿尔贝图斯·塞巴拥有现存数量最大的生物收藏之一，并编辑出版了其大部分标本的详细目录。

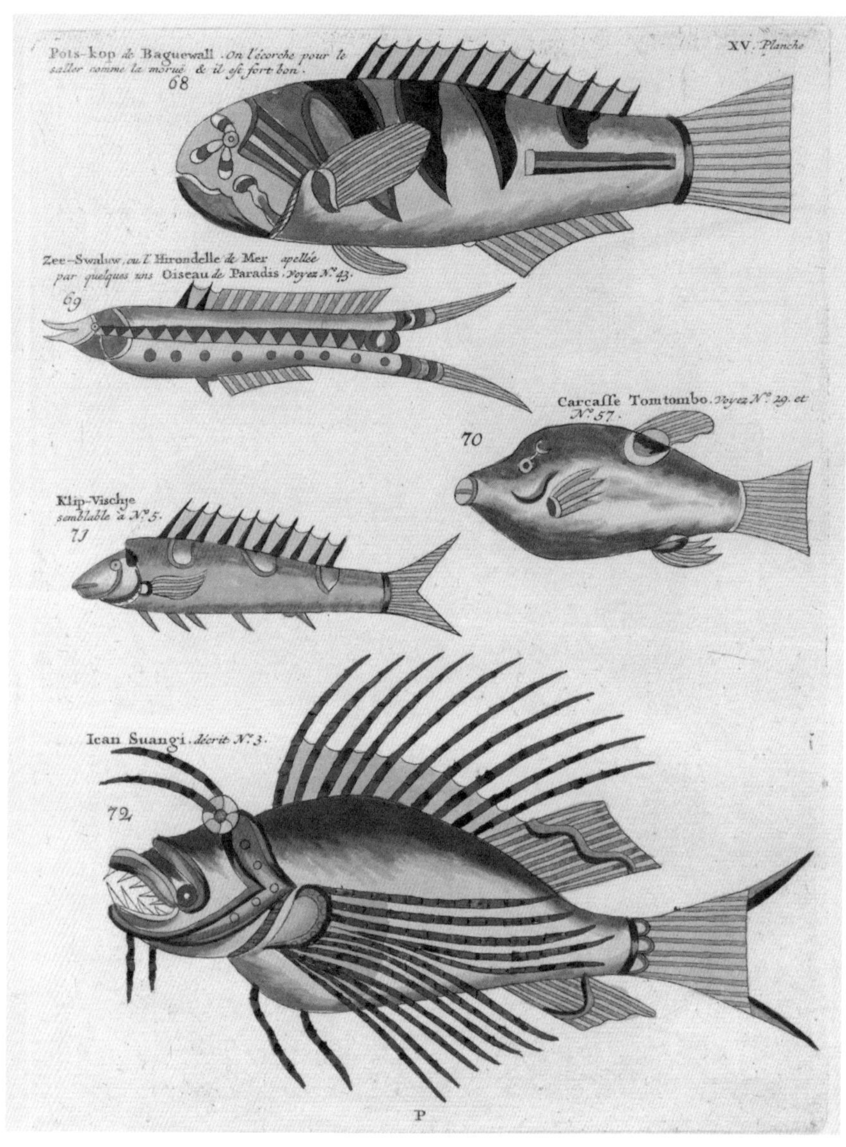

路易·勒纳尔（约 1678—1746），《鱼类、虾类和蟹类》，1754 年；
鱼类（上图）；甲壳类（对页图）

勒纳尔是一位药剂师、出版商、间谍，然后还抽空当了一个鱼类学家。这本书的全称是《鱼类、虾类和蟹类，斑斓的色彩和奇特的形态，马鲁古群岛及南方大陆海滨的发现》。书中描述的一些物种是真实存在的，但也有不少现在看来是编造的——比如美人鱼，而且这些虚构动物的形象在书中越往后越奇特。

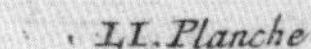

212. Crabbe-Scorpion, *dont les piquures sont mortelles, et la chair en est cependant bonne à manger*.

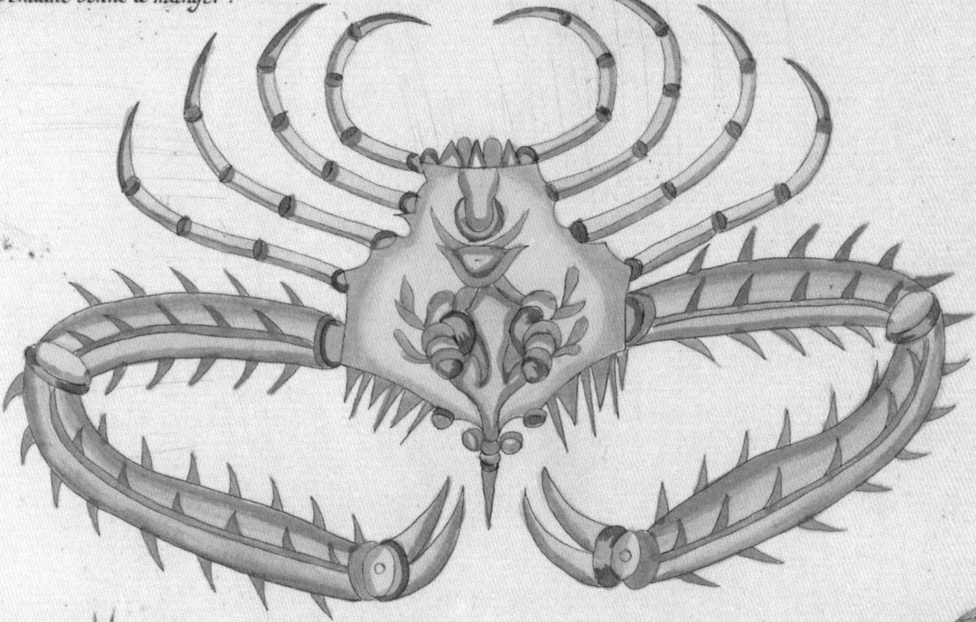

213. Ecrevisse *de* Honimo *très-delicieuse*.

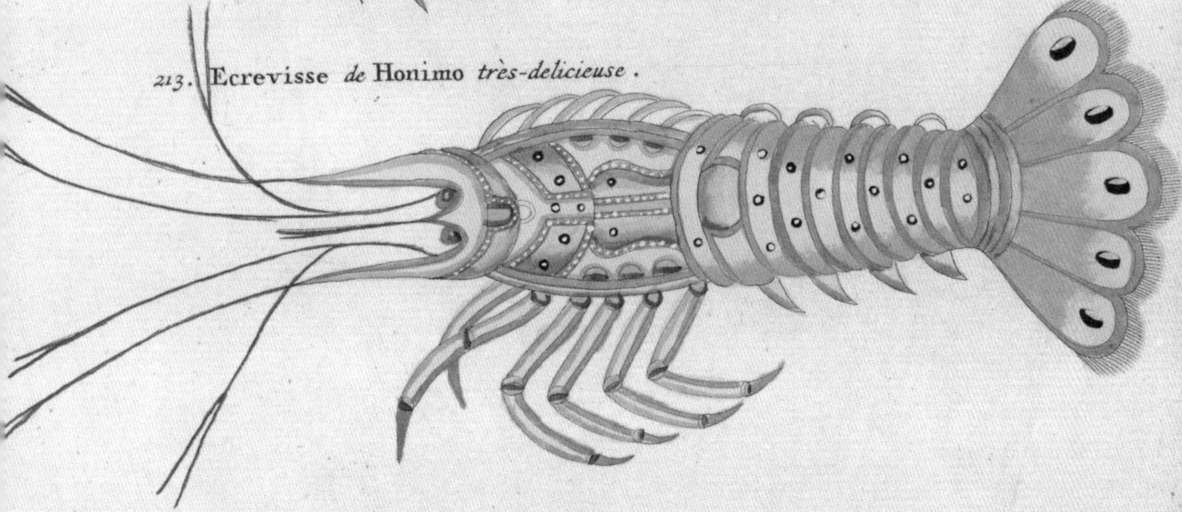

215. Crabbe-terrestre *qui grimpe sur les arbres*.

214. Crabbe-Soleil *Amphibie*.

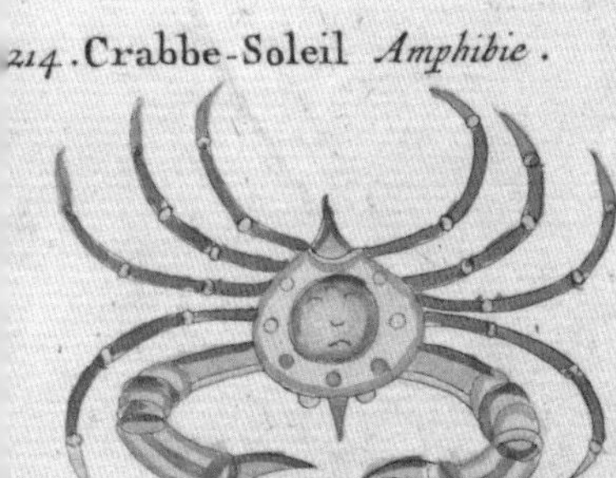

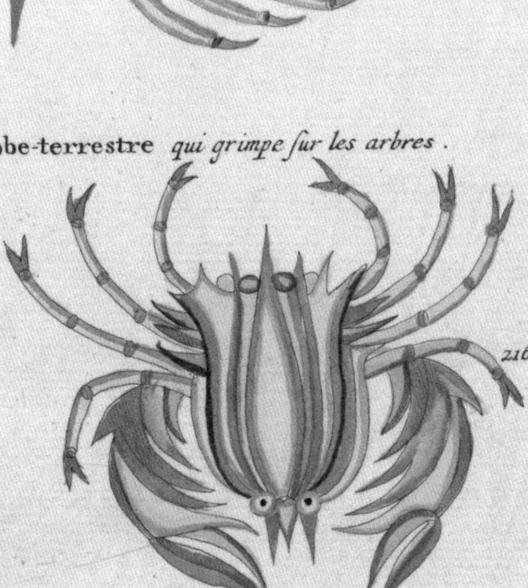

216. Crabbe-Lune *Amphibie*.

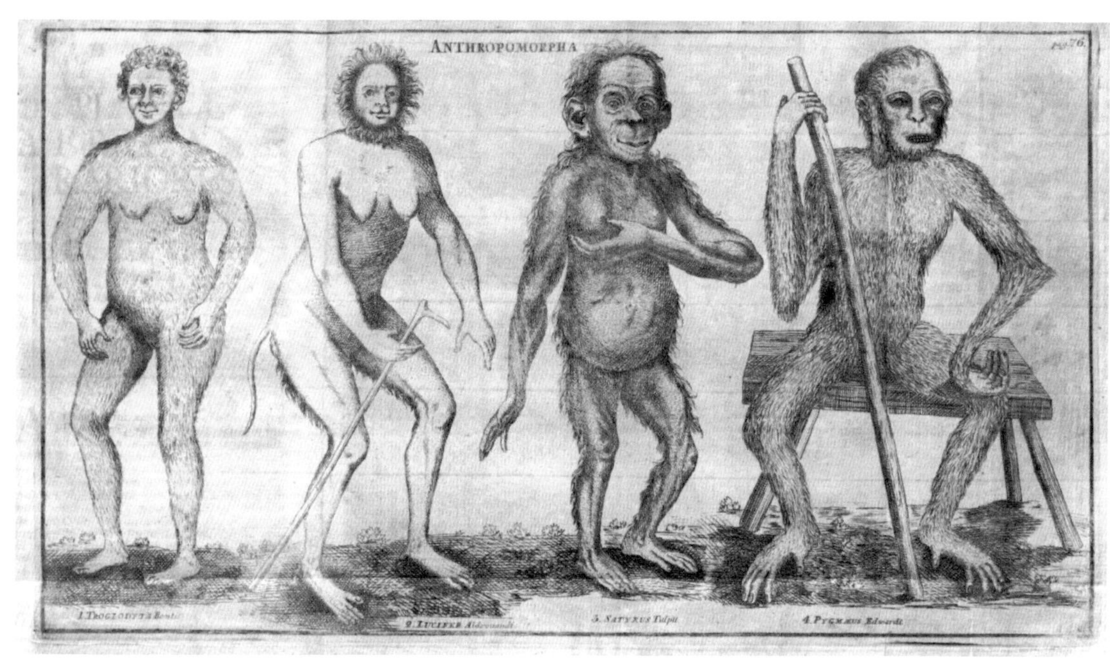

上图：克里斯蒂安努斯·霍比乌斯（生卒时间不详），《林奈学术趣谈》，1763 年；人形动物（Anthropomorpha）

人类的起源对于早期人类学家来说是一个特殊的挑战，部分原因要归咎于神学与科学、神话与现实、种族与物种这三对概念之间的界线当时尚未明晰。这幅图出自卡尔·林奈名下出版的一部博士论文，图中绘有班图穴居人（*Troglodyta bontu*）、阿尔德罗万迪路西法人（*Lucifer aldovandri*）、蒂氏萨蒂尔人（*Satyrus tulpii*）和爱氏侏儒人（*Pygmaeus edwardi*）。值得注意的是，黑猩猩的现代拉丁名语义依然是“穴居潘神猿”（*Pan troglodytes*）。

对页：托马斯·彭南特，《不列颠动物志》，1776 年；旋木雀与戴胜。

《不列颠动物志》是至今为止出版的最为全面的英国动物群手册，但精美的雕版印刷意味着作者根本没法用这本书赚到钱。彭南特除了编撰动物手册，同时还与当时的自然哲学家有着广泛的通信。

CREEPER.
HOOPO.

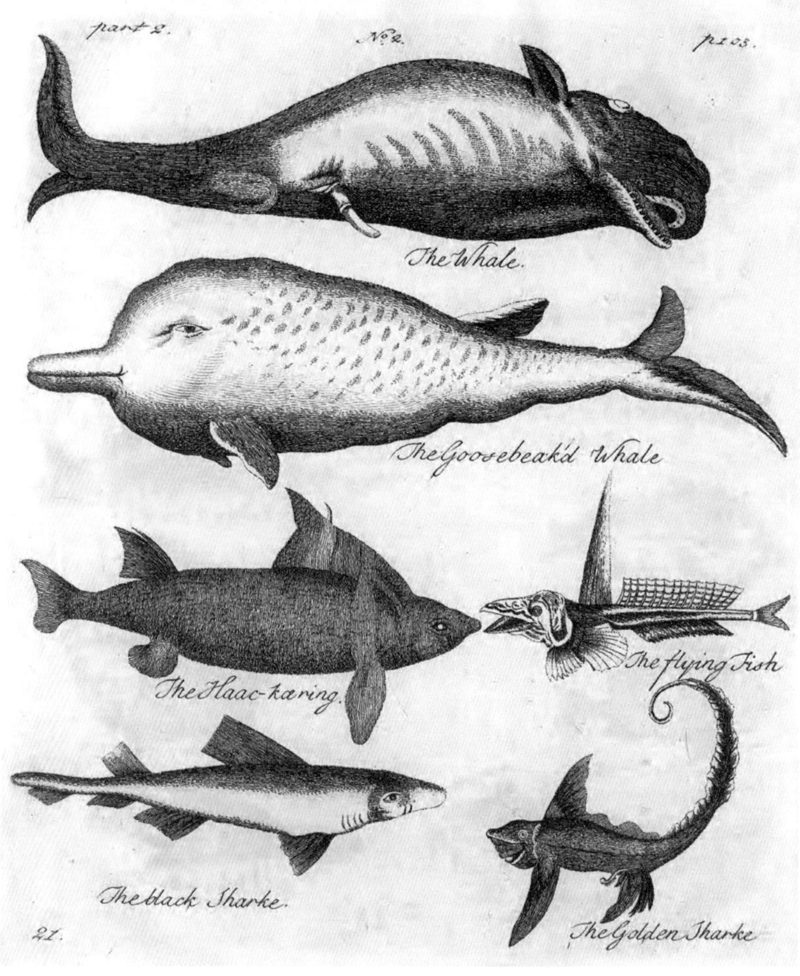

上图：奥托·弗雷德里希·穆勒（1730—1784），《丹麦动物志》，1779 年；鲸类

人们花了很长时间才逐渐弄明白鲸类和其他动物的亲缘关系。鲸类是最为特化的哺乳动物，甚至比蝙蝠还不像哺乳动物。尽管它们哺育幼崽这一事实早已为人们所知晓，但学者们还是经过几十年的解剖学研究才对鲸类的起源有了头绪——实际上与它们亲缘关系最近的现生动物是河马。

对页：詹姆斯·牛顿（1748—1804），《蜻蜓与蜉蝣》（套色雕版印刷），1780 年

大多数翅没有退化的昆虫都有四个翅膀，最典型的就是差翅亚目（Anisoptera）——蜻蜓类及其近亲。化石证据显示这个类群早于恐龙一亿年就出现了。

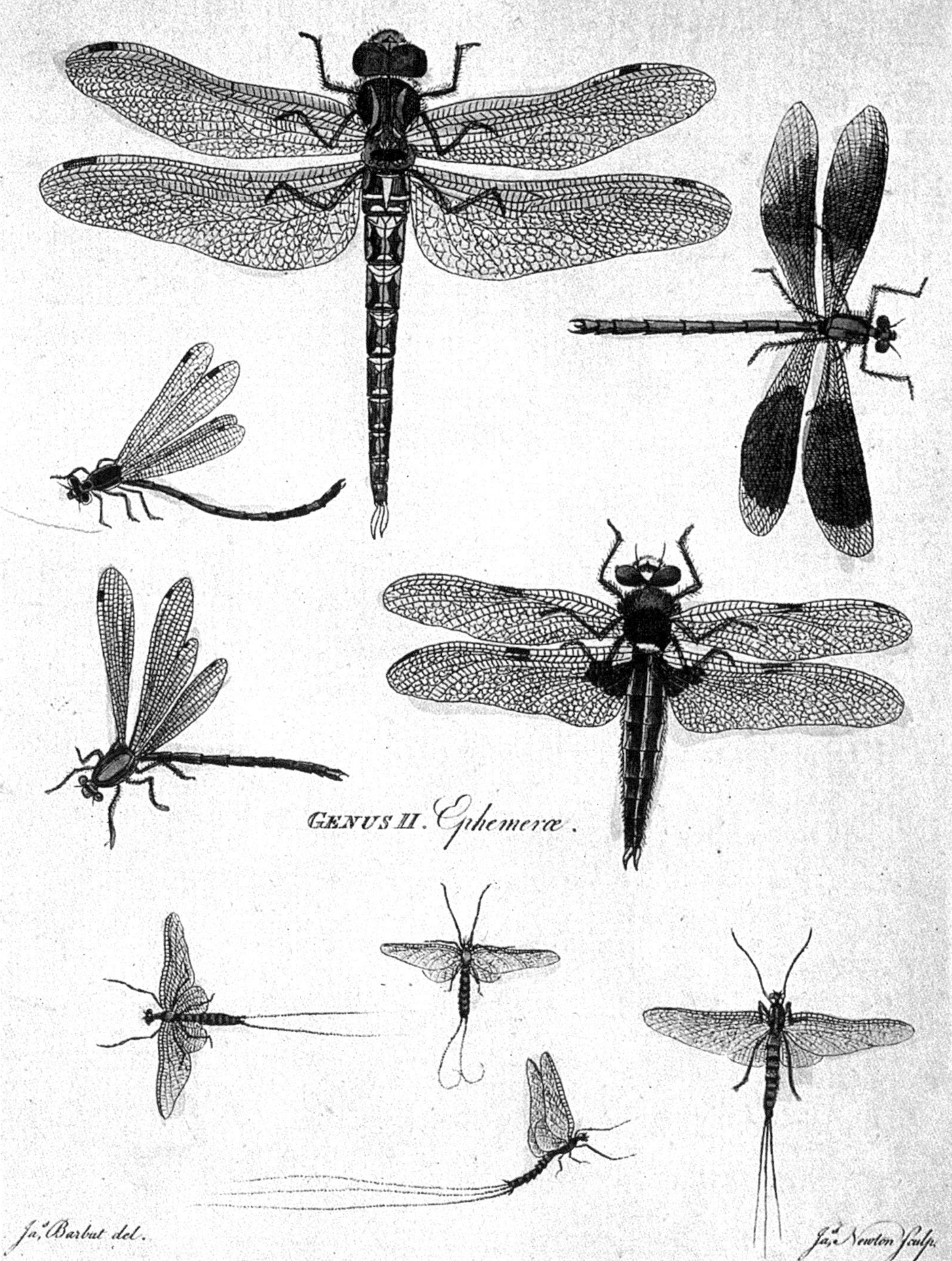
Ordo 4.
Insecta Neuroptera
GENUS I. Libellulæ.
GENUS II. Ephemeræ.
Ja.s Barbut del.
Ja.s Newton Sculp.
Publish'd according to Act of Parliament Feb.y 9:1780 by J.s Barbut N.o 201 Strand.

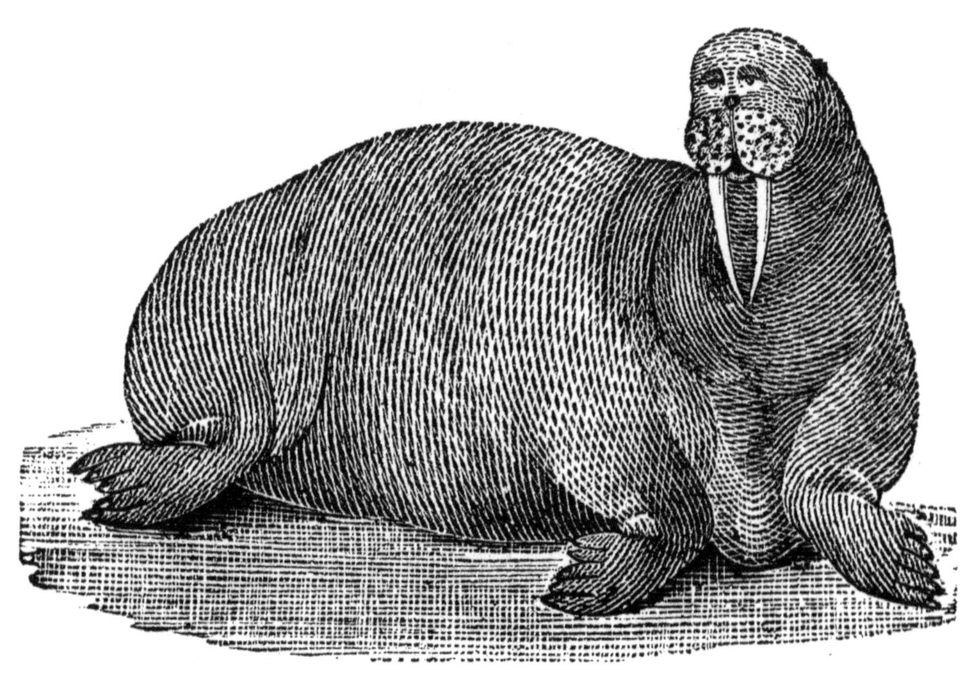

托马斯·比维克（1753—1828），《四足动物通史》，1790 年；海象或“海马”

比维克的《四足动物通史》是现存最可爱的动物学手册之一，其中一个原因是手册里的每一种动物都流露出了某种情感和个性。有些骄傲，有些狡猾，而这个海象大概是最憨萌的。

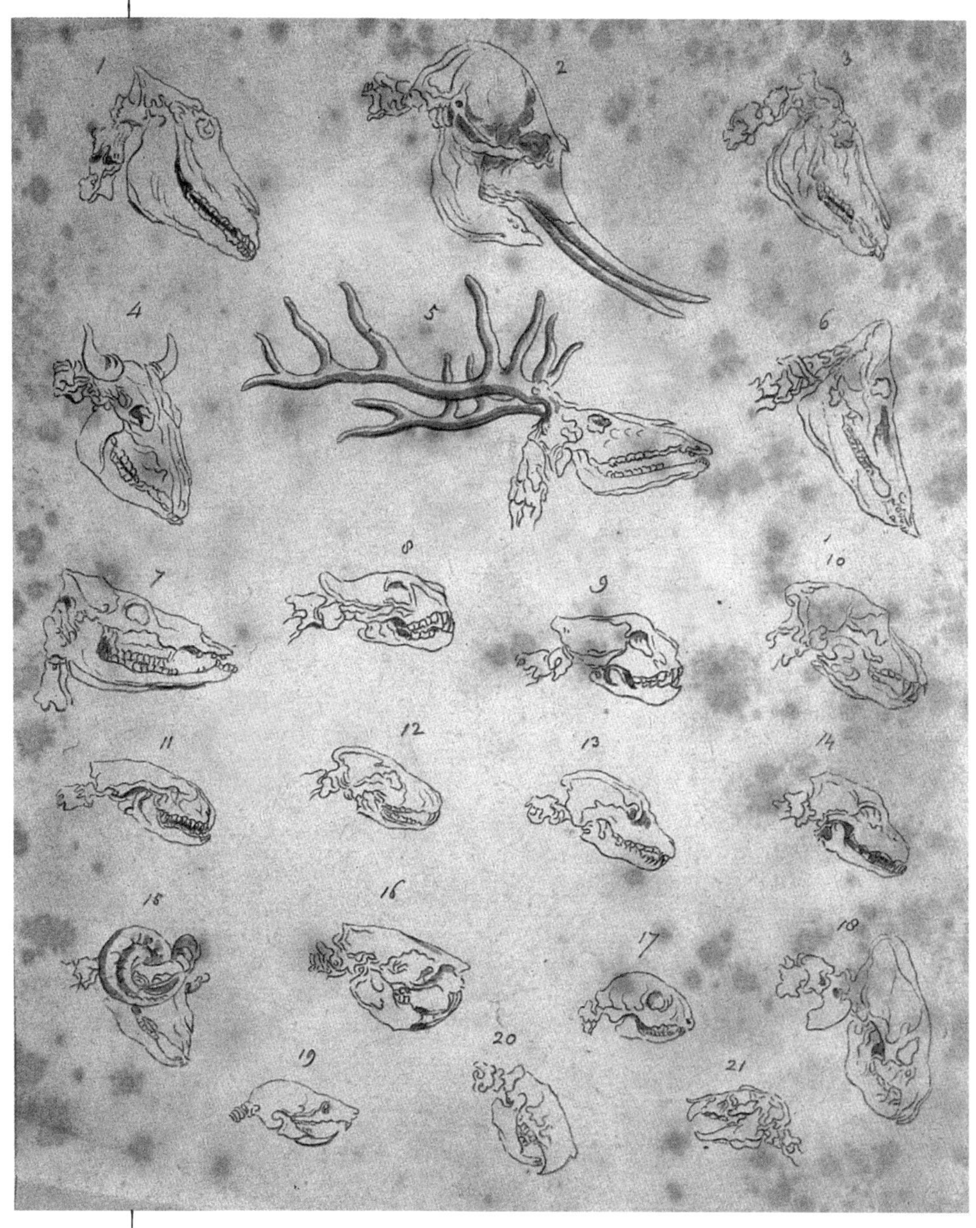

约翰·卡斯帕·拉瓦特尔（1741—1801）和托马斯·霍洛威（1748—1827），《面相学文集》，1789 年；哺乳动物头骨

拉瓦特尔是面相学的支持者，这种学说认为人的天性和品格可以通过他的外表来识别。在拉瓦特尔的研究中，他绘制了大量的动物面部结构图。在随后的历史中，面相学变成了种族偏见和谬论中的一个重要部分。

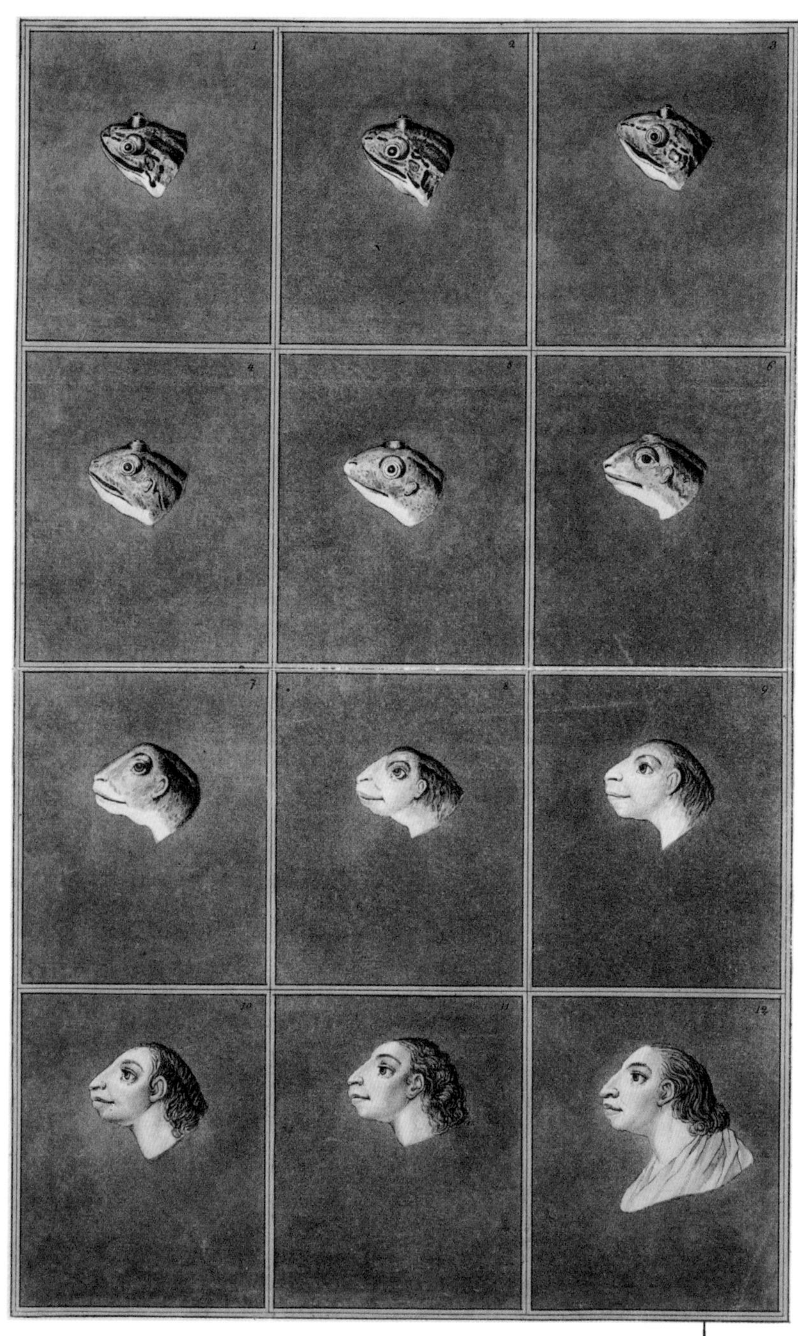

约翰·卡斯帕·拉瓦特尔、克里斯蒂安·冯·梅切尔（1737—1817），
《头像序列：从青蛙到原始人》（套色蚀刻版印刷），1797 年

约翰·卡斯帕·拉瓦特尔、克里斯蒂安·冯·梅切尔，
《头像序列：从原始人到观景殿的阿波罗》(套色蚀刻版印刷)

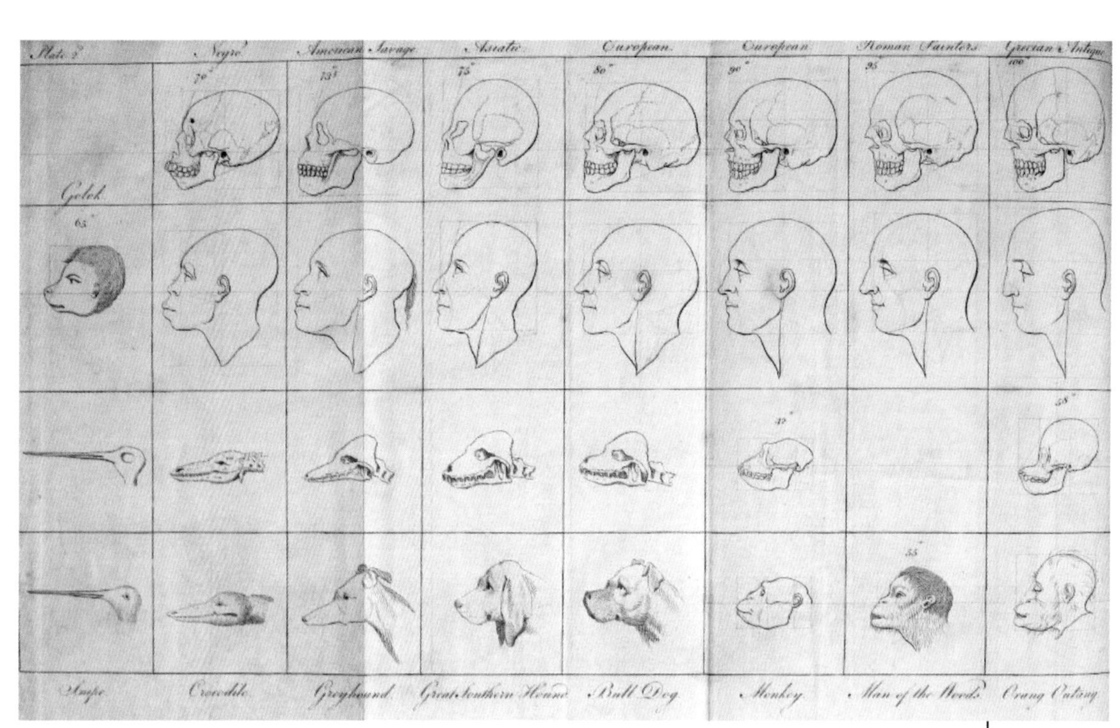

查尔斯·怀特（1728—1813），《人类和不同动植物阶段性规律渐变的报告》，1799年；人类及不同动物的面部轮廓（上图）；四种与人类最接近的猿类（对页图）

怀特是一位英国内科医生，他激进地支持“自然等级”或称“伟大的生命之链”（见16页）的言论今天读起来使人颇为不适。上图中，怀特将动物和人类根据头部侧面轮廓的形态排列为鹬、鳄鱼、狗和非欧洲人，终点则是他所谓的“古希腊范式”。在对页的拼图中，有“泰森博士的侏儒”（可能是一个猩猩）、“猴子”、“博塔尼湾的土著”和“非洲人”，后二者则跟“欧洲人”的轮廓进行了对比。

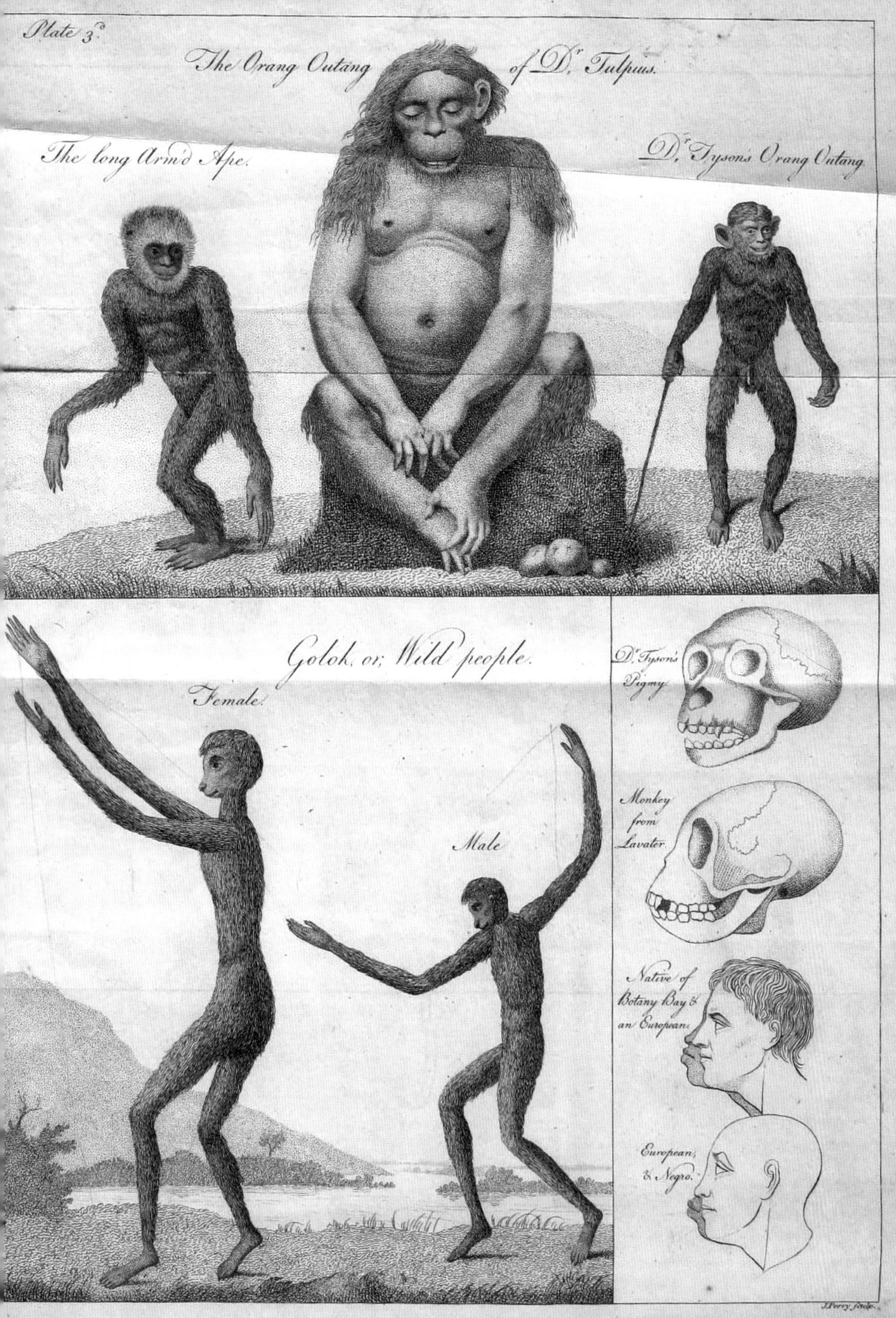

Plate 3.
The Orang Outang of Dr. Tulpius.
The long Arm'd Ape.
Dr. Tyson's Orang Outang.
Golok, or, Wild people.
Female.
Male.
Dr. Tyson's Pigmy
Monkey from Lavater.
Native of Botany Bay & an European.
European, & Negro.

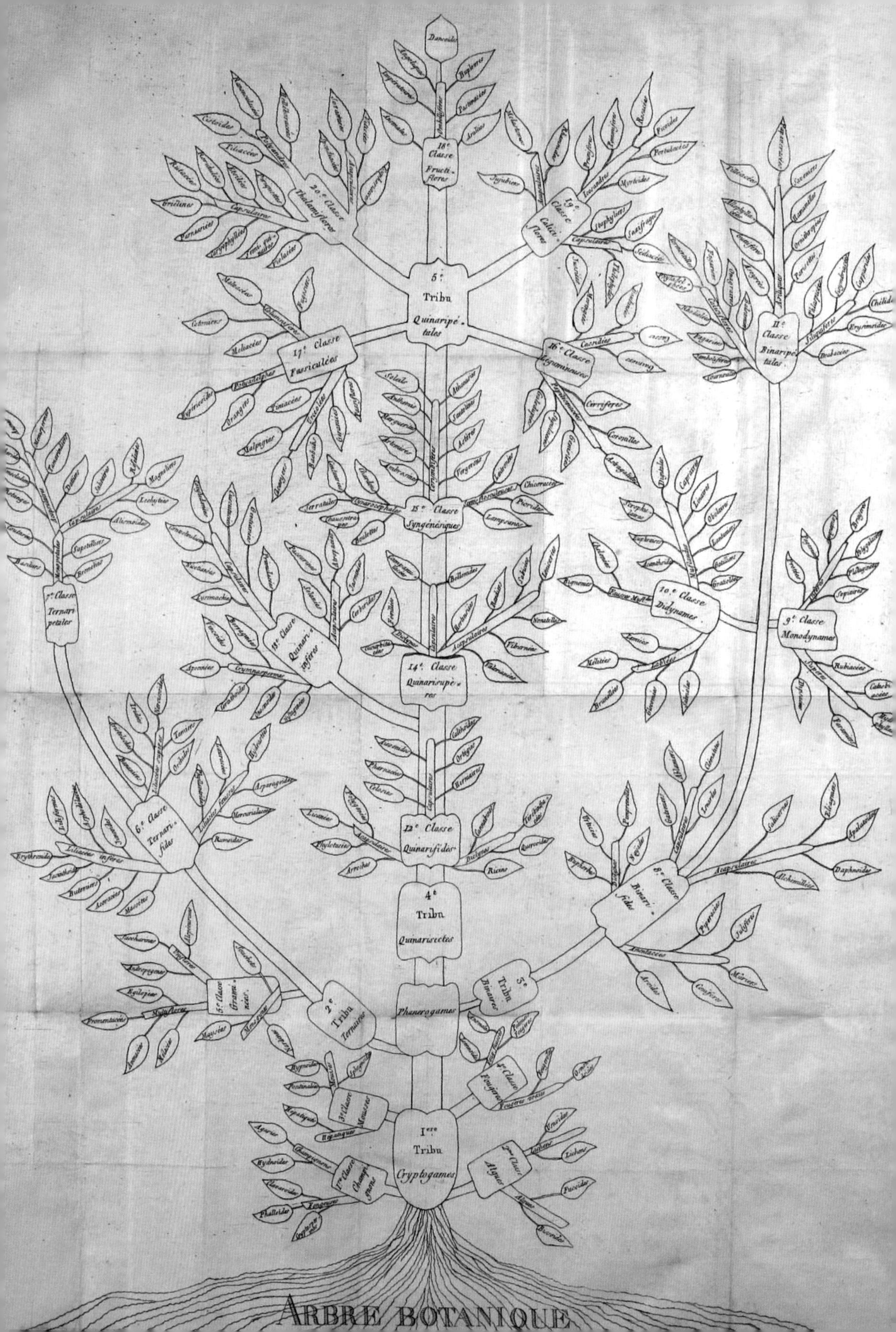
18e Classe Fructiflores
20e Classe Thalamiflores
19e Classe Caliciflores
5e Tribu Quinaripétales
17e Classe Fasciculées
16e Classe Légumineuses
11e Classe Binaripétales
15e Classe Syngénériques
7e Classe Ternaripetales
13e Classe Quinari-infères
10e Classe Didynames
9e Classe Monodynames
6e Classe Ternarifides
12e Classe Quinarifides
8e Classe Binarifides
4e Tribu Quinarisectes
5e Classe Graminées
2e Tribu Ternaires
Phanerogames
3e Tribu Binaires
4e Classe Fougères
3e Classe Mousses
1ere Tribu Cryptogames
1re Classe Champignons
2e Classe Algues
ARBRE BOTANIQUE

上图：
让－巴蒂斯特·拉马克（1744—1829），
《自然三大界之方法论及百科图表》，1791 年；海胆

拉马克（见 74 页）最著名的贡献是对演化理论的支持，但他在职业生涯早期是一个传统的生物分类学家。

对页：
奥古斯丁·奥吉尔（1758—1825），
《论植物新分类》，1801 年；“植物分类树”

奥吉尔的“植物分类树”可能是最早的现生生物树形分类体系（见 46 页）。

让－巴蒂斯特·拉马克
演化论革命

Jean-Baptiste Lamarck
The Revolution of Evolution

时间线

1744: 让－巴蒂斯特·拉马克出生
1793: 到法国国家自然历史博物馆任职
1801: 《无脊椎动物的系统》出版
1809: 《动物学哲学》出版
1829: 让－巴蒂斯特·拉马克去世

让—巴蒂斯特·拉马克于十八世纪中叶出生在一个没落的法国古老贵族家庭，家中兄弟姐妹众多。早年拉马克曾到法国南部旅行，在那里应征入伍成为一名士兵。但对后世而言，比其成功的军旅生涯更重要的是，拉马克对法国南方温暖土地上生长的植物产生了浓厚的兴趣。

随后拉马克接受了医学训练，但没多久便在哥哥的鼓励下改变了职业方向。他起初到巴黎植物园工作，在那里发表了关于法国植物分类的重量级著作。作为一名热情的植物学家，他在这部著作里使用了类似约翰·雷的二歧检索表式的方法对标本进行鉴定和归纳。

或许正是这些现代决策树的早期尝试，以及奇特的职业经历，使得拉马克最终在生物学（这个词本身也是他创造的）领域做出了巨大的贡献。

当拉马克被任命为发起创办法国国家自然历史博物馆的研究人员时，他发现植物学的相关职位已经被更具威望的教授占据了。于是，拉马克将研究兴趣转到了无脊椎动物上，他在不同物种身上发现了大量极为相似的特征，受此启发，拉马克很快开始支持生物历时可变这一当时尚有争议的说法。

拉马克不是第一个提出演化思想的人，但论贡献他绝对是该领域最富影响力的人之一。拉马克大胆提出：是自然规律的力量在驱使着演化的发生。实际上，这个驱动力可以细分为两种：一种是生物的内在力量，驱使动物随时间变得更加复杂；另一种是环境的外在力量，驱使动物分化为更多的物种。

让—巴蒂斯特·拉马克，
《无脊椎动物自然史》（1815—1822）；
动物界形成假说

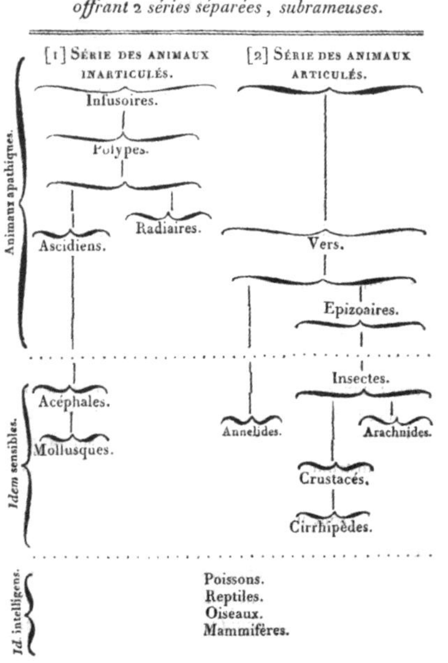

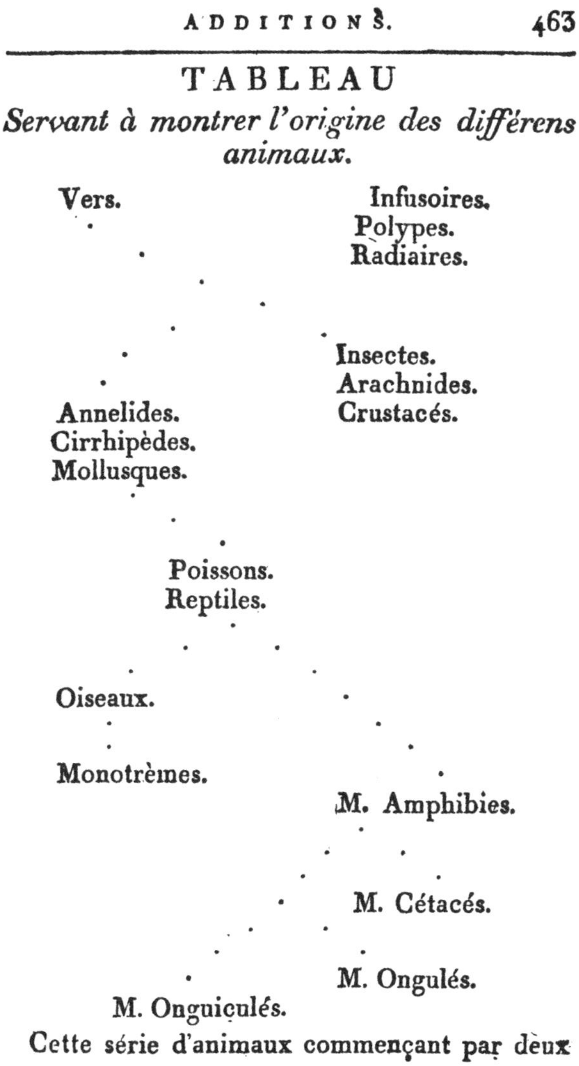

ADDITIONS. 463

TABLEAU

Servant à montrer l'origine des différens animaux.

Vers. Infusoires.
Polypes.
Radiaires.

Insectes.
Arachnides.
Crustacés.

Annelides.
Cirrhipèdes.
Mollusques.

Poissons.
Reptiles.

Oiseaux.

Monotrèmes.

M. Amphibies.

M. Cétacés.

M. Ongulés.

M. Onguiculés.

Cette série d'animaux commençant par deux

让-巴蒂斯特·拉马克，
《动物学哲学》，1809年；
图表中展示了不同动物的起源。

这幅简陋的图表出自拉马克最重要的著作《动物学哲学》，意图是“为了展示不同动物的起源”，这大概是最早出现的动物演化树。但这个树其实是倒转的，位于演化树根部的蠕虫在图中顶端，同时卵生、有蹄及海生哺乳动物被放在了图的底端。这棵二叉树虽然只包括了较少的几个类群，但却与二十世纪晚期出现的简洁生物分类图表有着诸多惊人的相似之处。

可惜的是，拉马克被后世广为铭记却是因为他对生物演化机制的错误解释——简单的生命可以从无机物中源源不断地自发生成，动物的生活经历会影响到后代的形态。

这些错误现在看来似乎是可以原谅的，毕竟当时既不知道基因，也没有分子生物学。拉马克如今也重新被视为探索动物多样性内在发生机制的思想先驱。

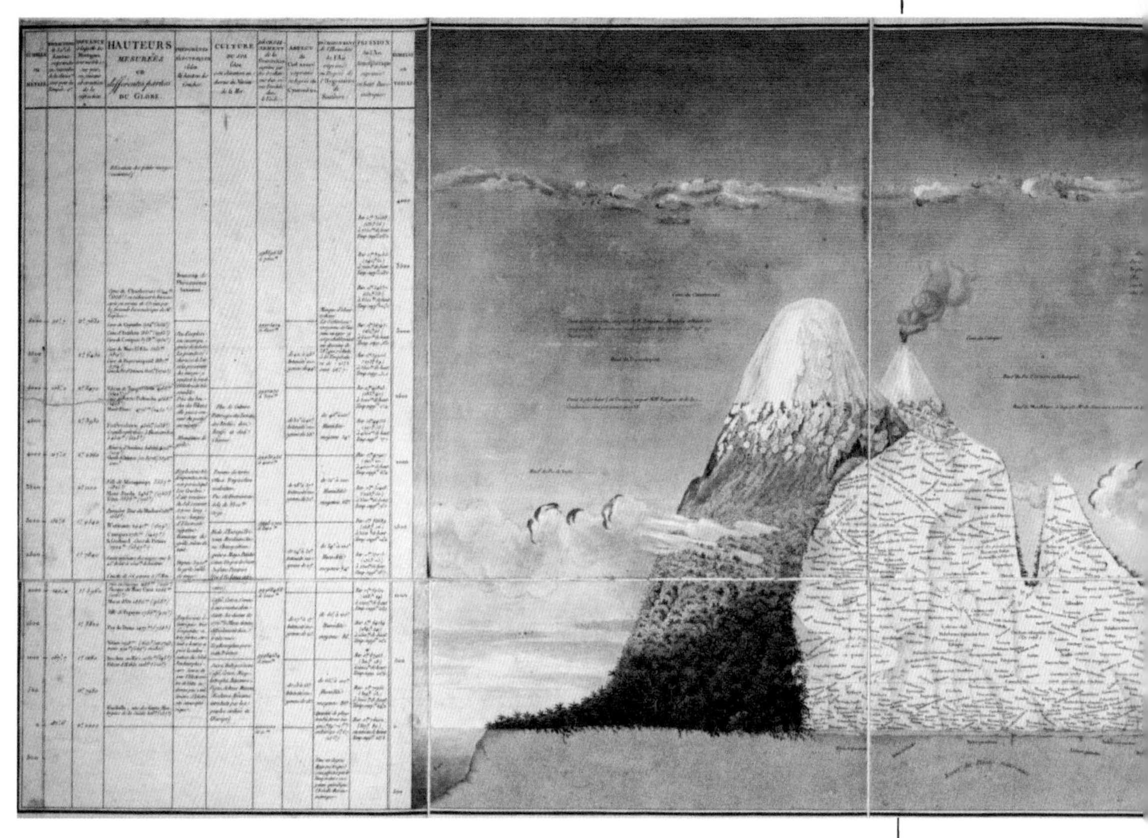

亚历山大 · 冯 · 洪堡（1769—1859），
《植物地理学的观念》，1807 年 ;《热带国家植物地理学》

尽管洪堡的主要研究对象是植物，但他在涵盖更多物种的生物地理学领域同样极具影响力。纬度、海拔、地理邻近性、气象变化——所有这些因素都会影响到植物生活在哪里，何处应该生长何种植物，而且动物也是一样。因此，洪堡是现代生物地理学（见阿尔弗雷德 · 拉塞尔 · 华莱士的相关内容，136 页）得以创立的关键人物。他还注意到了一些大陆的边缘（比如非洲和南美洲）可以奇妙地拼合在一起，因此也是“大陆漂移学说”早期版本（见阿尔弗雷德 · 魏格纳的相关内容，182 页）的支持者。

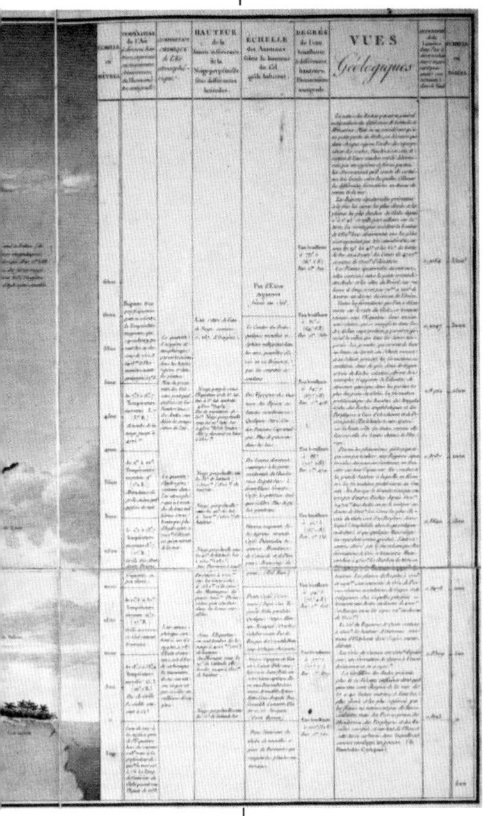

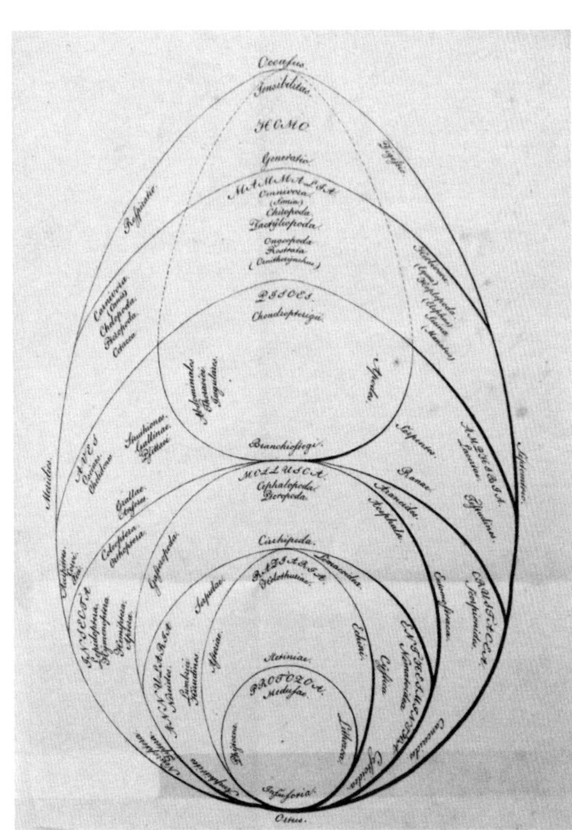

格奥尔格·奥古斯特·戈德弗斯（1782—1848），
《动物演化的阶段》，1817 年；动物系统

十八世纪早期的生物学家有时会费尽心思避而不用树形组织图，这样做的意图也颇具争议。比如普鲁士古生物学家格奥尔格·戈德弗斯绘制的这幅蛋形动物分类图表，就是这种做法的典型代表。现在看来，这个图有些像表示集合的维恩图（Venn diagram），但此图代而描述不同动物类群的相似性，以及用上升序列表示接近完美的程度——中轴线上大写的单词自下而上分别为原生动物（Protozoa，单细胞动物），辐射对称动物（Radiata，海葵、海参等），软体动物（Mollusca），鱼类（Pisces），哺乳动物及人（Homo）。

威廉·史密斯
动物群层序律

William Smith
The Principle of Faunal Succession

时间线	
1769:	威廉·史密斯出生
1801:	英国地质图初稿
1816–1819:	《利用有机物化石鉴定地层》出版
1817:	《生物化石地层系统》出版
1839:	威廉·史密斯去世

对页：
威廉·史密斯（1769—1839），
《利用有机物化石鉴定地层》，
1816—1819年；
绿砂层中发现的典型化石

下图：
威廉·史密斯，
《英格兰、威尔士和苏格兰部分地区的地层概述》，
1815年

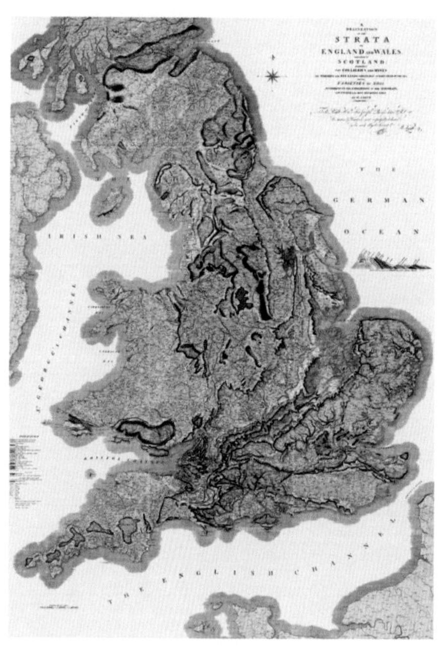

如今，大家一般认为古生物学与演化生物学属于生命科学的范畴，然而实际上它们的根基深植于地质学中。这是因为，十九世纪时地质学家们已经意识到规律沉积形成的岩石地层中蕴含着动物演化的年代序列。换句话说，沉积地层正是讲述动物生命史的“书页”。

这个发现的灵魂人物——同时也是整个科学史上的一位重要人物——是威廉·“斯特拉塔”·史密斯（Strata音译为“斯特拉塔”，意为“地层”）。

英国是研究古老沉积岩地层的理想地区，原因有二：第一，这一狭小的区域沿对角线自苏格兰西北地区到人口稠密的英格兰东南地区，碰巧包含了地球几乎最古老到最年轻的地层序列。第二，地质学知识在十八世纪的英国是极为重要的，因为工业革命的发展推动了采矿和开凿运河等事业的突飞猛进。

威廉·史密斯出身卑微，做了大半辈子地质测量员。随着研究成果的积累他逐渐认识到，不仅特定的动物化石会出现在特定的地层里——也就是他的“动物群层序律”——而且反过来一些“地层判定物种”也可以用来确定地层形成的相对年代。

在短短几年中，史密斯出版了全世界第一幅国家地质图，以及两本详细记录矿物层与对应特有化石的手册：《利用有机物化石鉴定地层》和《生物化石地层系统》。

就是如此简单的工作，彻底颠覆了人类过去的历史观念。然而，史密斯却没能因为他的发现得到半点好处。由于急切出版配图丰富精美的手册，史密斯破产了，并且身陷债务人监狱（debtor's prison），最终在贫穷中死去。

GREEN SAND.

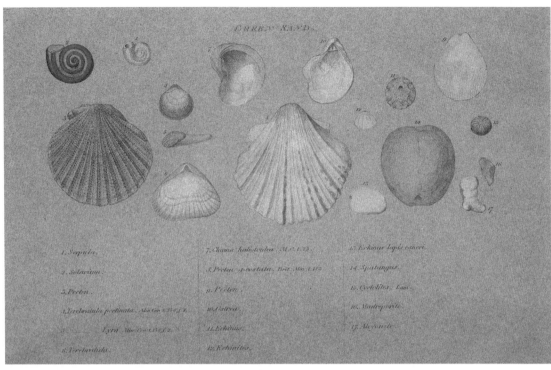

1. Serpula.
2. Solarium.
3. Pecten.
4. Terebratula pectinata. Min Con t.138 f.1.
5. Lyra. Min Con t.138 f.2.
6. Terebratula.

7. Chama haliotoidea. M.C. t.25.
8. Pecten 4-costata. Brit. Min. t.183
9. Pecten.
10. Ostrea.
11. Echinus.
12. Echinites.

13. Echinus lapis cancri.
14. Spatangus.
15. Cyclolites. Lam.
16. Madreporite.
17. Alcyonite.

OAK-TREE CLAY.

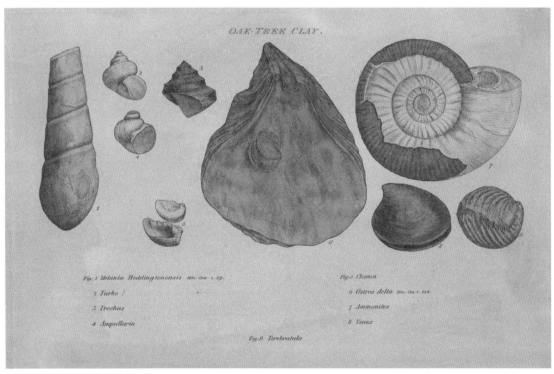

Fig: 1 Melania Heddingtonensis Min. Con. t.39.
2 Turbo ?
3 Trochus
4 Ampullaria

Fig: 5 Chama
6 Ostrea delta Min. Con. t.148.
7 Ammonites
8 Venus

Fig: 9 Terebratula

GEOLOGICAL TABLE OF BRITISH

WHICH IDENTIFY THE COURSES AND CONTINUITY OF THE STRA

AS ORIGINALLY DISCOVERED BY W. SMITH, *Civil Eng*

GEOLOGICAL MAP OF ENGLA

ORGANIZED FOSSILS which Identify the respective STRATA.		*NAMES OF STRATA on the Shelves of the* GEOLOGICAL COLLECTION	COLOURS *on the* MAP of STRATA	*NAMES in the MEMOIR and the PECULI*
Volutæ, Rostellariæ, Fusus, Cerithia, Nautili, Teredo, Crabs Teeth, and Bones	*Plains*	*London Clay*	No. 1	London Clay *forming Highgate, Harrow, Shooters*
			2	Clay or Brickearth *with Interspersions of Sand and*
		Sand		
Muriex, Turbo, Pectunculus, Cardia, Venus, Ostreæ		*Crag*	3	
		Sand	4	Sand & light Loam *upon a Sandy or absorbent Su*
Flint, Alcyonia, Ostreæ, Echini ... Plagiostoma	*Chalk Hills*	*Chalk Upper*		Chalk *Upper part soft contains flints*
Terebratulæ, Teeth, Palates, ... Plagiostoma		*Chalk Lower*	5	*Lower part hard contains none*
Funnelform Alcyonia Venus, Chama, Pectines, Terebratulæ, Echini		*Green Sand*	6	Green Sand *parallel to the Chalk*
Belemnites, Ammonites	*Clay Vales*	*Brickearth*	7	Blue Marl
		Sand	8	
Turritella, Ammonites, Trigoniæ, Pecten, Wood		*Portland Rock*	9	Purbeck Stone Kentish Rag *and* Limestone *of the* Pickering *and* Aylesbury
		Sand	10	
Trochus, Nautilus, Ammonites in Masses; Ostrea (in a bed) Bones		*Oaktree Clay*	11	Iron Sand & Carstone *which in Surry and Bedford* *Fullers Earth and in some Places Ochre and*
Various Madreporæ, Melaniæ, Ostreæ, Echini, and Spines		*Coral Rag and Pisolite*	12	
		Sand	13	
Belemnites, Ammonites, Ostreæ		*Clunch Clay and Shale*	14	Dark-blue Shale *producing a strong Clay Soil chiefly in North Wilts and Vale of Bedford*
Ammonites, Ostreæ		*Kelloways Stone*	15	
Modiola, Cardia, Ostreæ, Avicula, Terebratulæ	*Stonebrash Hills*	*Cornbrash*	16	Cornbrash *A thin Rock of Limestone chiefly arable*
		Sand & Sandstone	17	
Pectines, Teeth and Bones, Wood		*Forest Marble*	18	Forest Marble Rock *thin Beds used for rough Paving*
Pear Encrinus, Terebratulæ, Ostreæ		*Clay over the Upper Oolite*	19	Great Oolite Rock *which produces the Bath Freestone*
Madreporæ		*Upper Oolite*	20	
Modiolæ, Cardia		*Fuller's Earth & Rock*	21	
Madreporæ, Trochi, Nautilus, Ammonites, Pecten		*Under Oolite*	22	Under Oolite *of the Vicinity of Bath and the midla*
Ammonites, Belemnites as in the under Oolite		*Sand*	23	
Numerous Ammonites		*Marlstone*	24	
Belemnites, Ammonites in mass	*Marl Vales*	*Blue Marl*	25	Blue Marl *under the best Pastures of the midland C*
Pentacrini, Numerous Ammonites, Plagiostoma, Ostreæ, Bones		*Lias*	26	Blue Lias
			27	White Lias
		Red Marl	28	Red Marl and Gypsum *soft Sandstones and Salt*
Madreporæ, Encrini in Masses, Producti		*Redland Limestone*	29	Magnesian Limestone Soft Sandstone
Numerous Vegetables, Ferns lying over the Coal	*Coal tract*	*Coal Measures*	30	Coal Districts *and the* Rocks & Clays *which accomp* *generally a Sandstone beneath*
Madreporæ, Encrini in Masses, Producti Trilobites		*Mountain Limestone*	31	Derbyshire Limestone *or Metalliferous Limestone*
	Mountainous	*Red Rhab & Dunstone*	32	Red & Dunstone *of the Southern and Northern Parts* *Interspersions of Limestone marked b*
		Killas	33	*Various* Killas *or* Slate *and other Strata of the Mountains on West Side of the Island with Interspers. of Limestone marked blue*
		Granite, Sienite & Gneiss	34	Granite Sienite and Gneiss

From the reexamination of the Authors numerous Specimens in the arrangement of his Geological Collection in the British Museum and his subsequent observations this list of the Strat

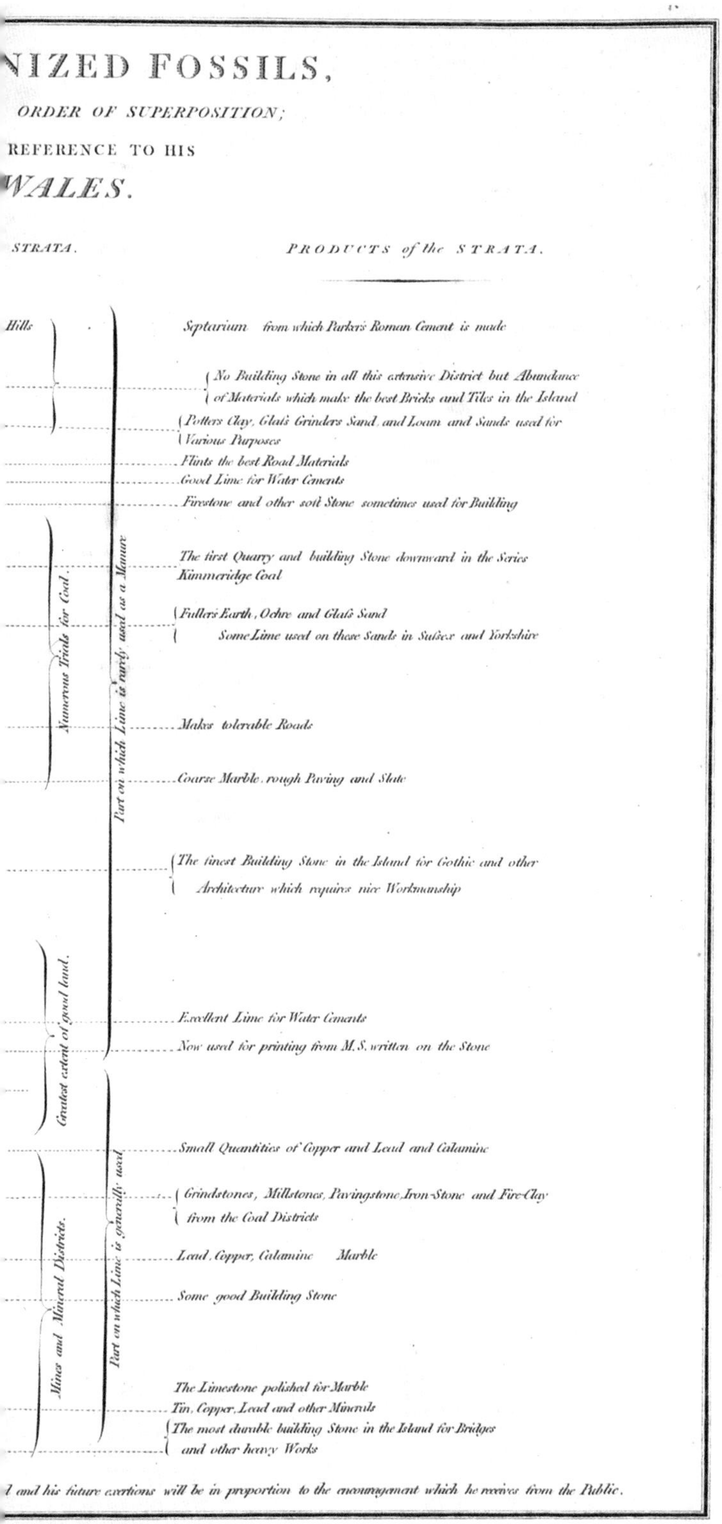

NIZED FOSSILS,

ORDER OF SUPERPOSITION;

REFERENCE TO HIS

WALES.

STRATA. PRODUCTS of the STRATA.

Hills

Septarium from which Parker's Roman Cement is made

No Building Stone in all this extensive District but Abundance of Materials which make the best Bricks and Tiles in the Island

Potters Clay, Glass Grinders Sand, and Loam and Sands used for Various Purposes

Flints the best Road Materials

Good Lime for Water Cements

Firestone and other soft Stone sometimes used for Building

Numerous Trials for Coal.

Part on which Lime is rarely used as a Manure

The first Quarry and building Stone downward in the Series

Kimmeridge Coal

Fullers Earth, Ochre and Glass Sand

Some Lime used on these Sands in Sussex and Yorkshire

Makes tolerable Roads

Coarse Marble, rough Paving and Slate

The finest Building Stone in the Island for Gothic and other Architecture which requires nice Workmanship

Greatest extent of good land.

Excellent Lime for Water Cements

Now used for printing from M.S. written on the Stone

Mines and Mineral Districts.

Part on which Lime is generally used

Small Quantities of Copper and Lead and Calamine

Grindstones, Millstones, Pavingstone, Iron-Stone and Fire-Clay from the Coal Districts

Lead, Copper, Calamine Marble

Some good Building Stone

The Limestone polished for Marble

Tin, Copper, Lead and other Minerals

The most durable building Stone in the Island for Bridges and other heavy Works

l and his future exertions will be in proportion to the encouragement which he receives from the Public.

威廉·史密斯，
《生物化石地层系统》，
1817 年；
英国生物化石地质表

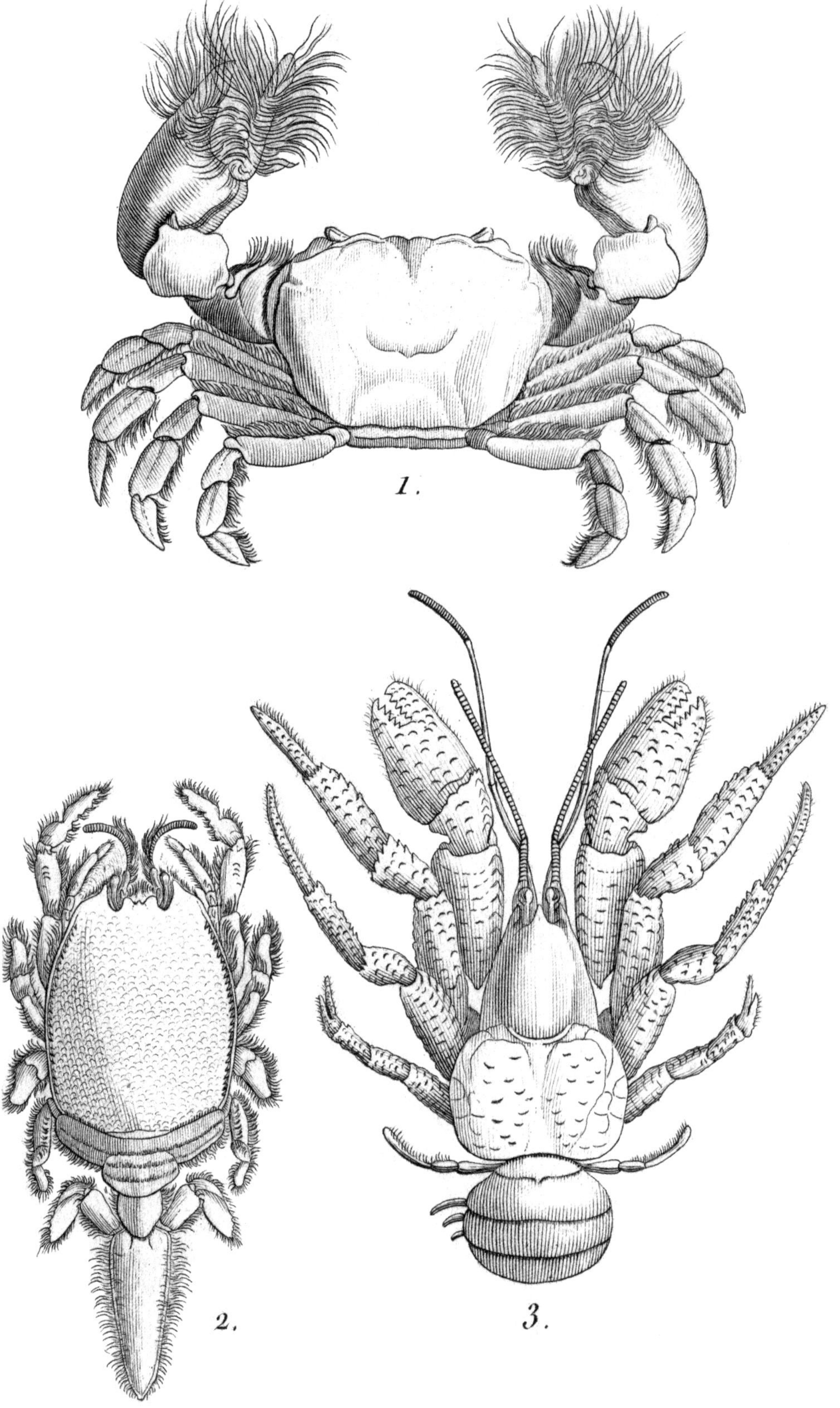
1.
2.
3.

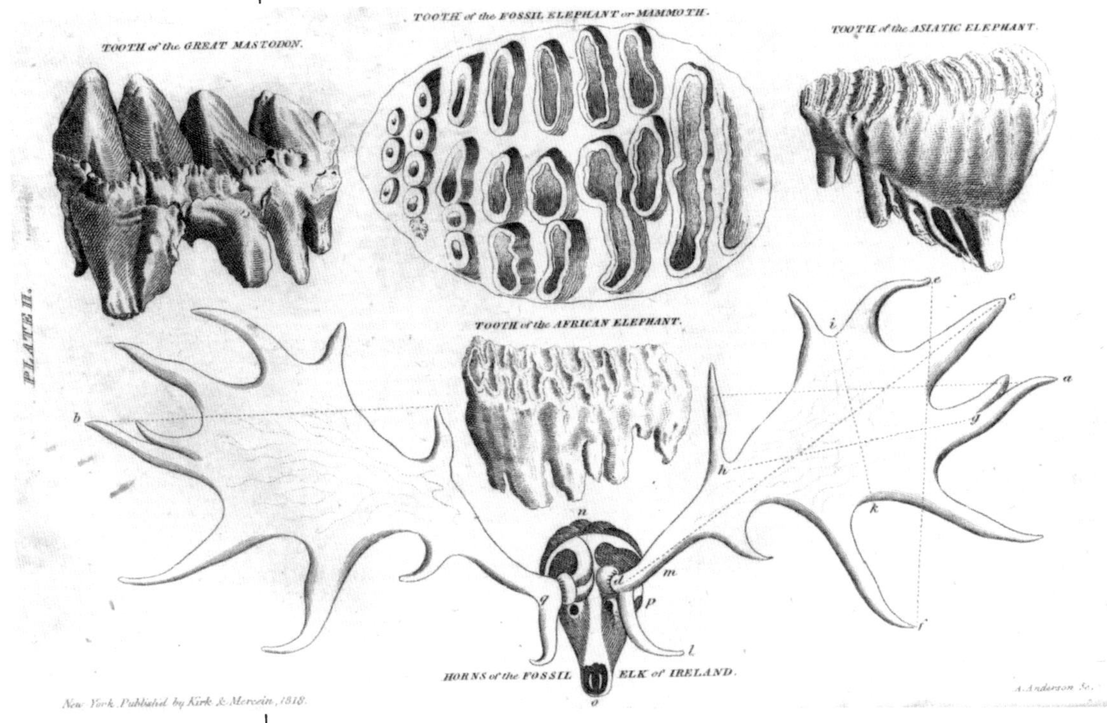

乔治·居维叶（1769—1832），《动物界》，1817；甲壳类（对页图）；《地球原理》，1817；灭绝的乳齿象、非洲象和亚洲象的牙齿，爱尔兰麋鹿的角化石（上图）

乔治·利奥波德·尼古拉·弗列德里克·居维叶男爵，现代动物学分类发展史上的重要人物。他扩展了卡尔·林奈的分类系统，着重于动物的部分，并将其置于整个分类系统的首要位置。重要的是，他还将化石物种纳入了他的分类系统中，并且详细阐述了周期的灾难性大灭绝对于动物的发展史至关重要。然而，居维叶并不支持当时正在发展的演化论。

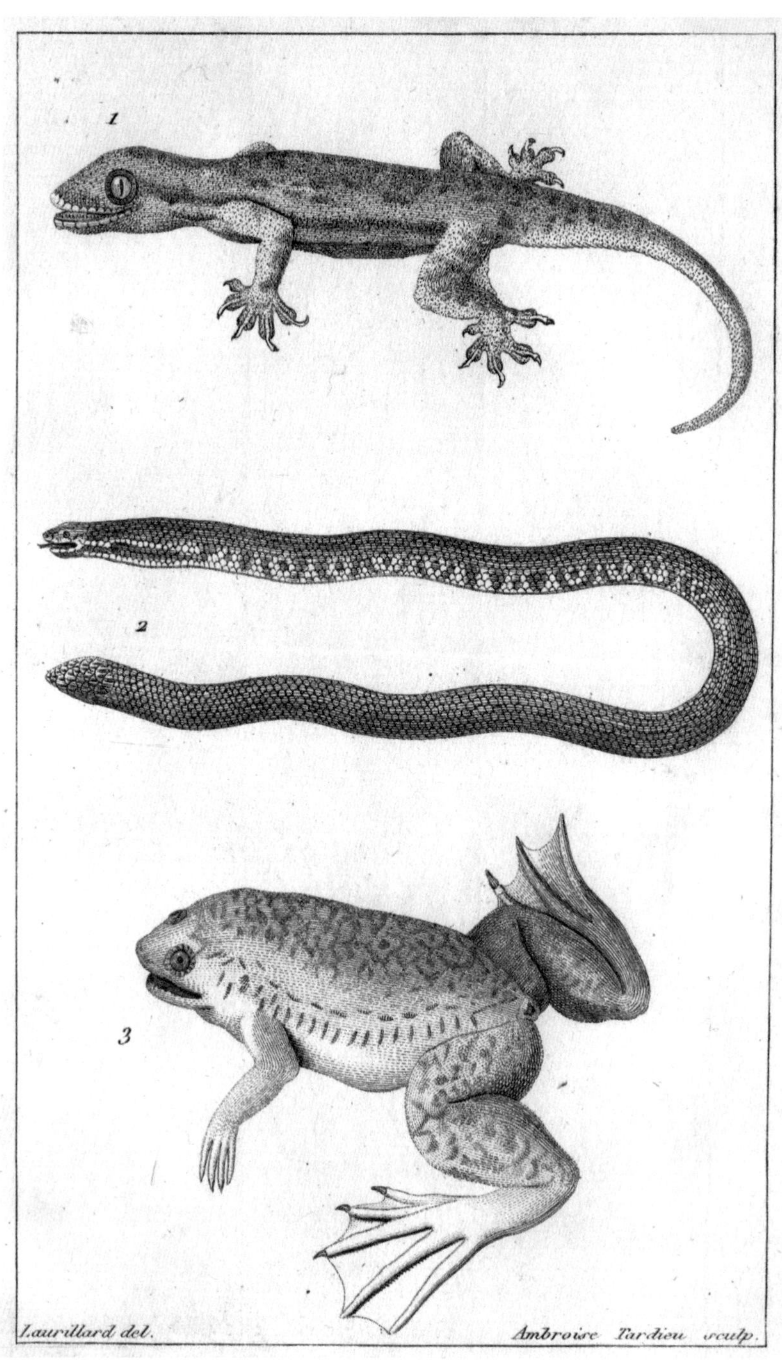

乔治·居维叶,《动物界》, 1817；蜥蜴、蛇，以及蛙（上图）；鸟类（对页图）

1.
2.
3.
4.
5.
Pierron sculp

3
8
10
11
13
14
15
16
17
19
21
22
23
24
25
26
27
29
35
38
55
58
60
61a
61b
62
63
64
67
68
75
76
79
80
82
83
84
85
86
89
92
93
95
96
98
99
100
101
102
103
104
105
106
108
110
114
115
120
122
123
124
125
127

第三章

新旧之交的生命之树

chapter 3

Trees of Life in a Newly Ancient World

佚名,《布罗克豪斯和叶夫龙百科词典》,
1890—1907 年;蝴蝶、甲虫和蜻蜓

“演化”之后（1820—1900）

动物分类史的最大转折点是自然选择理论的建立——十九世纪中叶，查尔斯·达尔文和阿尔弗雷德·拉塞尔·华莱士，这两位英国生物学家几乎同时提出了这一理论。

自然选择是一个极具说服力，却又十分简洁的理论：动物群中的不同个体拥有不同的特征；个体可以从双亲处继承这些特征；如果某个特征有利于个体的存活与繁衍，那么这个特征就更可能在世代中不断沿袭从而被固定下来。长此以往，这个物种便会逐渐由这些特征占据优势地位，有时甚至会因此而分裂成新种——即物种形成。时至今日，人们认为生命世界的绝大多数复杂多样性都形成于这一过程。

在这一理论问世的前后数十年间，动物分类艺术史上诞生了一批最引人注目的作品。在它出现之前，生物学家们争先恐后地寻找生命世界的运转机制，而在它出现以后，大家又迅速意识到它能够掀起多么大的惊涛骇浪，因此无论前后都分别出现了一大批令人震撼不已的艺术作品。

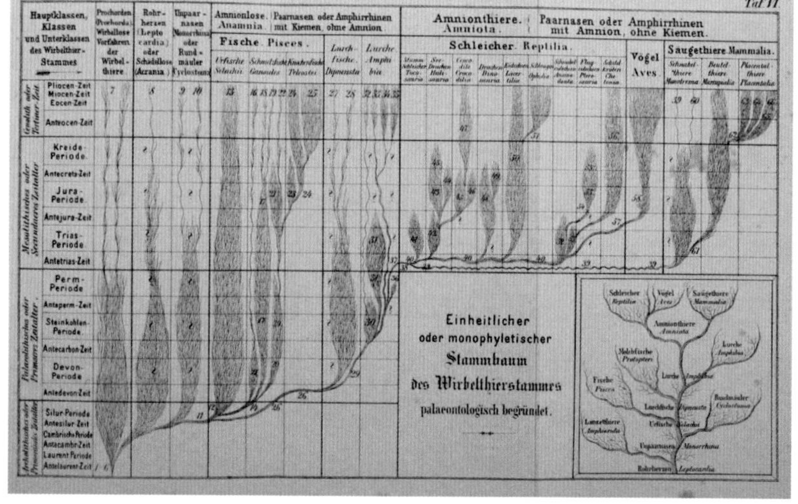

恩斯特·海克尔（1834—1919），《自然创造史》，1868 年；基于古生物学的脊椎动物单系性

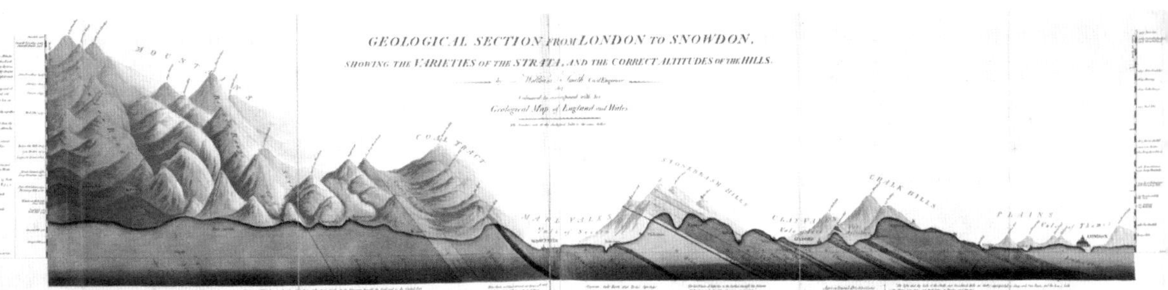

威廉·史密斯，《伦敦到斯诺登山的地质剖面图》，1817 年

在拉马克首次绘制“演化树”（见 75 页）后的几十年间，科学家们为了以更好的视觉效果呈现出自己的动物分类系统而耗尽心血。由于无法抛弃《圣经》中年轻地球和物种不变的观念，当时的科学家们创造了五花八门的图表形式来进行动物分类。尽管这些图表式样繁复优美，但都仅仅展示出了物种间的“相似”“类同”或更加隐晦的关系。其中有些看起来像是层级众多的维恩图，有些像是用神秘方式进行分割的巨蛋，有些则隐约有着卡巴拉生命树（Kabbalistic Sephiroth）的影子。尽管有着非凡的创造性和视觉感染力，但谁都无法确信自己创建的动物关系比其他人更接近自然的真相。如果用现代的目光去评判这一时期的作品，我们会觉得这些生物学家在竭尽全力去避免画出一棵树的形象——一个我们认为是理所当然，而他们则可能觉得是离经叛道的形象。

SYSTEMS.	Spongiæ.	Lamelliferæ.	Crinoidea.	Echinida.	Stellerida.
Tertiary.	•	•	•	•	•
Cretaceous.	•	•	•	•	•
Oolitic.	•	•	•	•	•
Saliferous.			•		•
Carboniferous.		•	•	•	
Silurian.	•	•	•		•
Lower Systems.		•			

爱德华·希区柯克（1793—1864），《普通地质学》，1840 年（见 102 页）；植形动物几个目在地史上的分布

约翰·詹姆斯·奥杜邦
(1785—1851),
《美国鸟类》,
1827年至1838年；
大蓝鹭

十九世纪上半叶，关于地球年龄远远老于《圣经》记载的争论越发如火如荼。这个观点的对错对于生物学家来说尤为重要，因为演化应当是一个相当缓慢的过程，需要一个足够古老的地球来提供舞台。尽管不是古老地球这一观点的创立者，但查尔斯·莱伊尔无疑是为这道地质－生物学难题一锤定音的灵魂人物。莱伊尔是“均变论”——一个认为地球的地质条件、地质过程及其驱动力的改变极其缓慢的假说的拥护者。1830年至1833年，莱伊尔出版了划时代的著作《地质学原理》。根据自己的野外工作，莱伊尔在书中描绘了上下叠覆长达数英里的沉积岩层，以及大火山下呈锥形堆积的岩层。他推论这些岩层的堆积需要极其漫长的时间，同时还需要其间保持稳定的自然环境。达尔文在登上“小猎犬”号时就随身携带了一本《地质学原理》，书中的地质均变论对这个年轻人看待动物世界的方式产生了深远的影响。

目前的研究显示地球大约有45亿年的历史，其中至少80%的时间里都有生命体活动。尽管地球的古老历史最终得到了广泛认同，但自十八世纪以来，地质学家们依然围绕着地球发展史究竟是均变还是灾变的议题争论不休。瑞士地质学家路易斯·阿加西在1840年出版的《冰川研究》中向世人展示了地球历史上冰河世纪的存在，意味着地球气候曾经发生过翻天覆地的改变。冰川的移动会切割出独特的U形山谷，同时还会搬运和沉积“冰川漂砾”——一种与周围岩石截然不同、仿佛是放错了位置的大石块（比如在年轻的灰岩顶部突兀出现的巨型花岗岩块体）。阿加西认为冰川曾经向南一直扩张到里海和地中海，并在1846年移居美国以继续完善他的学说。然而，他的事业重心却在那之后发生了意想不到的偏转，他开始加入各种关于物种概念、种间杂交以及人类种族起源的争论。他成了人类种族多起源说的拥趸，这一假说认为不同的人类族群其实是不同的物种——因此被广泛用于奴隶制合理性的诡辩（见114页约西亚·诺特，以及115页至117页他与乔治·格利登及合著者的作品），而阿加西对这一错误假说的支持也不幸被历史所铭记。

动物分类视觉艺术的繁荣作为传统一直延续到了十九世纪。新大陆的发现和研究方法的进步为艺术化的博物学家们提供了更加丰富的动物多样性，接下来介绍的两部作品更是其中的佼佼者。第一个出场的是约翰·詹姆斯·奥杜邦的鸿篇巨制《美国鸟类》：这本书出版于1827年至1838年，精细地分类描绘了435张栖居在这个新世界上的鸟类肖像。促

路易斯·阿加西（1807—1873）和奥古斯都·古尔德（1805—1866），《动物学原理》，1851年；猛犸骨架

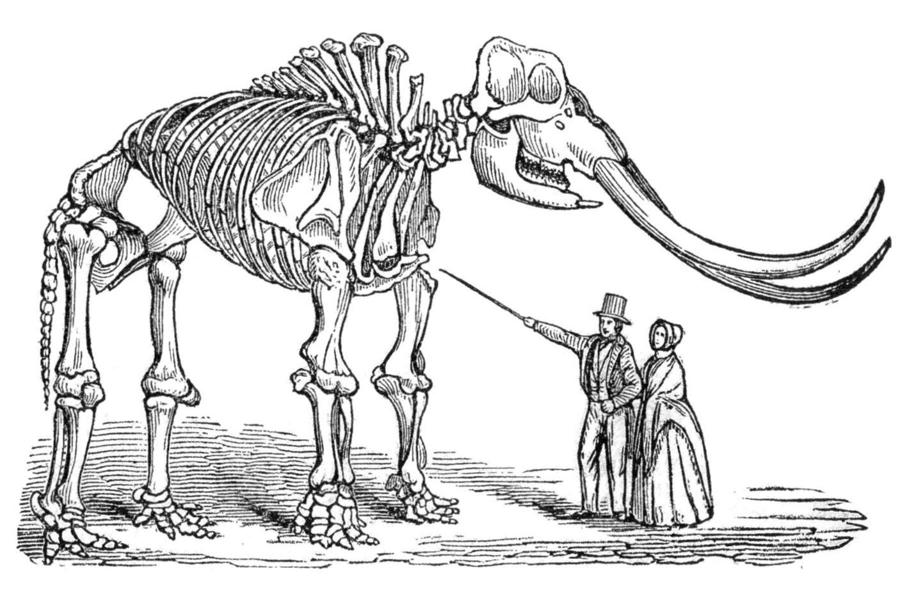

成这本书成为不朽之作的原因之一是奥杜邦决定以真实大小来描绘这些鸟类——这意味着每页纸都必须大到能够轻松容下一只鹰。第二部杰作则是约翰·古尔德和亨利·康斯坦丁·李斯特出版于1845年至1863年的《澳大利亚哺乳动物》（见128页至129页），令欧洲人和美洲人得以一睹地球另一端的有袋类和产卵的哺乳类。尽管没有《美国鸟类》那般形制庞大，《澳大利亚哺乳动物》中收录的奇特动物们同样有着自己巨大的艺术感染力。它们或高傲，或神秘，或滑稽，令读者大开眼界。其中一些甚至眼中流露出了一丝无助的凄凉，仿佛知道在未来的一个半世纪内，书中的一部分物种将很快走向灭绝，不复存在。

科学数据史无前例的快速积累贯穿了整个十九世纪上半叶。1823年，人们在威尔士地区一个洞穴中发现了人类和猛犸的化石，意味着这两个物种曾经在同一时空共存过。1844年，记者罗伯特·钱伯斯匿名出版了《自然创造的遗迹》。他在书中讨论了太阳系的形成、陆生生命包括人类的起源，以及物种随着不断复杂化而分裂的可能性——这些内容引发了当时社会热烈的争论。1862年，开尔文勋爵利用地球的冷却速率计算出地球年龄大约在两千万到一亿年，这个在当时看来相当惊人的数字依然无法令一些均变论拥护者满意——他们

阿尔弗雷德·拉塞尔·华莱士
（1823—1913），
《动物的地理分布》，1876年；
新热带界

阿尔伯特·甘瑟（1830—1914），
《挑战者号1873年至1876年深海鱼类采集报告》，1887年；
五线鼬鳚（1875英寻［约3429米］深处采集）、
眼斑新鼬鳚（350英寻［约640米］深处采集）

认为地球的年龄比这还要老得多得多。最终，一群大多来自法语和德语区的胚胎学家和古生物学家通过长达半个世纪的努力，产出了一系列动物化石序列、胚胎发育顺序和演化新思路等领域的研究成果，为形成一个兼容并包的生命理论系统提供了可能。

左图：
约翰·弗莱明
(1785—1857),
《动物学哲学》, 1822 年；
蝙蝠和海洋哺乳动物

约翰·弗莱明是一位牧师，但同时也是一位动物学家。终其一生，他也未能替自己在科学发现和宗教信仰间的矛盾找到解决之道。图中所示的蝙蝠和鲸鱼都是哺乳动物，因此有着亲缘关系——显然，如此离经叛道的推论即使是那个时代对演化论最狂热的拥护者，也是一时难以接受的。

对页：
弗里德里希·贾斯廷·贝尔图什
(1747—1822),
《给孩子们的图画书》,
1805 年；乌贼和章鱼

这本重磅著作的全名十分冗长，提到了百科全书的各个方面：《给孩子们的图画书：含有令人赏心悦目的动物、植物、花朵、水果、矿物等，适合儿童心智水平》。和这个对读者不太友善的名字形成鲜明反差的，是书中的画作都非常精美，有着高超的水准。

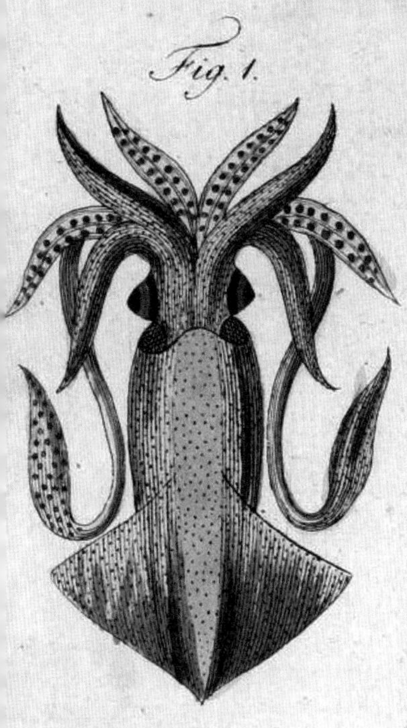

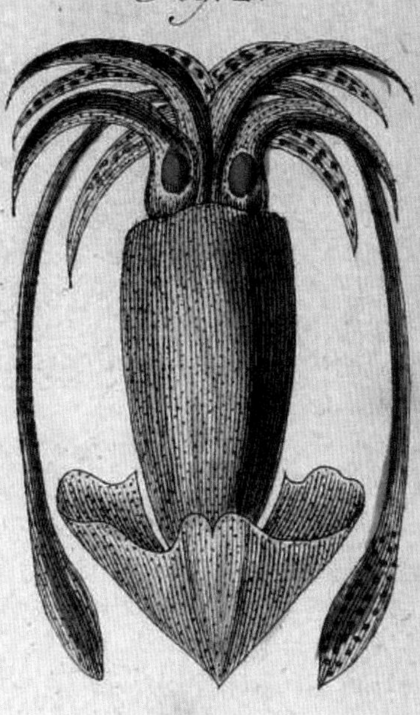

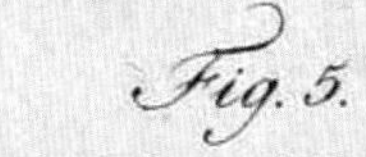

Fig. 3.

J. J. Schmuzer.

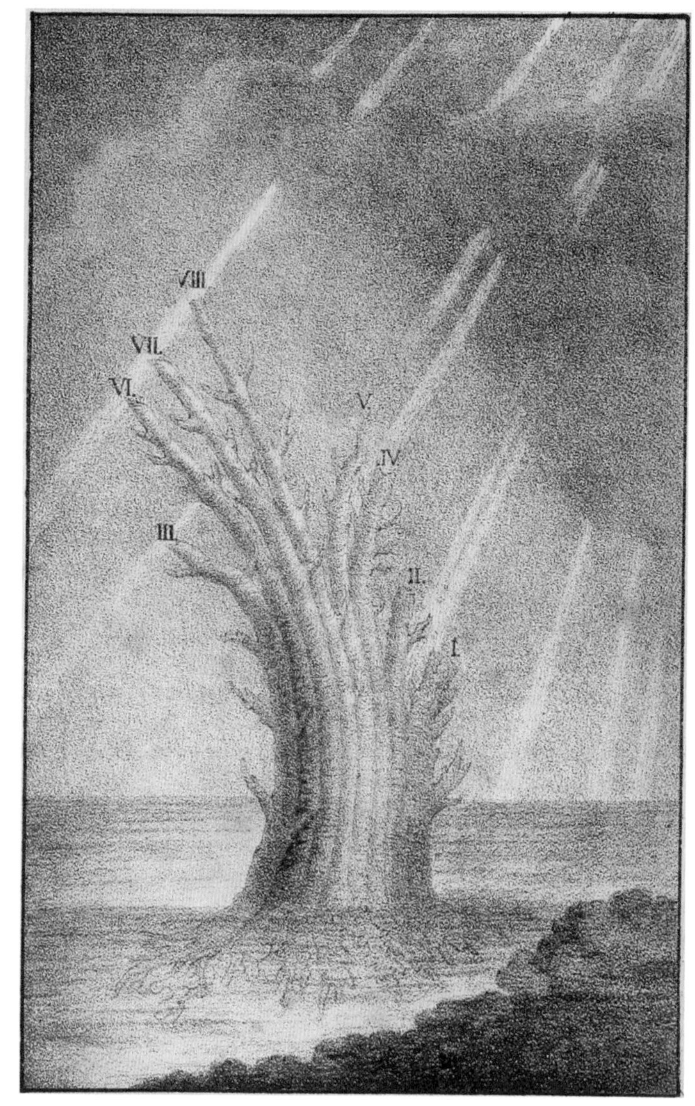

卡尔·爱德华·冯·埃希瓦尔德
（1795—1876），
《**动物学特辑**》，1829 年；
动物生命之树

埃希瓦尔德出生于今天的拉脱维亚，他为彼得·西蒙·帕拉斯（见 45 页）的文字描述所配的插图，常被认为是第一幅真正的树形演化图。他其实的确曾描述过动物在地史时间内的变化，甚至提到它们的祖先可能是简单的海洋生物，但都表达得相当隐晦而模糊。尽管十八世纪初的生物学家们对于物种分裂这一观点保持缄默，但他们内心的认同在埃希瓦尔德的树形图上一览无余——图中的演化树有着粗壮的主干，从中分叉出了较为短小的枝丫。在这棵饱经风霜的大树各枝杈的末端，作者则用序号强调出了各个不同的演化支系。

亨利·托马斯·德拉·贝切(1796—1855),《远古多塞特》(版画),1830 年

《远古多塞特》描绘了玛丽·安宁在英格兰西南部发现和复原的化石，是第一幅史前生物艺术复原图，也是这一领域的代表作之一。这幅复原图的迷人之处不仅在于它的科学性，还在于它对这些远古生物彼此间互动行为的捕捉。图中这只饥饿的鱼龙是这一时期多塞特地区的霸主，它以迅雷之势咬断了一只蛇颈龙的长脖子，脸上还露出了一丝成功得手后的喜悦。

Fig.180.
181
182
183
184
188
189
190
191
195
196
197
198
199
202
203
204
205

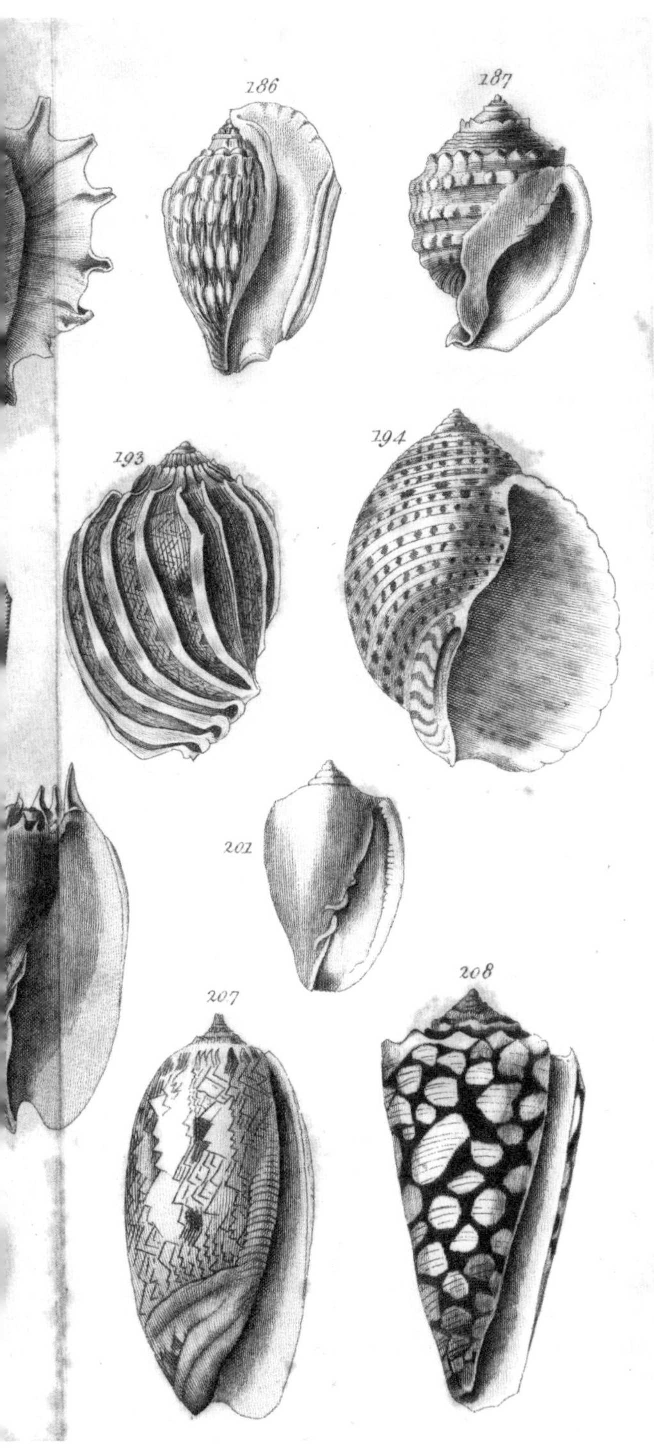

让－巴蒂斯特·拉马克
安娜·阿特金斯
（1799—1871），
《贝壳分类》（英译本），
1833 年

这本书的作者让–巴蒂斯特·拉马克（见 74 页）因为对演化理论所做出的贡献而闻名于世，但其实无脊椎动物多样性的研究才是他动物学生涯的起点与终点。拉马克这部后期著作的英译本中加入了众多优美的插图，而这些插图的绘制者则是安娜·阿特金斯——当时刚刚二十岁出头的英国植物学家和插画家，随后还成了摄影师（甚至还可能是全世界首位尝试摄影的女性）。

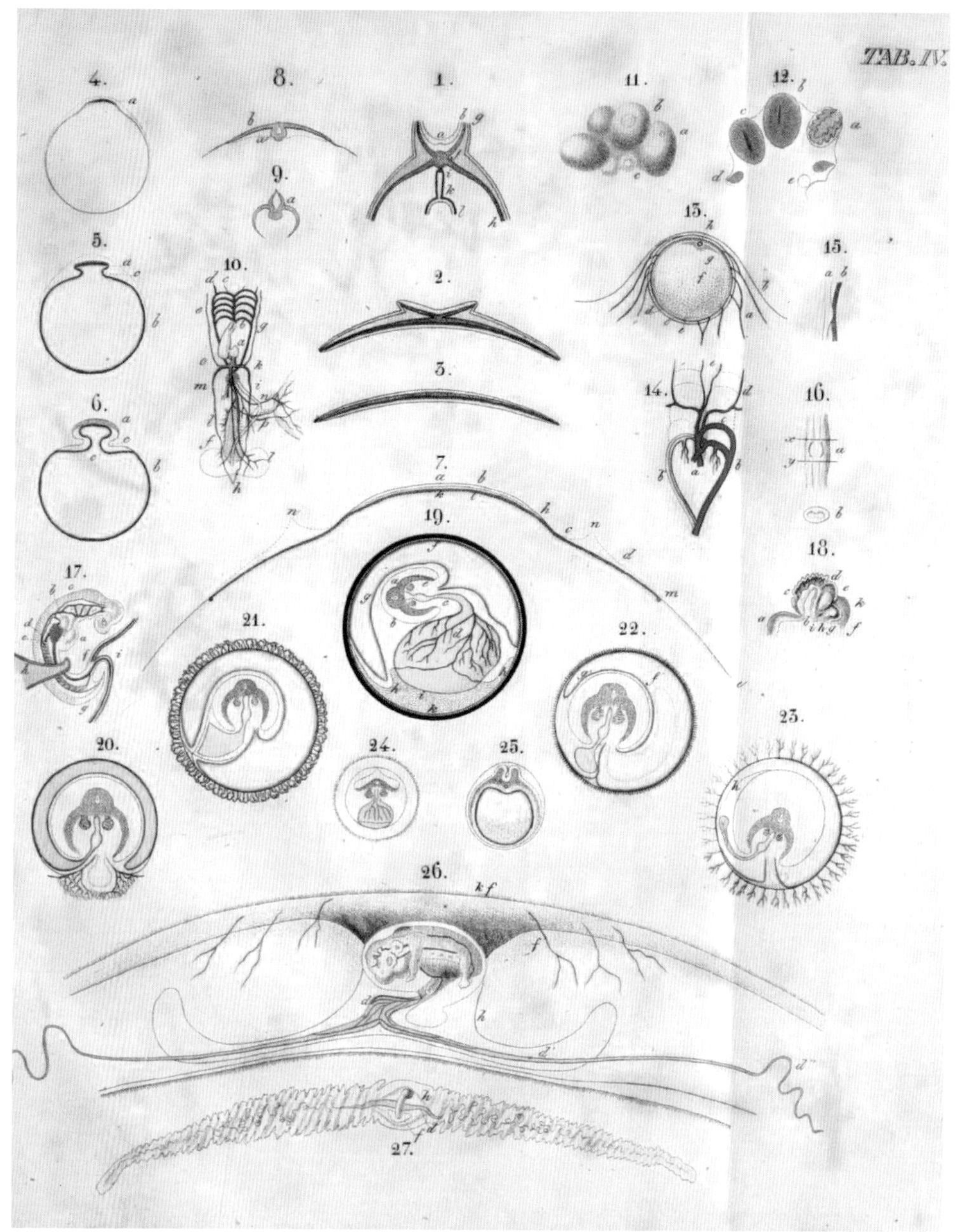

卡尔·恩斯特·冯·贝尔（1792—1876），《动物发育史——观察与思考》，1838 年；脊椎动物发育过程中的对称性

十八世纪见证了胚胎学的突飞猛进——人们发现不仅可以从更长的时间尺度上研究物种演化，还可以从胚胎发育的角度研究物种个体的变化。来自爱沙尼亚的胚胎学家卡尔·恩斯特·冯·贝尔是发现物种演化和胚胎发育间可能关系的先驱，而由此诞生的这一交叉研究领域一直活跃至今。

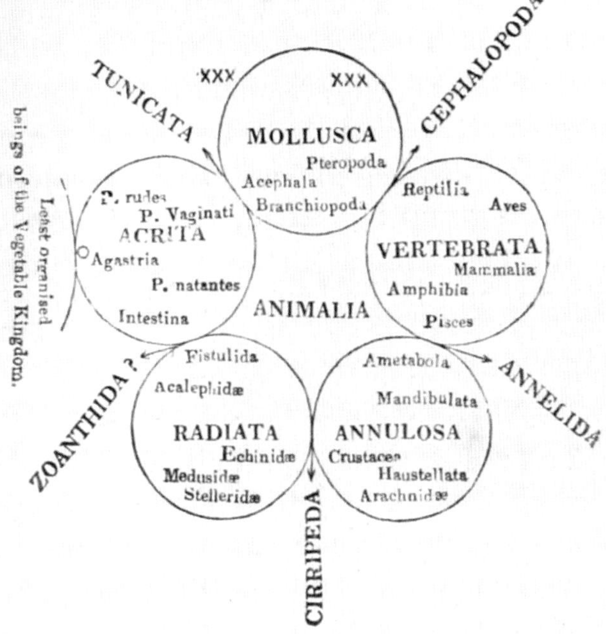

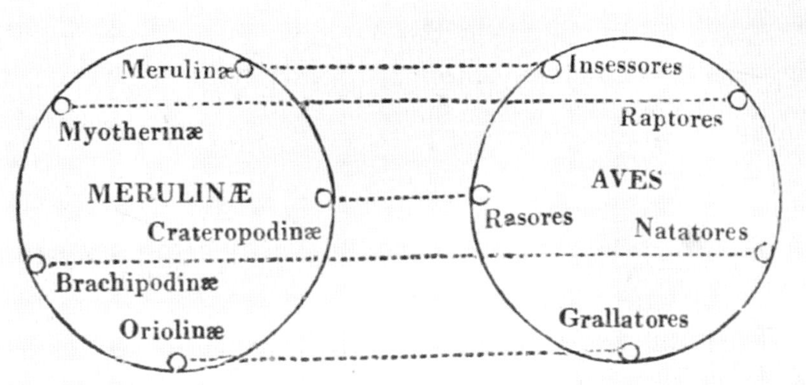

威廉·斯温森（1789—1855），《动物的地理分布与分类》，1835 年

斯温森是动物分类“五元系统”（Quinarian System）的拥护者。在这个奇怪的分类模式中，动物们总是被划分为不多不少的五个子单元。这些支系在插图中表现为互相连接的圆环，而圆环间的关系则由支系成员间的关系所决定。这是一种没有事实依据而更像是占卜一般神秘的动物分类方式，但令人费解的是，它竟然在历史上一度相当流行。

爱德华·希区柯克
演化之冠

Edward Hitchcock
The Crown of Creation

时间线

1793:	爱德华·希区柯克出生
1823:	《康涅狄格河谷地质指南》出版
1825:	离开教会
1840:	《普通地质学》(第一版)出版
1864:	爱德华·希区柯克去世

爱德华·希区柯克是十九世纪这个时代在科学与宗教间摇摆挣扎的化身。他先是做了一段时间的公理会牧师，而后却在另一项事业上成果斐然——而这项事业迫使他必须面对科学与神学间不可调和的矛盾。1825 年，32 岁的希区柯克成为马萨诸塞州安默斯特学院化学与自然历史系的教授，随后很快开启了一系列地质与古生物学的项目，以及全国范围内的地球科学考察。

希区柯克很快意识到，自己亲眼所见的岩石记录明显有悖于《圣经》中的地球历史。事实证据令他清楚地认识到地球的年龄极其古老，而《创世记》中却写着地球只有几千年的历史。为了解决这二者间的矛盾，他强行建立起了一套对《圣经》年代学的新诠释。他承认六日创世说是个谬论，挪亚方舟也并不是岩石成层和化石遗存背后的原因——在此之前，化石常被认为是造物主用大洪水根除掉的怪兽。不过，希区柯克通过巧妙的语义转换，声称《圣经》中的创世六“日”所指的并非自然日，而是如今被称为“地质年代”的六个地球发展阶段。

对希区柯克来说，创造万物并驱动它们不断变化的依然是上帝。尽管在他令人震撼的树形图——1840 年出版的“古生物图谱”(对页图)中，他清楚地描绘出了动物随时间而发生的演变和灭绝，但他依然拒绝承认导致这些现象的并非神学。因此毫不意外，希区柯克觉得自己是个不折不扣独一无二的人类，绝不可能与其他动物拥有什么共同的祖先。

在希区柯克的晚年时期，达尔文和华莱士的新学说令他的神学－科学平衡体系轰然倒塌。地球确实是古老的，但令这片古老栖息地上的居民们发生变化的，却是自然选择的力量而非上帝的双手。在达尔文发表《物种起源》以后，希区柯克再也不曾在自己的书中放入这张“古生物图谱”——一棵优雅而影响深远的演化树。

爱德华·希区柯克
(1793—1864),
《普通地质学》, 1840 年；
三叶虫

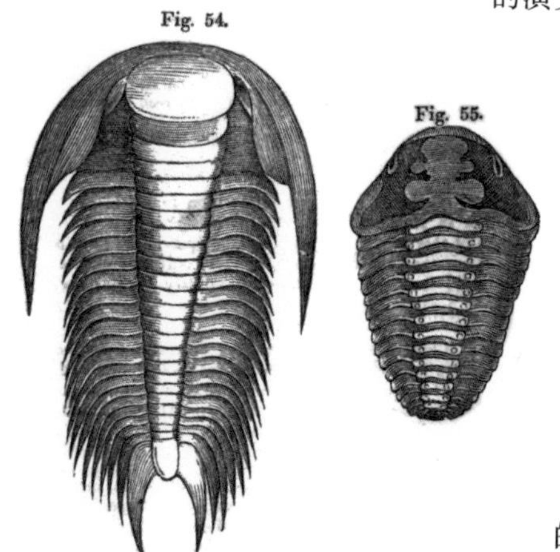

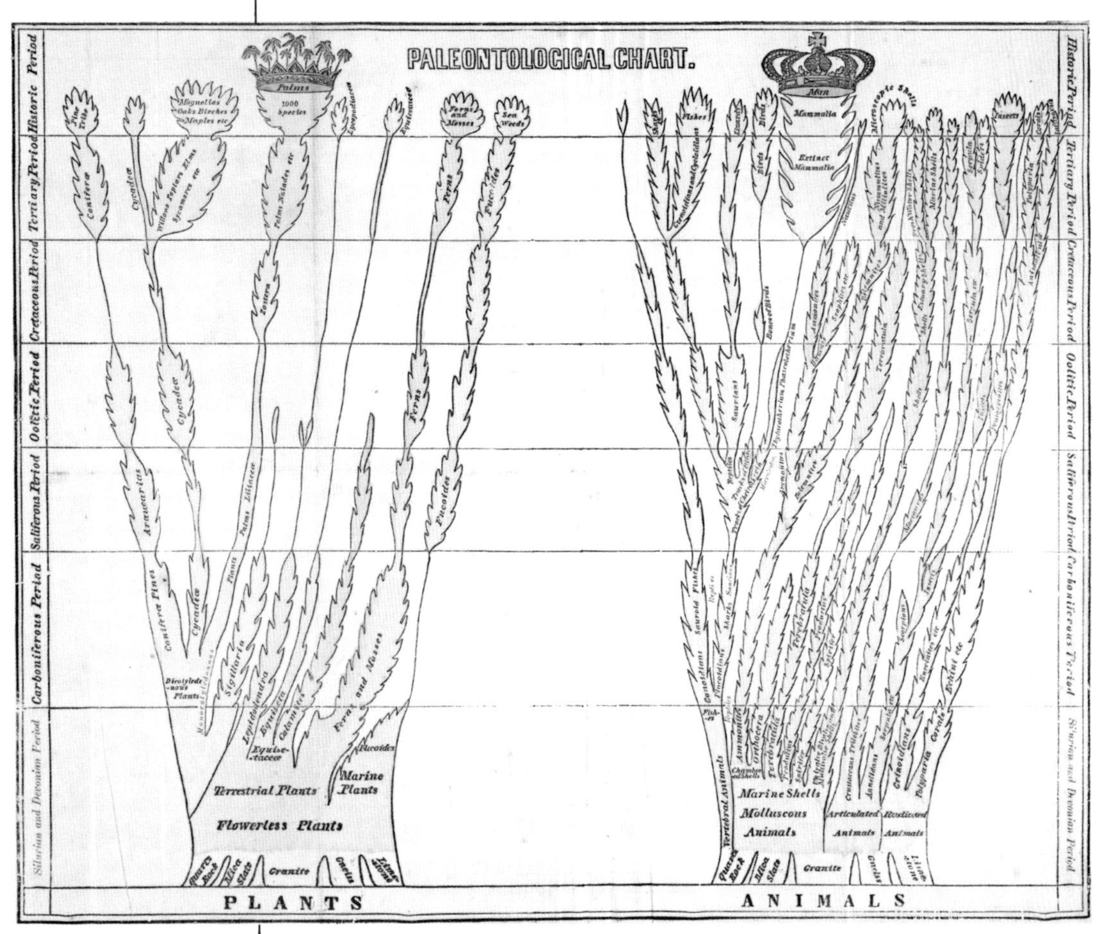

爱德华·希区柯克，《普通地质学》，古生物图谱

在希区柯克一再重印的《普通地质学》的大多数版本中，这幅“古生物图谱”都几乎和一棵自然选择学说框架下的演化树相差无几——它更多地展示着生命起源与演化的科学性而非宗教性。就连希区柯克自己，也曾称它为“一棵树”。图中描绘了植物（左侧）和动物（右侧）两大类群沿着地质时间发生的辐射式分叉。其中一些地质年代的名字和我们现在使用的保持一致——比如石炭纪（Carboniferous）和白垩纪（Cretaceous），另一些如今已不再使用的名字则显得古老而神秘——比如“含盐纪”（Saliferous）和“鲕粒纪”（Oolitic）。希区柯克将两丛灌木的根部绘制成了上帝创造的初始生物爆发，而随后向上的分叉则严格按照支系间的关系来界定。不出意料，希区柯克将动物世界里的桂冠给予了哺乳动物，并在图中形象地进行了表达。不过奇怪的是，他为了追求画面的对称性，毫无理由地将棕榈放在了植物世界的王座之上。

约翰·詹姆斯·奥杜邦（1785—1851），《美国鸟类》，1827—1838 年；
火烈鸟（上图）；黑喉鹊鸦（对页图）

在奥杜邦以等比例绘制的恢宏巨著《美国鸟类》（见 90 页）中，每一幅作品都有着震撼人心的美。此处的火烈鸟和黑喉鹊鸦形成了明艳动人的色彩对比。

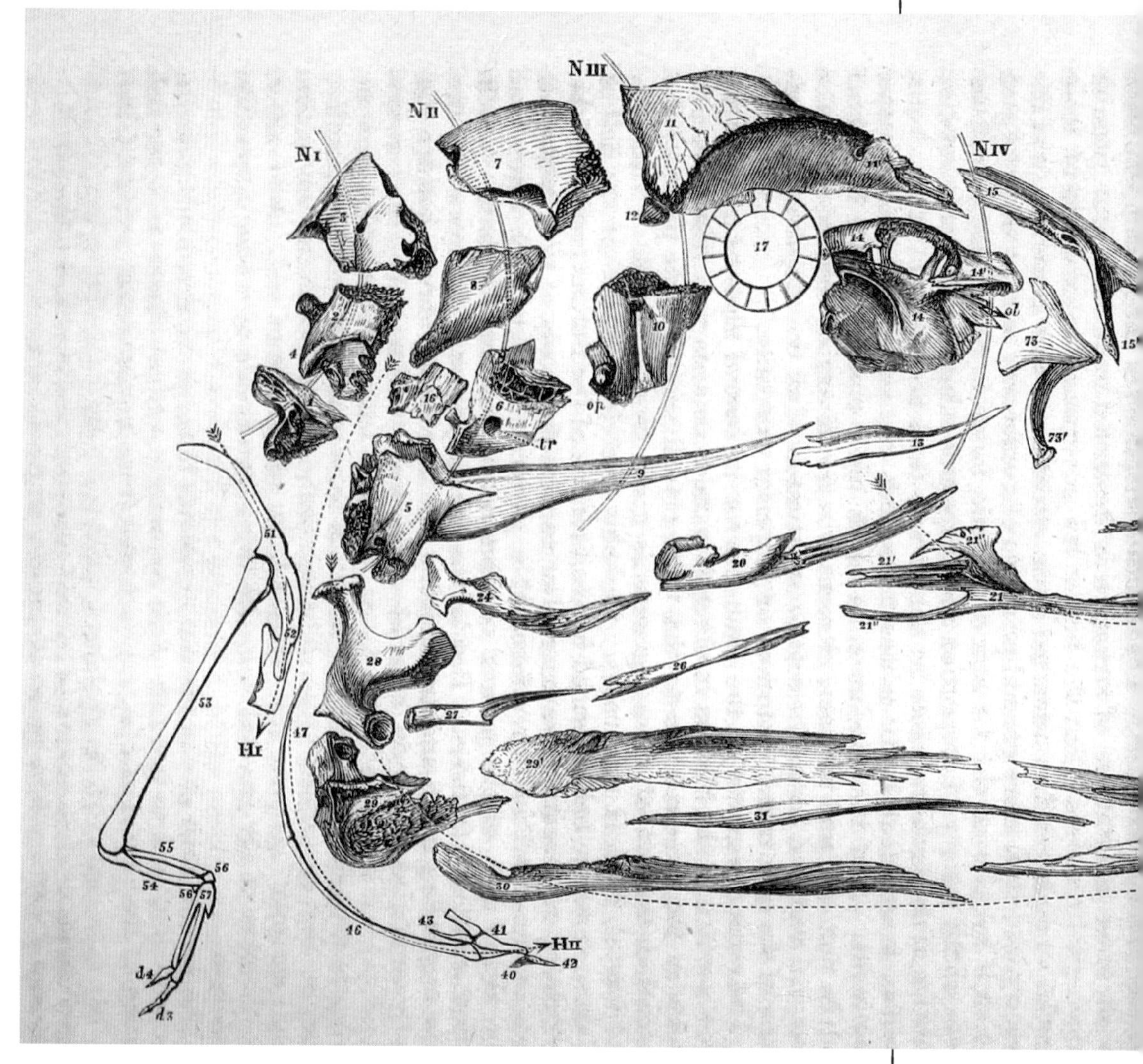

理查德·欧文（1804—1892），《脊椎动物骨骼的模式与同源性》，1848 年；
鸵鸟骨骼的同源性

理查德·欧文是十九世纪脊椎动物形态学的代表人物之一，一生致力于探寻脊椎动物身体构造的内在统一模式。所有脊椎动物的初期解剖结构几乎是一致的，那它们究竟是如何形成像鱼类、龟类、鸟类，以及鲸这样截然不同的生物的呢？这个谜团令欧文着迷不已。他竭尽全力试图为所有的现生脊椎动物找到一个共同祖先，在他的推测中，这个共同祖先有着整齐有序的身体构造，从而衍生出了身体架构多种多样的后代们。我们目前则认为，脊椎动物确实拥有一个灭绝已久的单一祖先物种，但它的身体构造可能并不是欧文所希冀的那般整齐和完美。

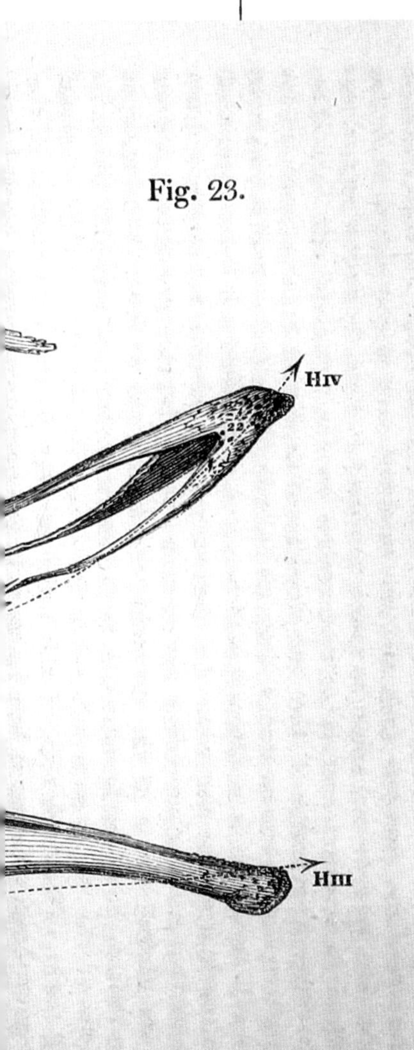

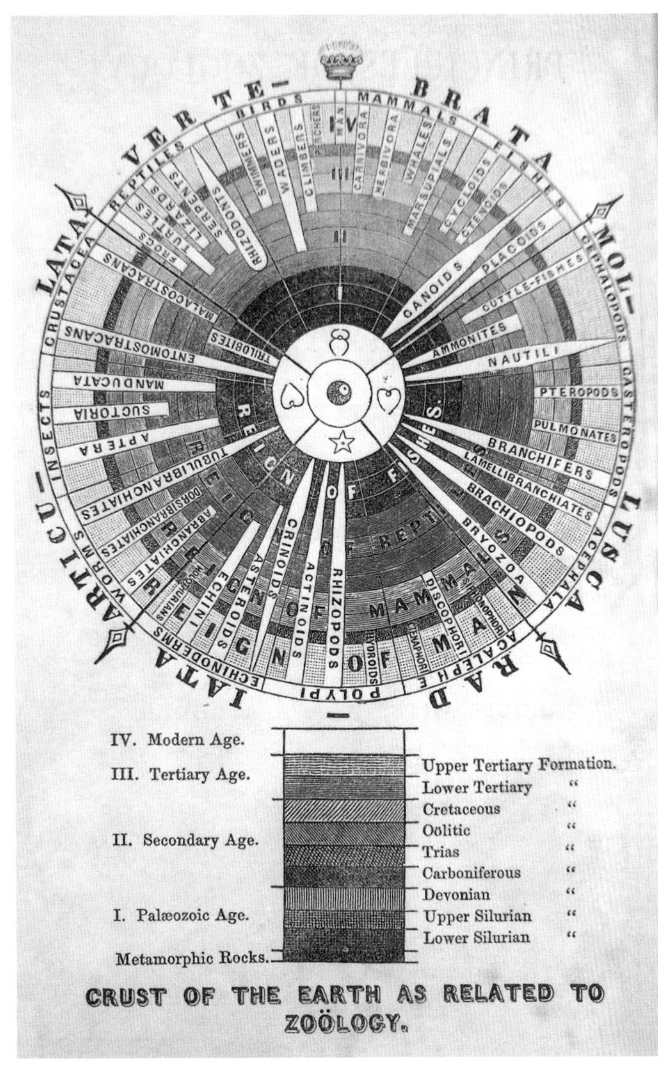

路易斯·阿加西（1807—1873）和奥古斯都·古尔德（1805—1866），《动物学原理》，1851 年；与动物相关的地球圈层示意图

和威廉·史密斯（见 78 页）与乔治·莱伊尔一样，瑞士科学家路易斯·阿加西（见 90 页）也发现了不同地层中所包含动物化石的不同，意识到特定的化石种类甚至可以用来区分地层年代。不过，这幅极其规律的黄道带式展示图显然过分简化了动物演化模式的复杂性。

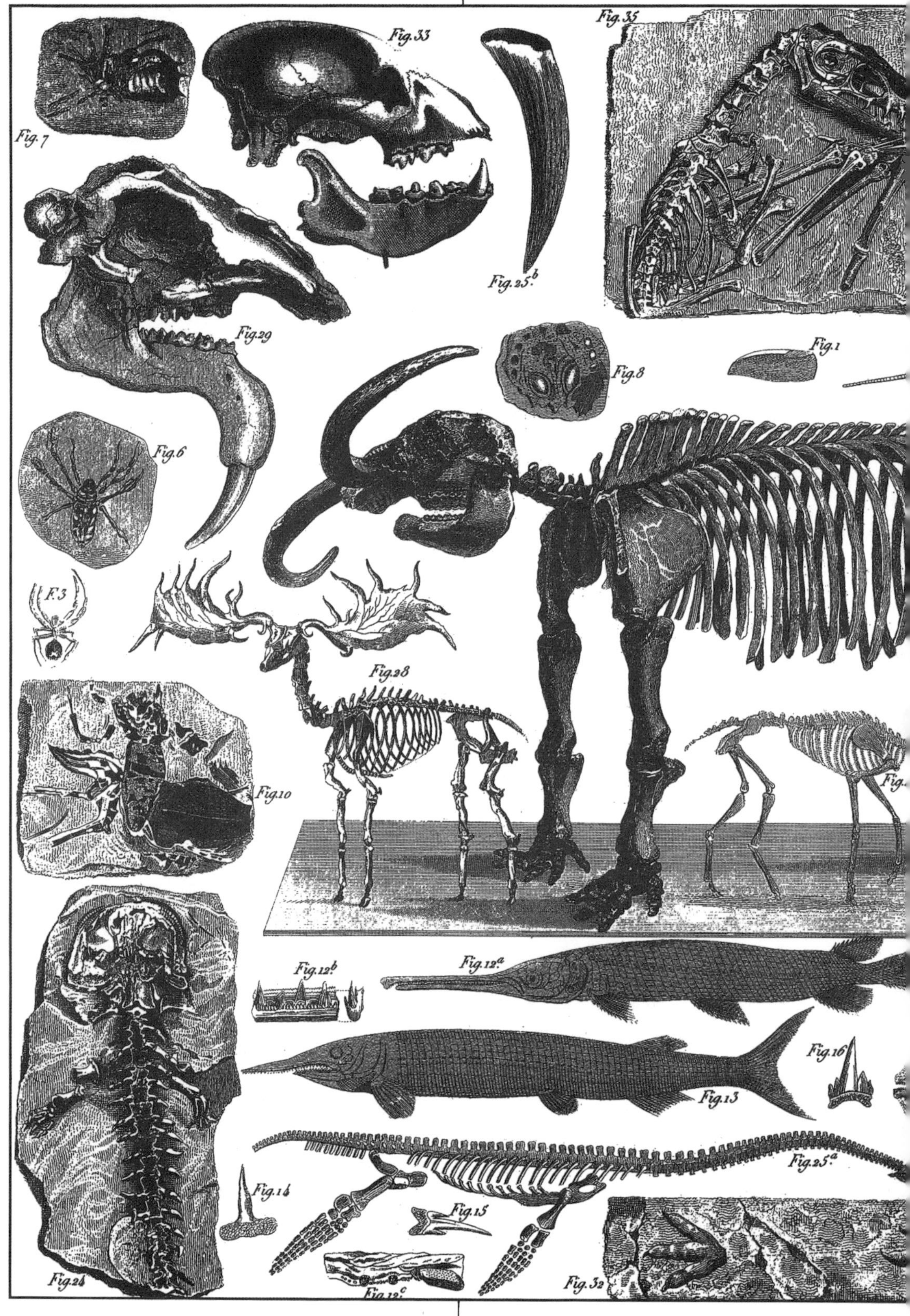
Fig.7
Fig.33
Fig.25.b
Fig.35
Fig.29
Fig.8
Fig.1
Fig.6
F.3
Fig.28
Fig.10
Fig.12.b
Fig.12.a
Fig.16
Fig.13
Fig.25.a
Fig.14
Fig.15
Fig.24
Fig.32
Fig.12.c

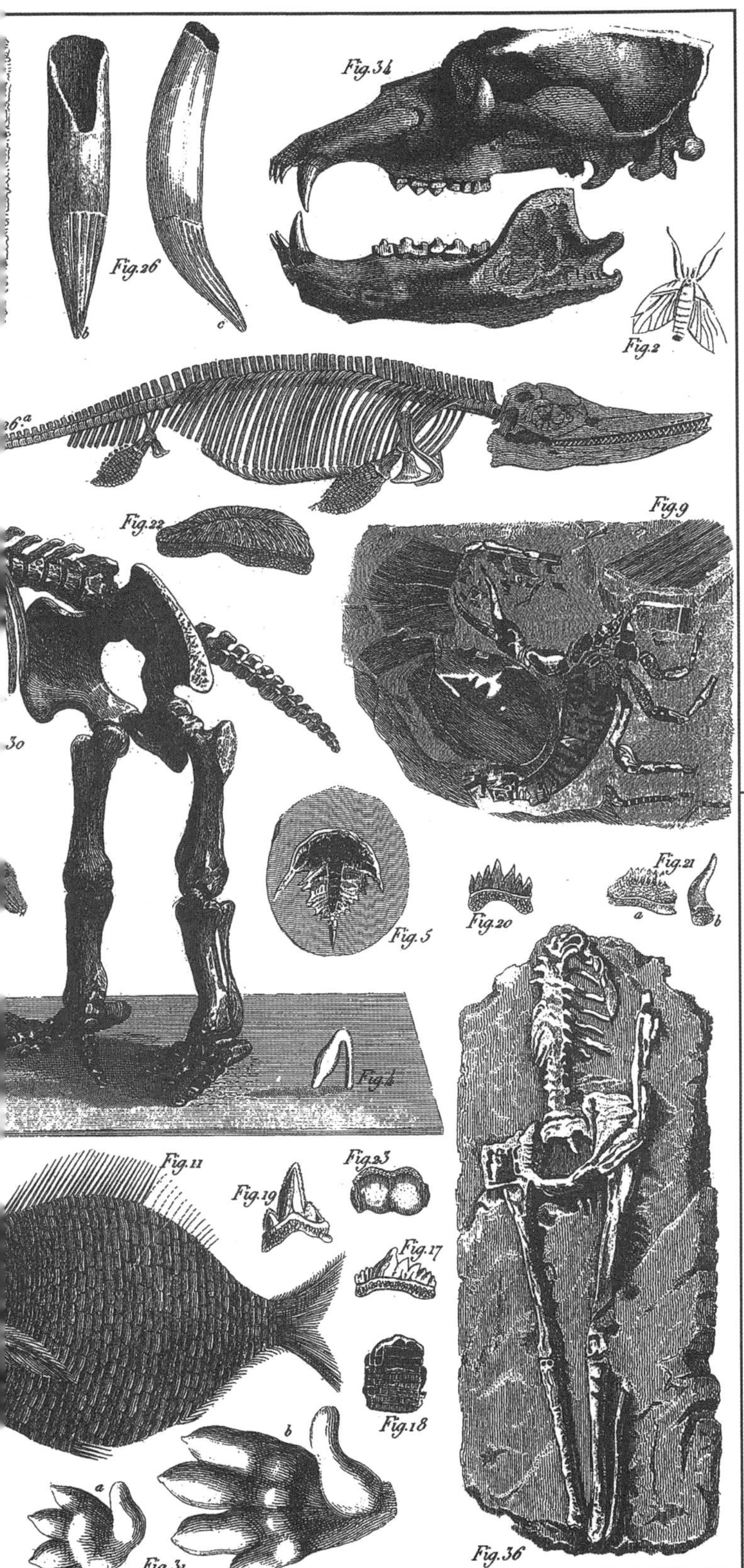

佚名，
《布罗克豪斯和叶夫龙百科词典》，
1890—1907 年；
脊椎动物化石

一幅技艺高超的动物学插图在首次出版以后可能还会衍生出更长久的生命力 。这本百科词典的作者就大量使用了此前业已发表的图件，而其中很多至今仍在被不断地重复使用于各种出版物之中。

阿里斯蒂德 - 米歇尔 · 佩洛特（1793—1879），
《大洪水前的动植物》（套色印刷），1844 年

佩洛特的这幅作品毫无疑问深受德拉 · 贝切《远古多塞特》（见 97 页）的影响，不过这幅《大洪水前的动植物》中有着很多缺乏科学依据的复原：大象和蛇颈龙同处一地，蝙蝠和翼龙共相起舞，甚至在热闹拥挤的海滩上还奇怪地直立着一只菊石。

约翰·格奥尔格·赫克（1823—1887），
《图解科学百科全书：文学与艺术》，
1851年，第1卷，第74页；
生命的秩序：144幅肖像展示生命的发展与系统

本杰明·沃特豪斯·霍金斯（1807—1894），
《水晶宫恐龙园》，1853—1855年，作者拍摄

在1851年万国博览会的“水晶宫”被移往伦敦南部以后，旁边便诞生了这座恐龙园，而自完工之日起它便成了最非比寻常的都市景观之一。霍金斯是一位科学画家，他打造的这些史前动物等比例复原塑像在当时是前所未见的。尽管他在动工前向著名的古生物学家们进行了咨询，但依然有很多地方只能来自想象——比如这些动物的皮肤肌理。虽然这些塑像如今看来错误频出，但它们在那个时代已经是最具科学性的复原了，而人们对它们的追捧与喜爱也是霍金斯成功的明证。

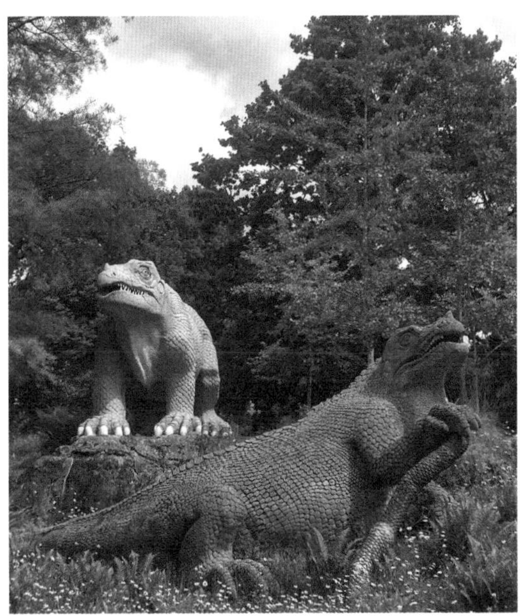

约西亚·诺特

人种多起源说，种族和奴隶制

Josiah Nott

Polygenism, Race and Slavery

时间线

1804：约西亚·诺特出生

1833：在亚拉巴马州开办诊所

1854：《人的种类》出版

1871：查尔斯·达尔文出版《人类的由来》

1873：约西亚·诺特去世

早在达尔文和华莱士提出自然选择理论以前，人类的起源问题已经困扰了科学家们很多年。演化论的拥护者有着和当今生物学家同样的观点，即现代人具有单一的起源和共同祖先，因此所有人都是彼此关联的。不同人类种族之间可以通婚生下健康的、具有繁殖能力的混血儿，这一事实证明人类显然是单一的物种。这一人类单起源说为人们所广泛接受，但在十九世纪中叶时，有个人却短暂地制造出了一小段与之相悖的插曲。

约西亚·诺特，一名亚拉巴马州莫比尔地区的医生，基督教的选择性驳斥者，奴隶制的拥护者，同时掌管着一个名为“美国种族学校”的机构。人种及其优越性的讨论在美国比在欧洲有着更高的热度。当时的奴隶制如火如荼，很多人为了能持续以此获利而不断为它的合理性进行狡辩。

诺特拒绝了演化论，而选择了一种近乎中世纪动物寓言集式的动物分类模式——他对后者加以扩充来支持自己关于人类起源的理论。比如，他是“人种多起源说”最坚决的拥护者，认为不同种族的人类有着被上帝创造出来的不同祖先。

诺特不仅全然不顾来自科学的证据，还同样抛弃了《圣经》里的描述。他将混血儿类比马和驴杂交而成的骡子，认为《创世记》里的人类部分仅仅是高加索白人亚当及其后代这一支系的历史。由此，诺特四处宣扬白人奴役黑人是有理有据的，而黑人则是天生的奴隶。

无论诺特如何巧舌如簧地为其诡辩，人种多起源说都只是昙花一现便迅速式微。达尔文的学说为这个理论彻底敲响了丧钟，而无力回天的诺特只能终止了相关的研究和写作。很快，他声称无法容忍自己生活在一片“黑人聚居地”之上，而将诊所移去了白人相对较多且宗教氛围更稀薄的纽约。

尽管如此，人种多起源说这个充满了种族歧视的错误理论，至今仍在世界上阴魂不散。

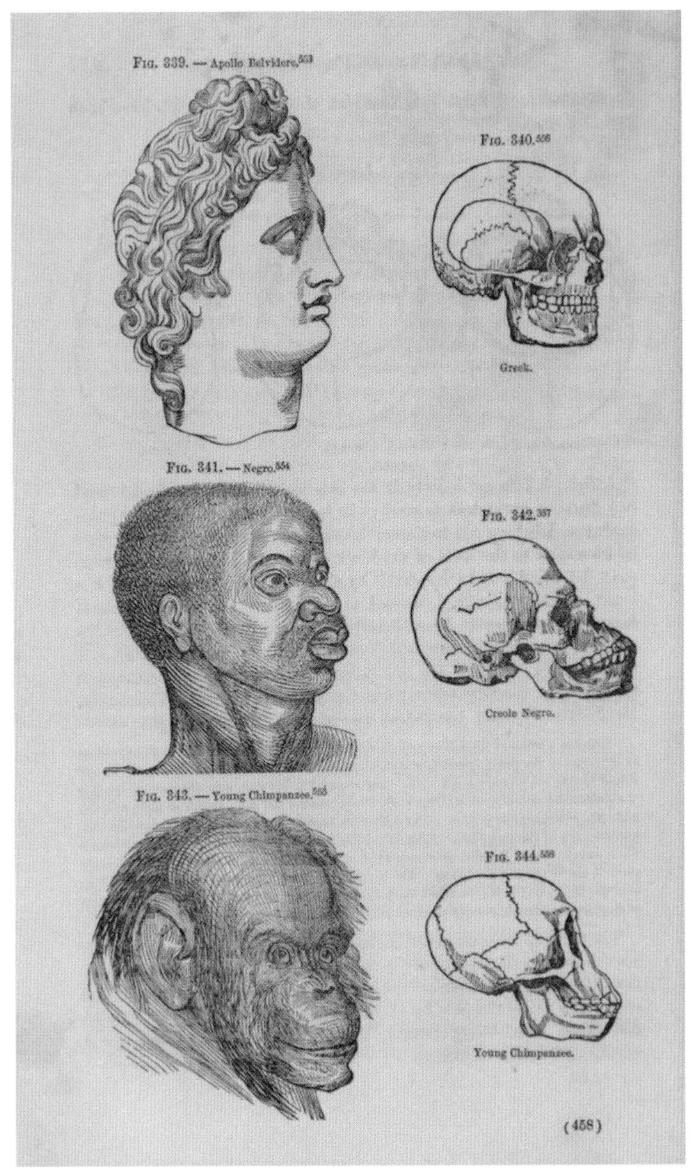

约西亚·诺特，乔治·格利登（1809—1857）及合著者，
《人的种类》，1854 年；观景殿的阿波罗，黑人和黑猩猩

这幅插图试图表达的意图在如今看来是相当惊悚的。在演化的深层机制被揭开以前的几十年里，层出不穷的大量生物学新信息将人们引上了各种歧途。这张图在没有任何起源、适应或生态学证据的支持下，将黑猩猩、黑人和高加索白人直接作为三个物种进行了解剖学对比。

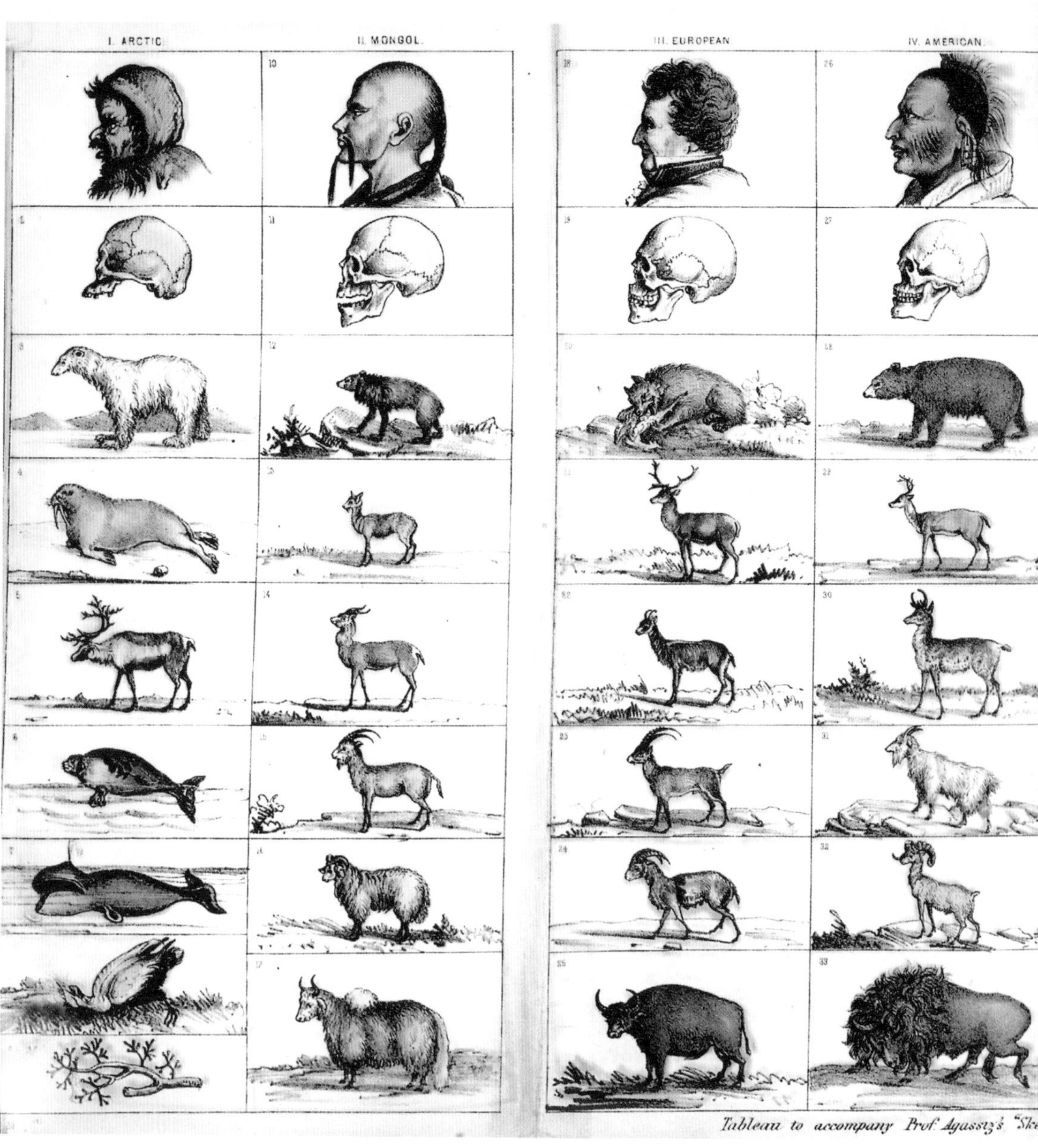
I. ARCTIC.
II. MONGOL.
III. EUROPEAN.
IV. AMERICAN.
Tableau to accompany Prof. Agassiz's "Ske

约西亚 · 诺特，乔治 · 格利登及合著者，《人的种类》；
“为阿加西博士插图所配的分类表”

作者为支持自己的社会信条而创造出的动物分类体系。这是路易斯 · 阿加西一篇论文中的配图，而这篇论文收录于诺特和格利登 1854 年关于人类种族民族学、地理学和起源的综述之中。与诺特的多起源说相呼应，图中的八纵列代表了世界主要地理分区里的生物代表。作者给每个区域各自分配了不同的人类族群，就像各区域所特有的食肉类和食草类一样。

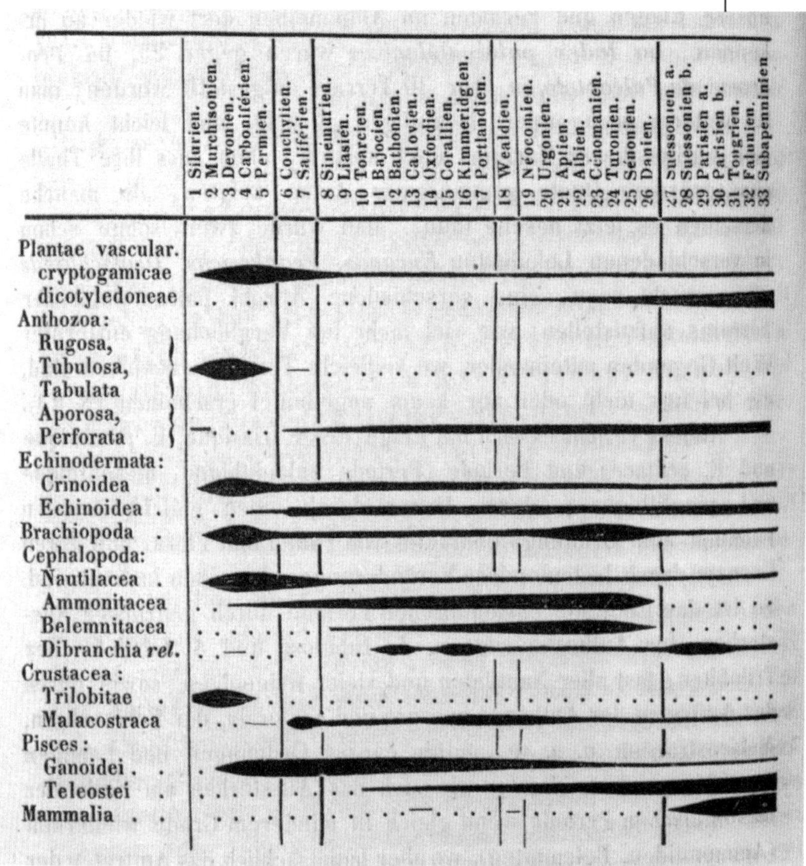

海因里希·格奥尔格·布隆（1800—1862），
《地表形成时有机世界的发展规律》，1858 年（上图和对页图）

这本大体量的著作出版于《物种起源》问世的前一年，同时也是达尔文的藏书之一。书中对于地质学和动物学的知识涉猎广泛，指出了动物多样性随时间而变化的多个代表，并用这样的“纺锤图”加以阐释。不过这本书中最重要的一幅图，其实是蜷缩在全书后部角落里的一幅小树形图（见对页图）。不像爱德华·冯·埃希瓦尔德描绘的生命之树（见 96 页），布隆笔下的这棵树强调了动物物种的逐渐分化，体现在各个层级的枝杈都有着明显不规则的分叉间距。因此，布隆的这棵“隐藏之树”可以称得上是第一棵真正现代意义上的演化树。

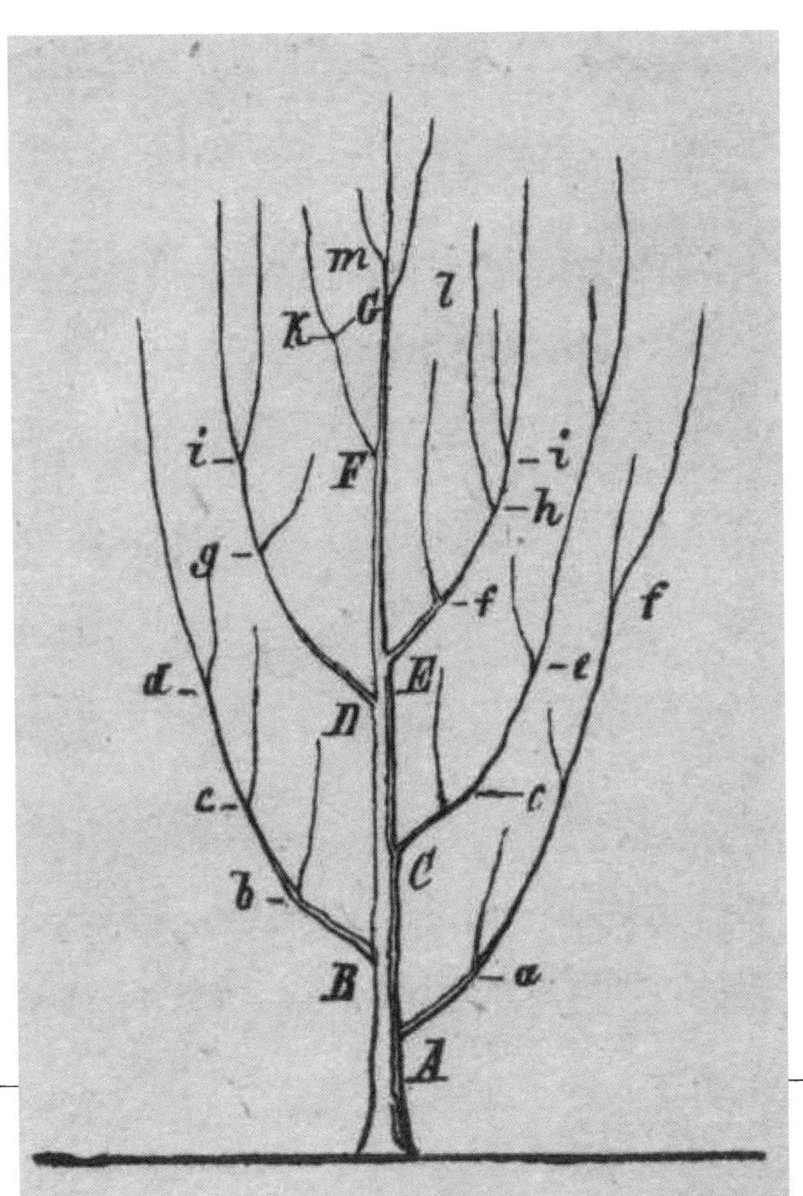
m
l
K
i
F
i
h
g
f
f
d
E
e
D
c
c
C
b
a
B
A

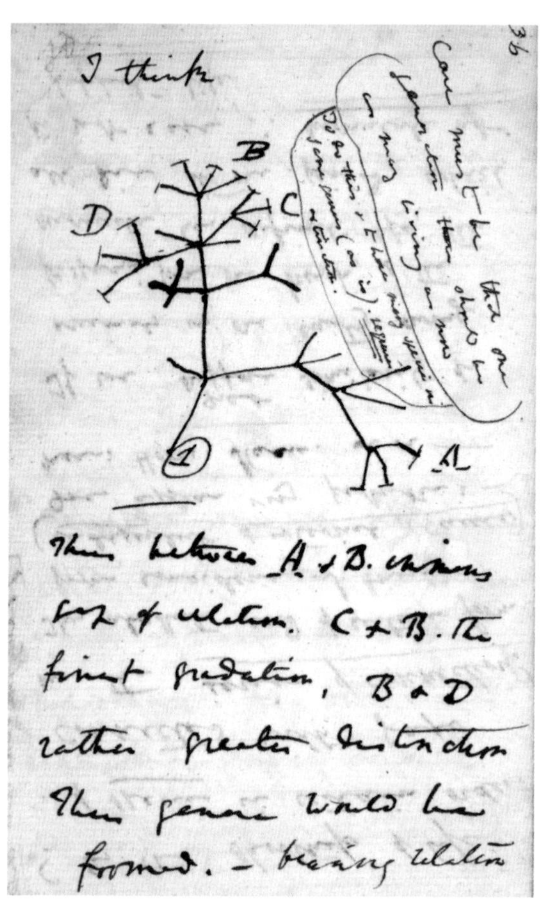

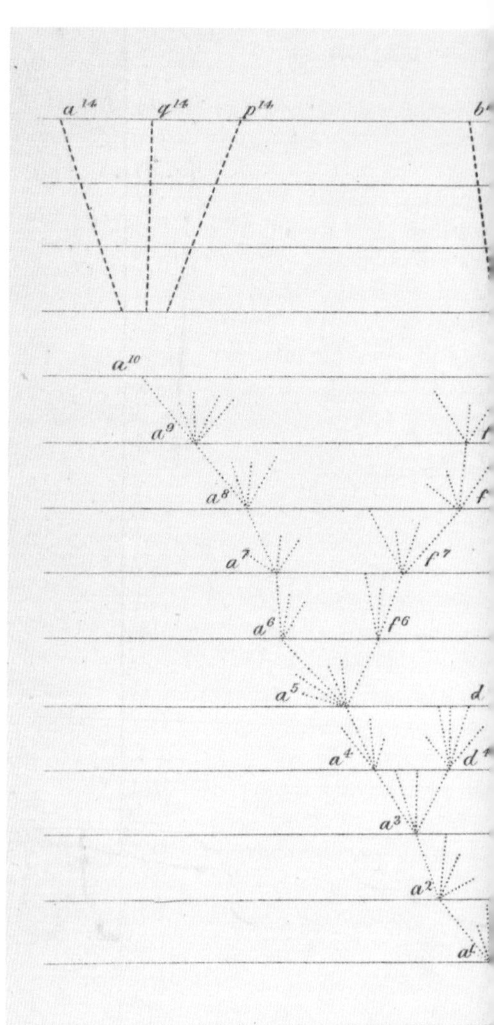

查尔斯·达尔文（1809—1882），
笔记 B（选录），约 1837—1838 年（上图）；
《物种起源》，1859 年；唯一的插图（对页图）

尽管用树形图描述演化过程的可能性在达尔文的脑海中出现已久，但他本人极少真正下笔绘制这样的演化树——事实上他甚至曾怀疑由于化石证据的不完整性，可信的动物演化树可能永远都难以被绘制出来。上图是达尔文笔记中著名的“我猜想”这一页，落笔时间可以追溯到十九世纪三十年代，其中他用一幅树形图阐释了物种不同程度的相关性是如何演化形成的。《物种起源》中的唯一一幅插图（对页图）非常朴素，与布隆前一年发表的生动流畅的小树形图（见 119 页）形成了鲜明的对比。达尔文在图中主要描绘了同一个物种内不同种群的分化，但随后通过文字描述解释了这棵树可以不断向更高级的分类单元追溯，直至最终囊括所有的生物物种。

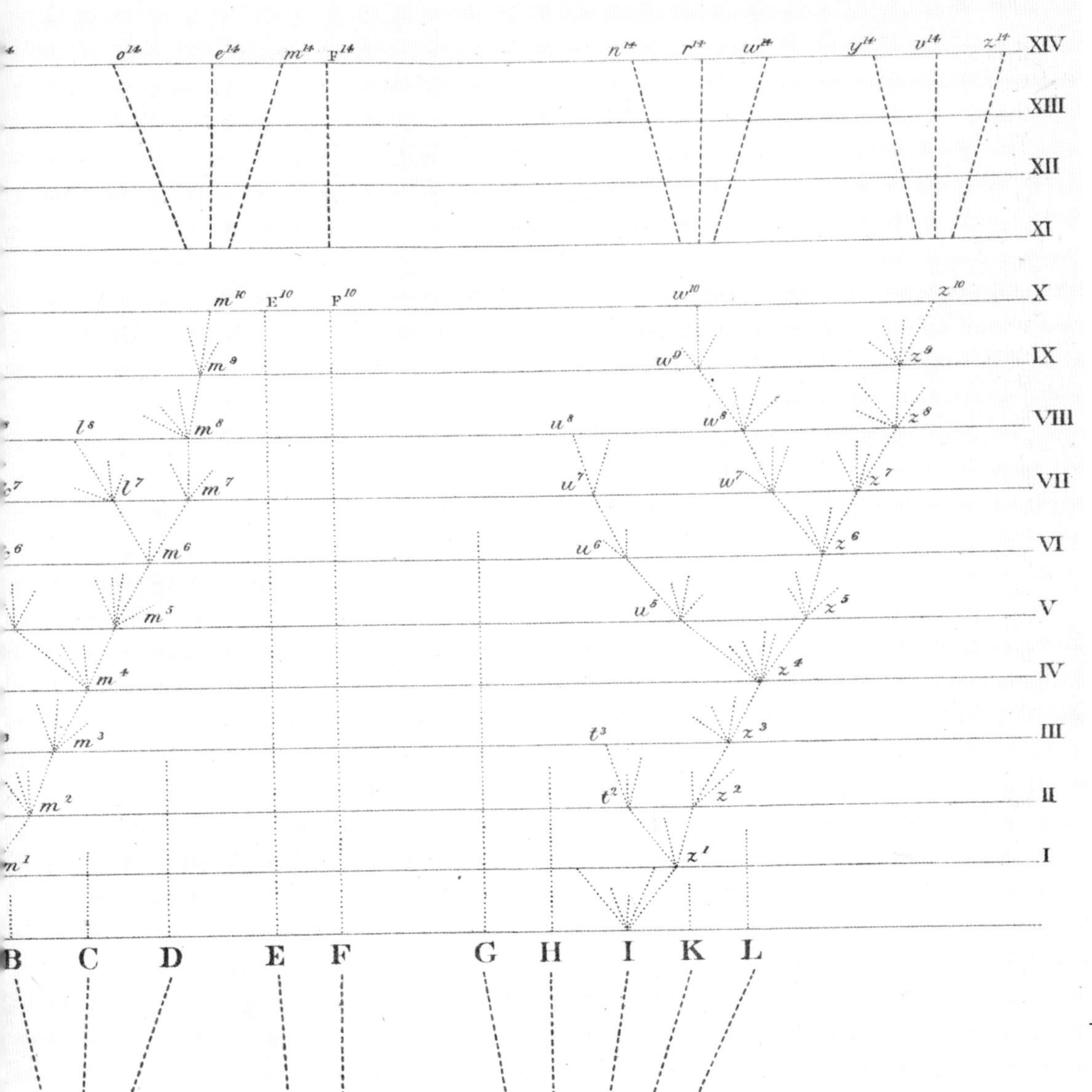

XIV
XIII
XII
XI
X
IX
VIII
VII
VI
V
IV
III
II
I
B C D E F G H I K L

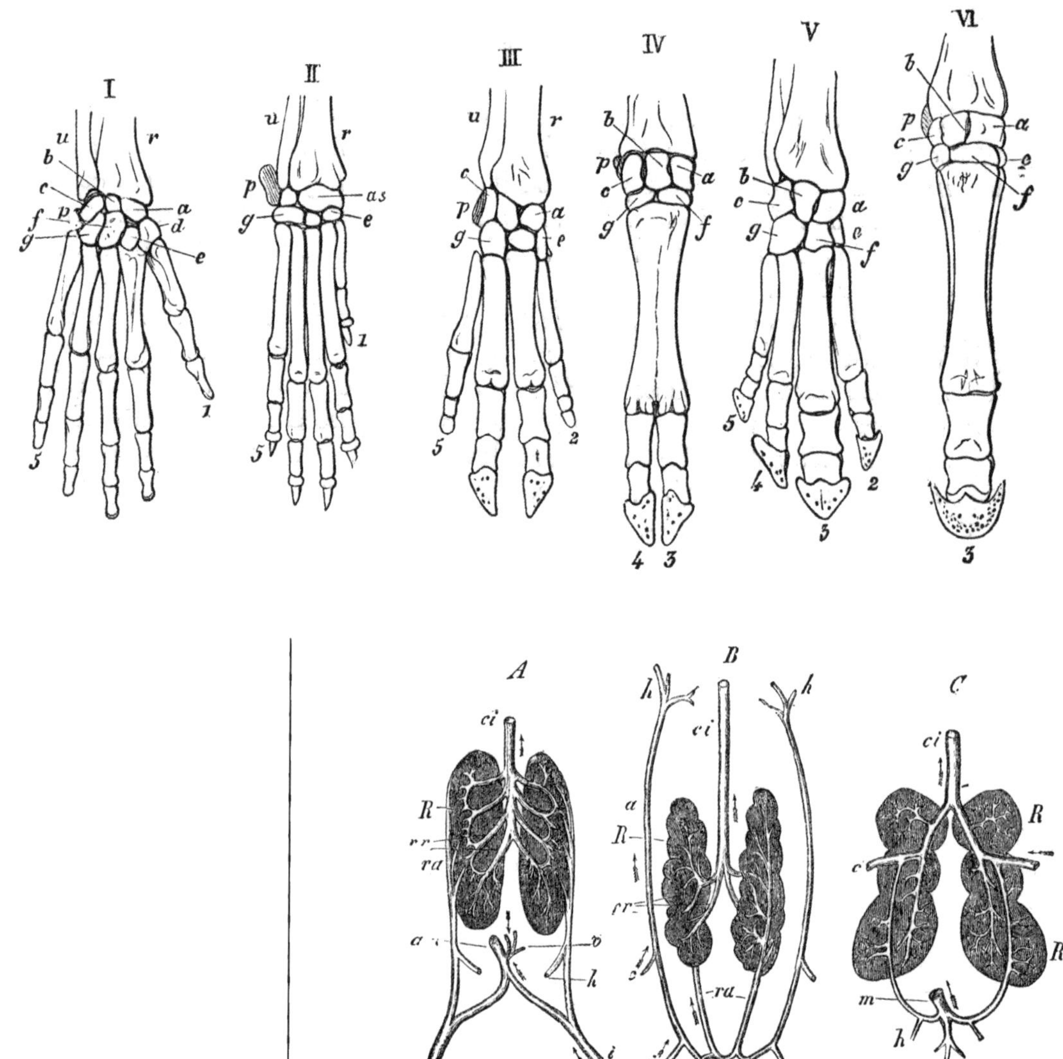

卡尔·格根鲍尔
（1826—1903），
《比较解剖学基础》，
1859 年

不同哺乳动物的前掌骨骼（上图）；
蛙、鳄鱼和鸟类的静脉系统后部（下图）；
鸵鸟、鳄鱼和蛇的头骨侧视图（对页上图）；
硬骨鱼类肋骨及横突的不同连接方式（对页下图）

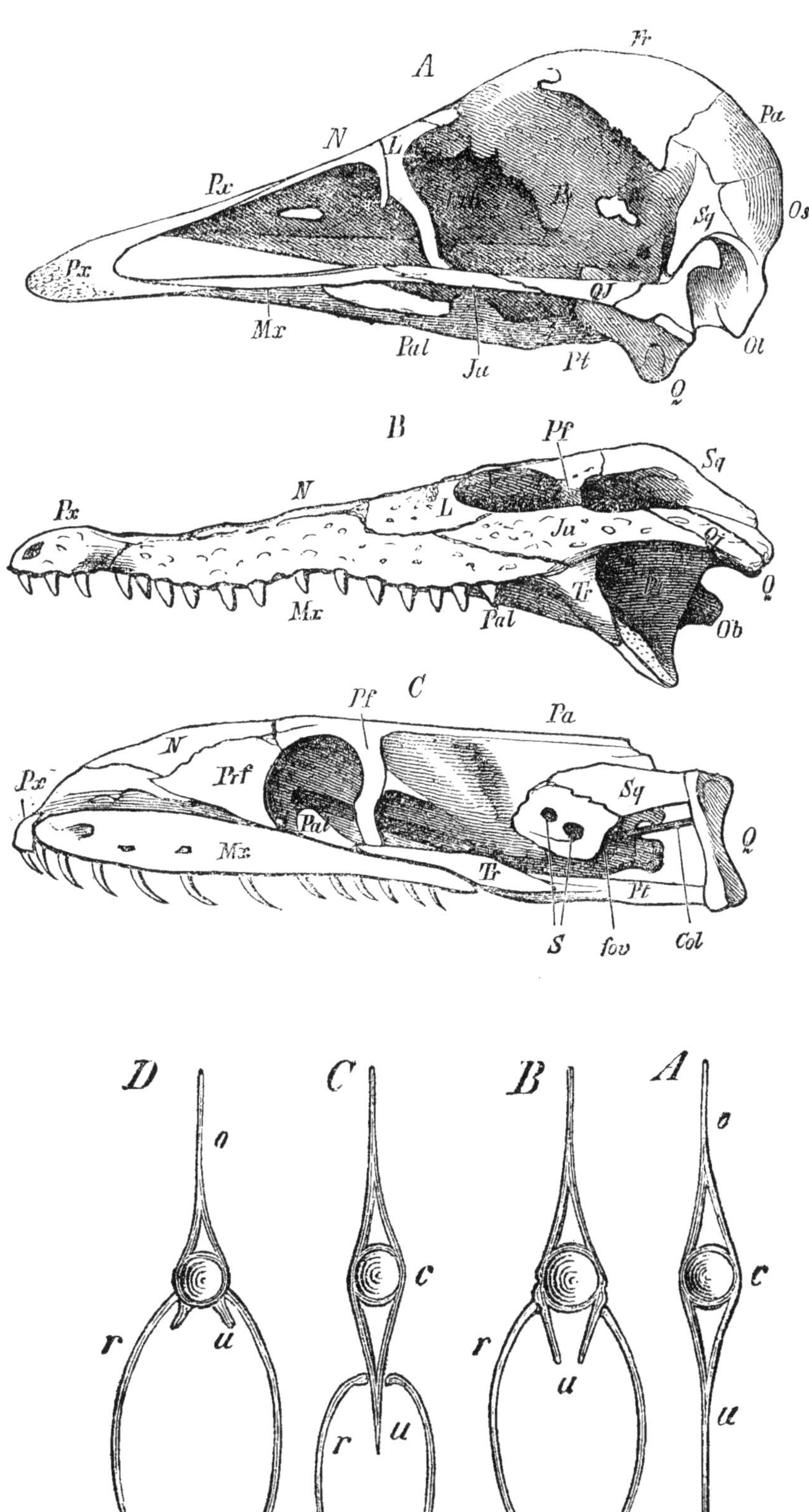
A
Fr
Pa
N
L
Px
Os
Sq
Px
Mx
Pal
Ju
Pt
Qj
Ol
Q
B
Pf
Sq
N
Px
L
Ju
Qj
Q
Mx
Pal
Tr
Ob
C
Pf
Pa
N
Prf
Px
Sq
Pal
Mx
Q
Tr
Pt
S
fov
Col
D
C
B
A
o
c
r
u

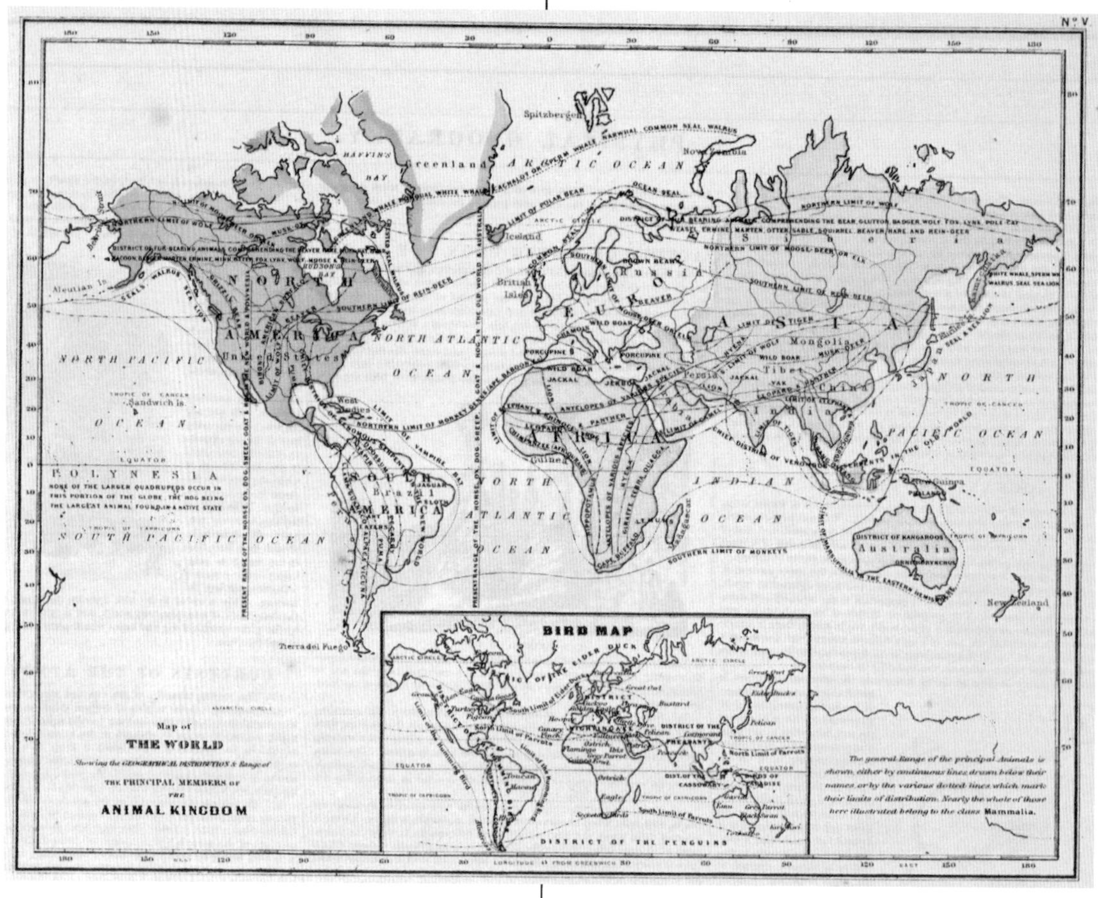

阿尔文·朱维特·约翰逊
（1827—1884），
《约翰逊的新版插图家庭地图集》，1860 年；
展示了动物界主要支系地理分布范围的世界地图

菲利普·亨利·戈斯
（1810—1888），
《英国海洋史——海葵与珊瑚》，1860 年；
海葵

阿尔弗雷德·拉塞尔·华莱士（见 92 页和 136 页）建立起了人们关于生物地理分布的现代理念，而这幅更早问世的地图则代表了这一领域先驱式的探索。

在英国及其海外的渔场中积累了丰富的工作经验后，英国海洋生物学家菲利普·戈斯创造了海洋水族馆这一公众休闲的方式。在水族馆中，大家可以观察、描绘他的研究对象们。

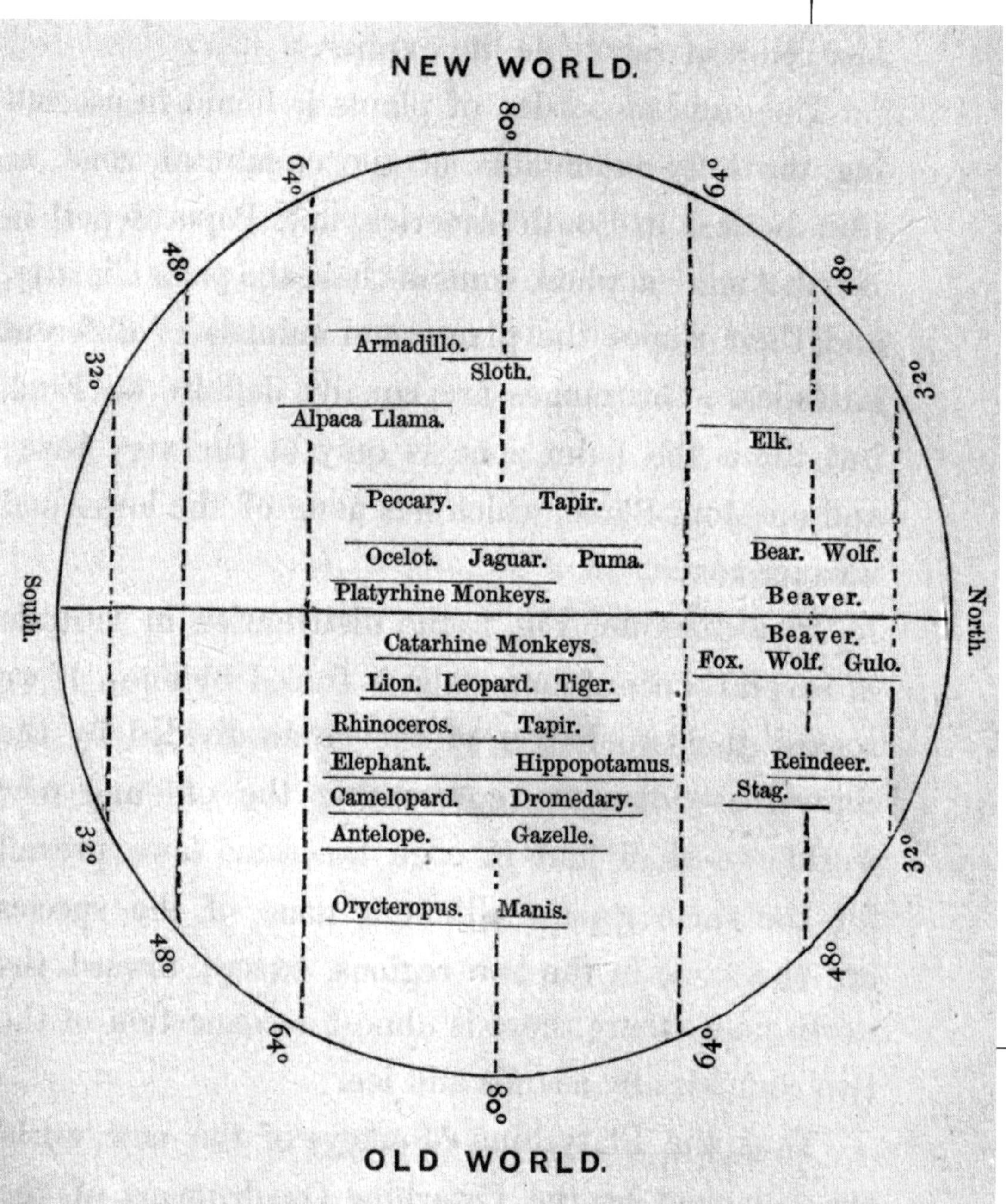

约翰·菲利普斯（1800—1874），
《地球生命：起源与延续》，1860 年；
哺乳动物在不同纬度上的分布

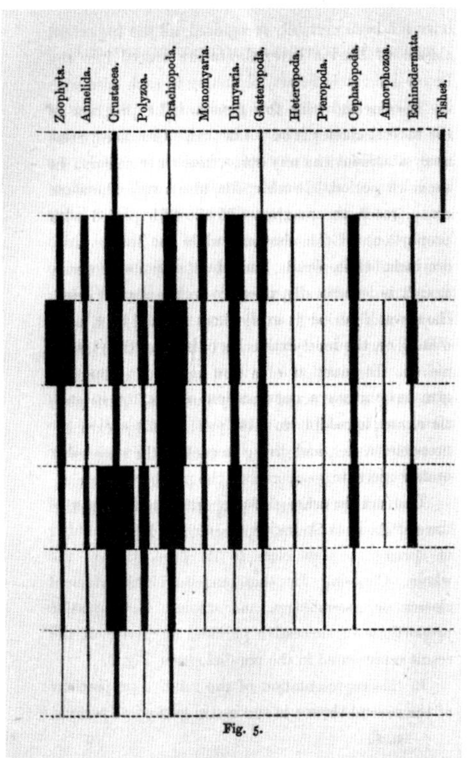

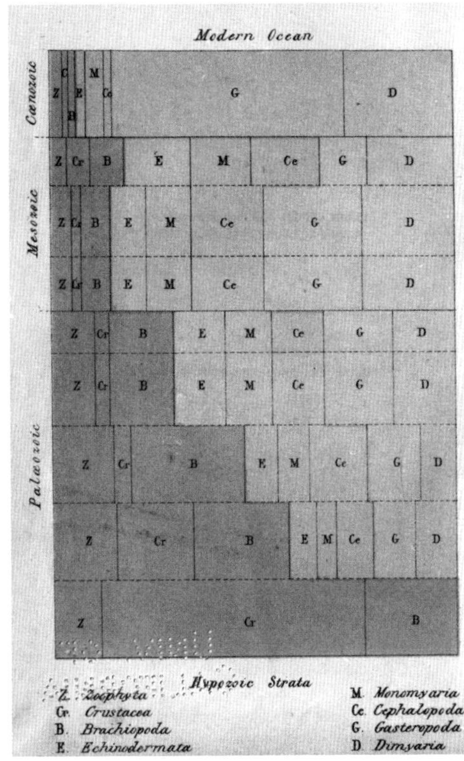

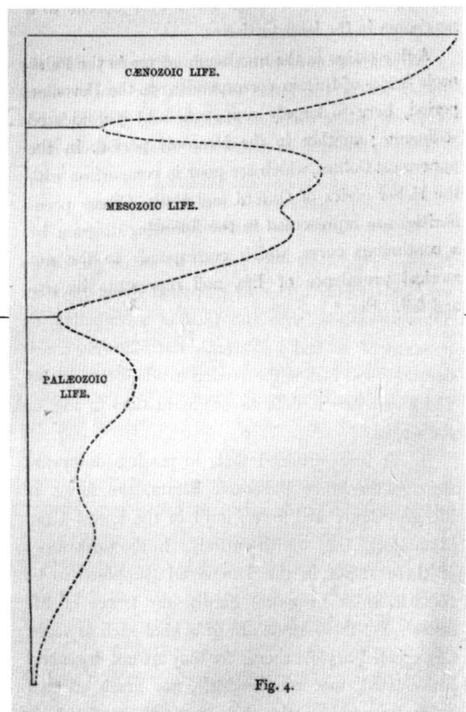

约翰·菲利普斯，
《地球生命：起源与延续》，
早古生代生命的组成（左上图）；
海洋无脊椎动物的出现序列（右上图）。
物种丰富度的连续变化曲线（左图）

英国地质学家菲利普斯小心谨慎地从世界各地采集数据，并最终建立起了首个全球标准地质年代系统。为了达成这一目标，他创造出了众多表现化石和现代生物彼此关系的形式。这两页的图中他探索了现生物种沿纬度的分布，以及不同地史时期化石物种的出现与兴衰。

约翰·古尔德（1804—1881），《澳大利亚哺乳动物》，1845—1863年；鸭嘴兽

鸭嘴兽自被发现以来就一直令人们着迷不已，但它同时也是最令分类学家头疼的难解之谜。乍看上去，鸭嘴兽就像是一堆毫不相关的特征组合体，而如今我们总算知道它是一种极度特化的哺乳动物，并且很早就从哺乳动物的“主干”上分离了出去。它会分泌乳汁来喂食幼兽，由此可证它的哺乳动物身份。但与绝大部分哺乳动物不同的是，它产蛋而非胎生，而这可能反映了哺乳动物的原始特征。鸭嘴兽长蹼的足部和扁平的尾巴分别与水禽和河狸趋同演化，而形似鸭嘴的喙部则是它特有的电感受器官，用来探查捕食水下的无脊椎动物。鸭嘴兽还是极少数能够依靠毒液自卫的哺乳动物之一。

约翰·古尔德，《澳大利亚哺乳动物》，袋狼

亲缘关系很远的物种却演化出了相似的特征，占据着相似的生态位——这一现象被称为“趋同演化”，而袋狼则是趋同演化最具代表性的例子之一。袋狼的身形和骨骼，尤其是头骨，都与犬和狼非常相似，但它其实是袋鼠和袋熊的近亲。然而，这种奇特生物的身上却有着整个动物界中最浓厚的悲剧色彩。在欧洲殖民者疯狂的猎杀之下，袋狼可能在二十世纪初期就被赶尽杀绝了——尽管在塔斯马尼亚的幽深丛林中，至今依然流传着目击幸存袋狼的传言。

格雷戈尔·约翰·孟德尔（1822—1884），《植物杂交实验》，1865 年；原始手稿中的一页

作为一名摩拉维亚天主教神父，格雷戈尔·孟德尔却掀起了现代遗传学革命，这听上去简直匪夷所思。究竟是什么驱使这位捷克布尔诺圣多默隐修院的神父开启他的植物学杂交实验的，我们已不得而知——这些实验结果显示出生物学特征的遗传遵循着某种可以计算的定律。尽管在《物种起源》问世仅六年以后，孟德尔的《植物杂交实验》就得以出版，但这本著作在随后四十年的时间里都鲜有人问津，没有获得它应有的关注。世人未能慧眼识珠的结果就是，利用遗传学进行动物分类的技术的出现被延迟了数十年之久。

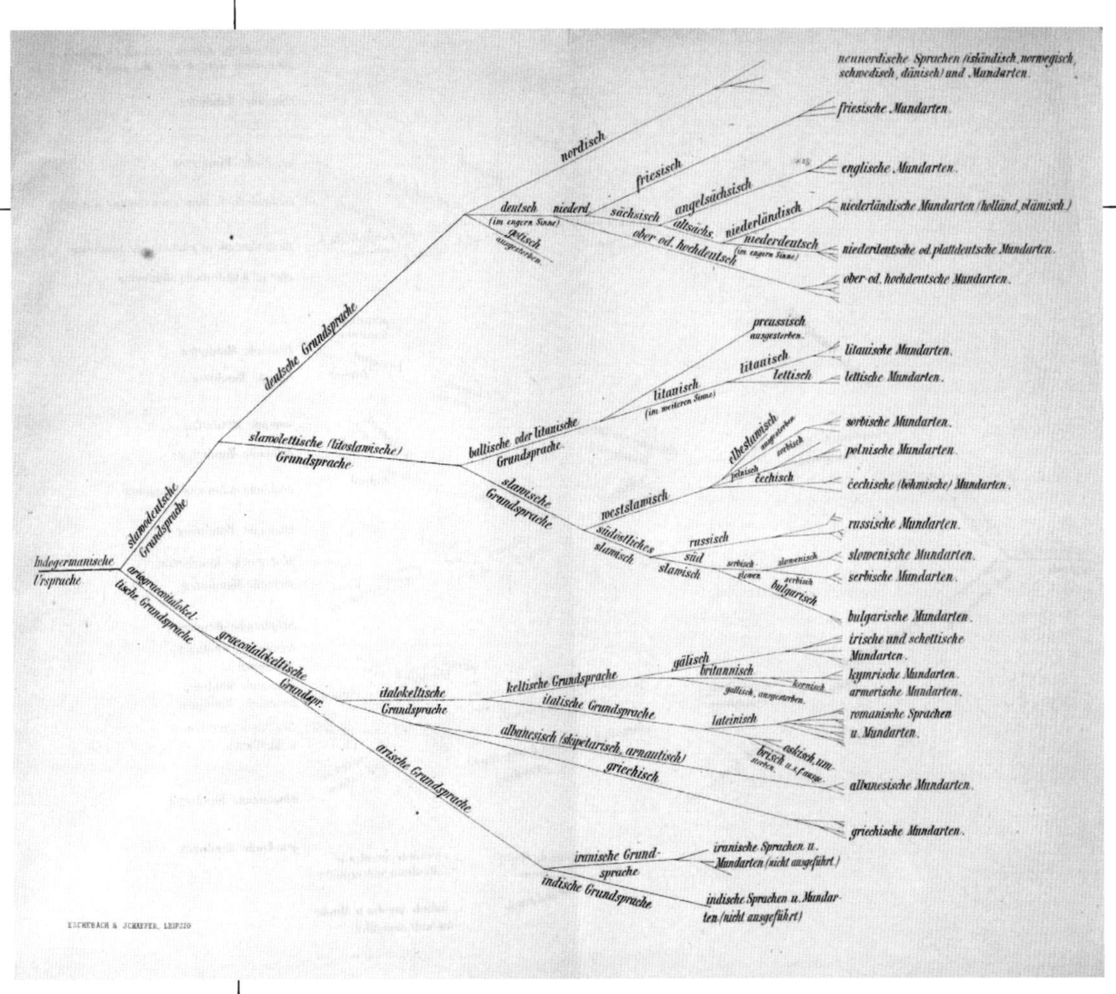

奥古斯特·施莱歇尔（1821—1868），
《达尔文理论和语言学》，1863 年；印欧语系演化树

随着演化生物学的发展，它与语言学产生了奇妙的交叉。这张图中语言学家奥古斯特·施莱歇尔就引入达尔文的方法，绘制出了欧洲、南亚和西亚的印欧语系演变和分化图。显然，除了分化以外，不同语言间还会发生各种共享甚至融合，而这如今看来在动物演化中也会不时以某种方式发生（见 232 页至 233 页）。甚至“演化”这个词本身，可能都是十八世纪的生物学家从十七世纪关于语言的历时性变化研究那儿“借鉴”来的。

Mesnel pinxᵗ et lith.

Imp. Becquet à Paris.

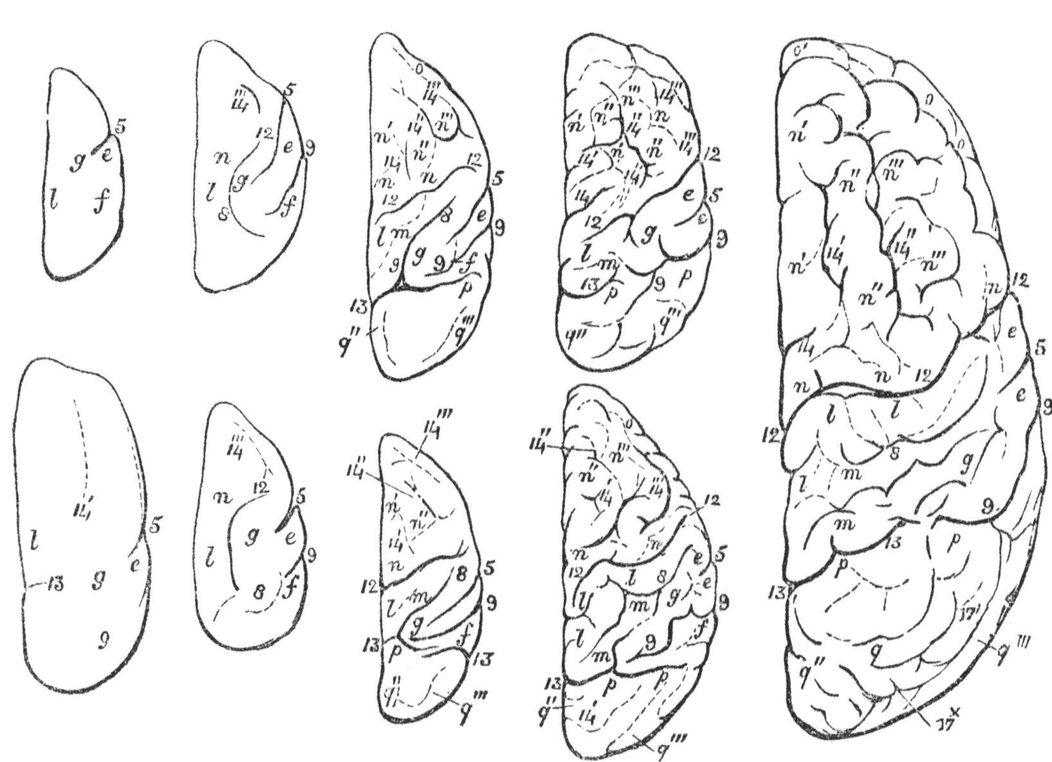

上图：　理查德·欧文（1804—1892），《脊椎动物解剖学》，1868 年；成人、胎儿和其他灵长类的大脑半球顶视图

一幅将人类和其他灵长类大脑混合放置的奇怪拼图。上排从左到右分别是柽柳猴、狨猴、狝猴和人类幼儿，下排则是人类胎儿、狐猴、卷尾猴和黑猩猩。成年人类的大脑则占据了整个画面的右侧。

对页：　阿尔弗雷德·弗雷多（1804—1863），《海洋的世界》，1866 年；鸟的发育

阿尔弗雷德·莫昆-坦顿是巴黎植物园的动物学教授及园长，而弗雷多则是他的笔名。

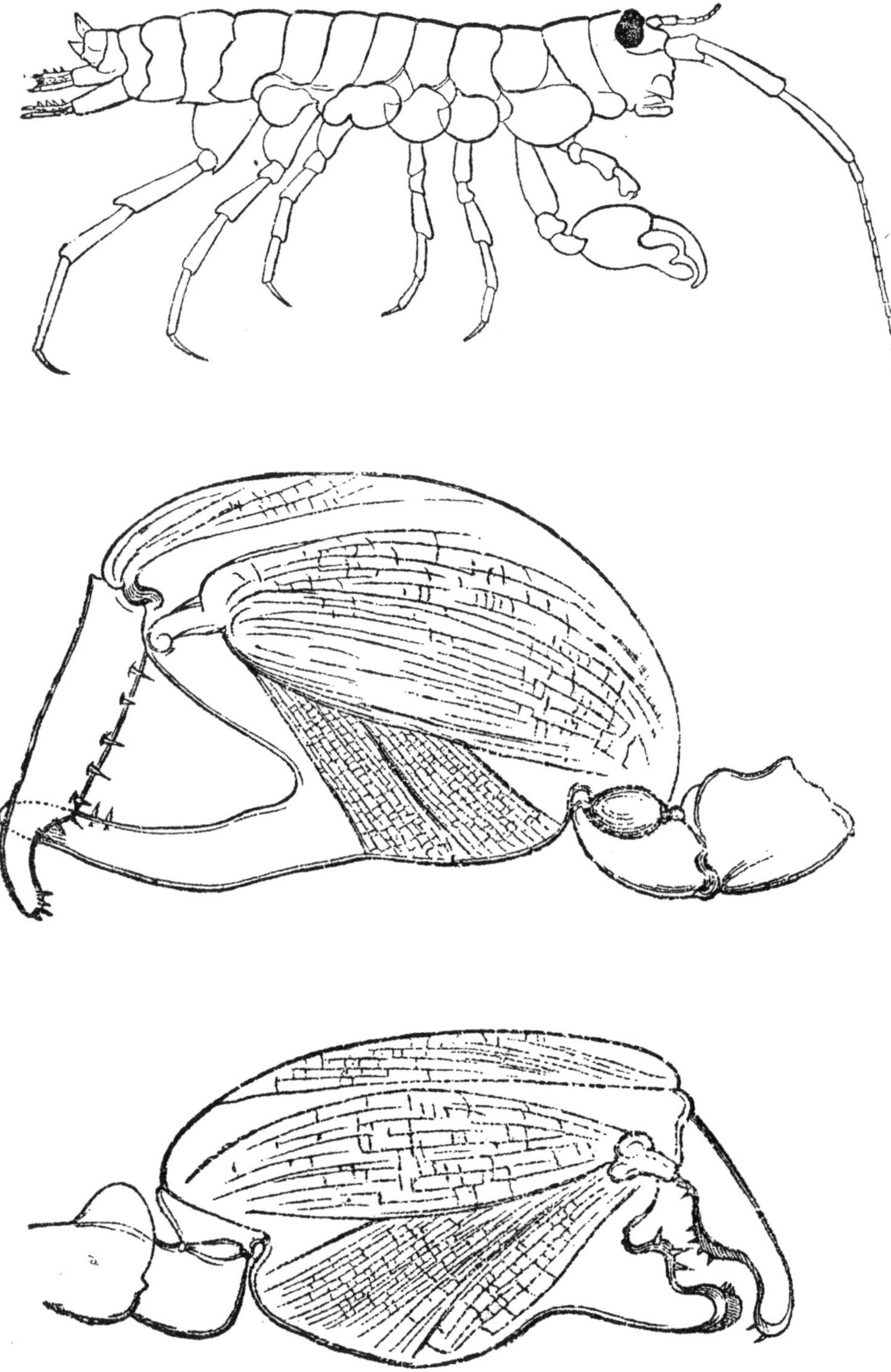

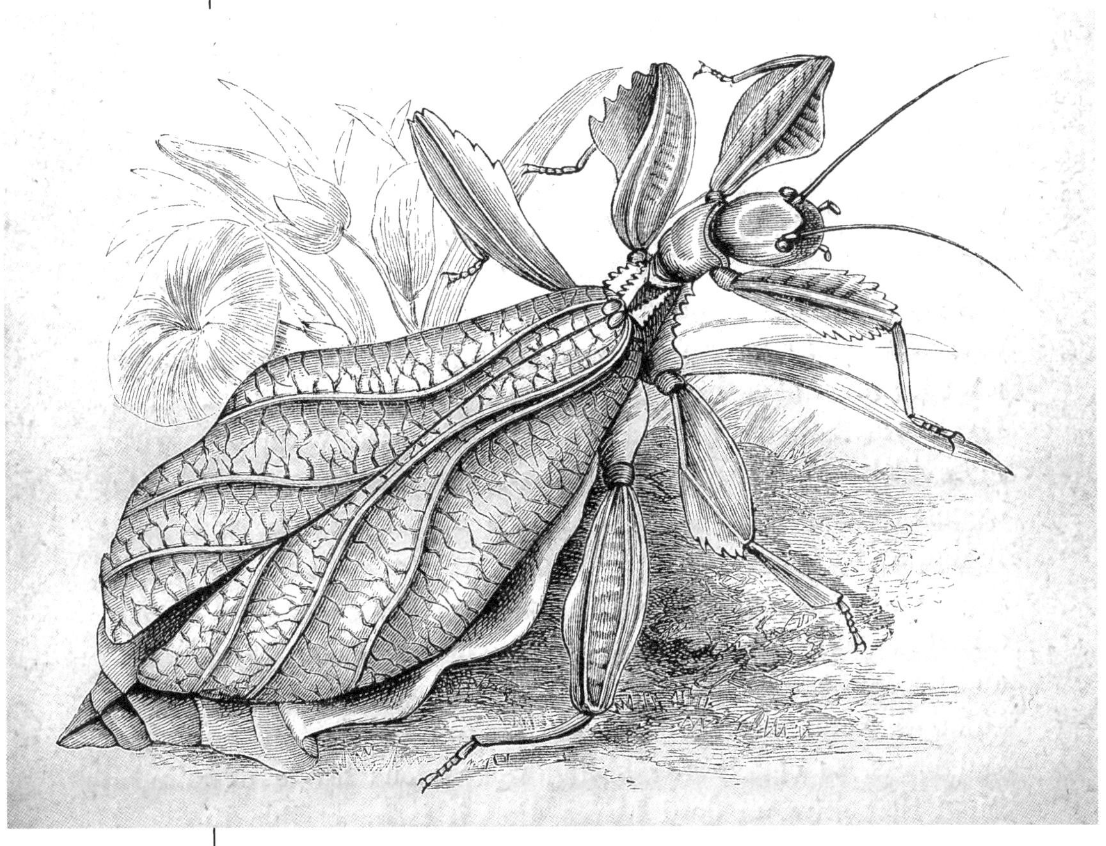

上图： 圣乔治·杰克逊·米瓦特（1827—1900），
《物种发生》，1871 年；行走中的叶蟖

对页： 查尔斯·达尔文，《人类的由来及性选择》，1871 年；
雄性达尔文跳钩虾（*Orchestia darwinii*）的两种不同螯形

在提出自然选择理论后，达尔文对自己的初始思想进行了适当的扩充，从而建立起了现代演化生物学几乎大部分的理论框架。他的探讨对象包括了生命的起源，演化的速率和模式，人类的起源和性选择——自然选择以外的另一种演化驱动力。在这张图中，达尔文注意到演化有时会令同一物种的雄性产生不同的形态。

阿尔弗雷德·拉塞尔·华莱士
空间与时间里的动物们

Alfred Russel Wallace
Animals in space, as well as time

时间线

1823:	阿尔弗雷德·拉塞尔·华莱士出生
1848—1852:	巴西科考
1854—1862:	马来群岛科考
1858:	与达尔文共同发表自然选择学说
1913:	阿尔弗雷德·拉塞尔·华莱士去世

阿尔弗雷德·拉塞尔·华莱士是来自威尔士的博物学家和探险家。他和达尔文一同建立起了如今被广泛接受的自然选择学说。不过除了演化历史的角度，他还首次赋予动物分类学对于地理空间的思考。

尽管华莱士从未享受过达尔文所拥有的财富保障，但幸而他筹措的经费还是支撑起了他那充满冒险的精彩人生。十九世纪四十年代时，华莱士对“新大陆”的故事满怀向往，并因此踏上了前往亚马孙河流域未知之地的探险之旅。随后他又前往如今的马来西亚和印尼地区进行了长达八年的科学考察，而这些旅途为他奠定了一生的事业方向。

1858 年一个炎热的夜晚，华莱士突然灵光一现领悟到了物种演化的奥秘，并即刻写信给了他的长期合作伙伴——查尔斯·达尔文，而相似的想法在后者心里已经萦绕了多年。

从那一刻开始，这两位博物学家在自然选择学说上的角色便始终相伴相随。他们保持定期的通信，彼此支持，并于 1858 年共同首次提出了这一学说。一年以后，《物种起源》便横空出世，震撼了全世界。华莱士始终是达尔文最坚实的拥护者，对于自己的知名度远低于后者也毫不在意。

一如他对于自然选择学说有着至关重要却鲜为人知的地位，华莱士同样也是生物地理学的创始人——一门研究动物过去与现在地理分布的学科。在为英国动物学家菲利普·斯克莱特的工作配图时，华莱士将全世界划分成了六个动物区系，而这一划分一直沿用至今（见 139 页）。

也是华莱士首先意识到，婆罗洲和爪哇岛的动物面貌近乎相同，但与东部苏拉威西岛和龙目岛有着明显区别。为纪念他的发现，这条东洋界和澳新界之间的隐形界线至今依然被称为“华莱士线”。

阿尔弗雷德·拉塞尔·华莱士（1823—1913），《达尔文理论》，1889 年；橙腹拟鹂的变化

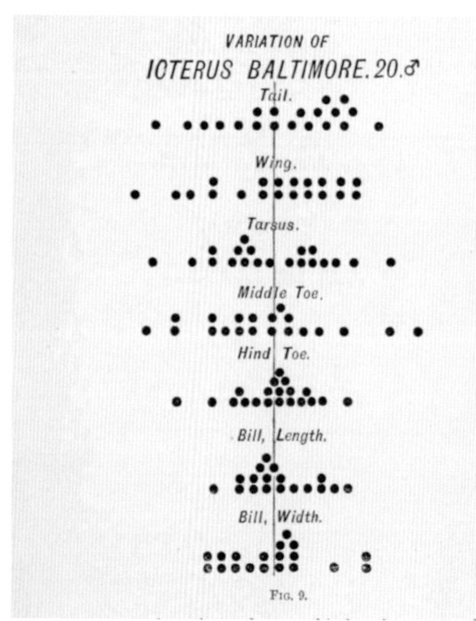

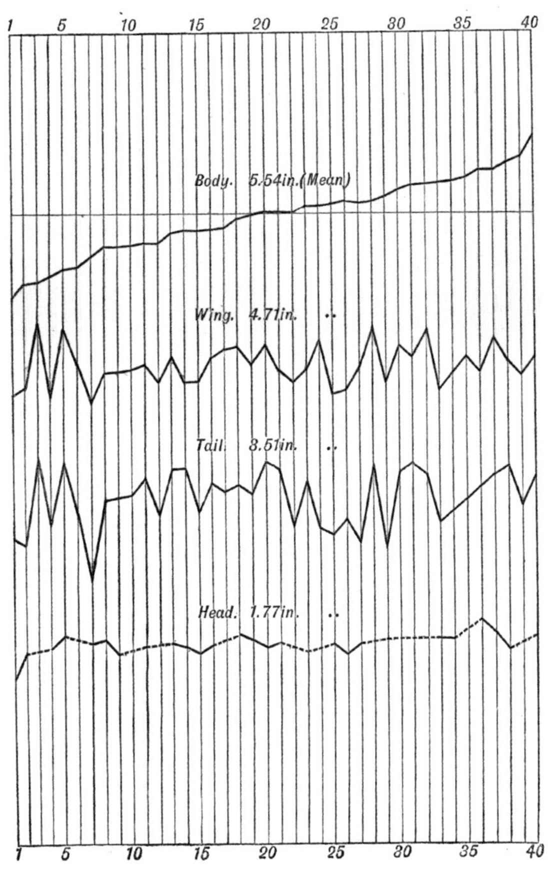

阿尔弗雷德·拉塞尔·华莱士，
《达尔文理论》；

40 只雄性红翅黑鹂身体、翅膀、
尾巴和头部大小的变化（左图）；
来自菲律宾群岛的昆虫拟态（下图）。

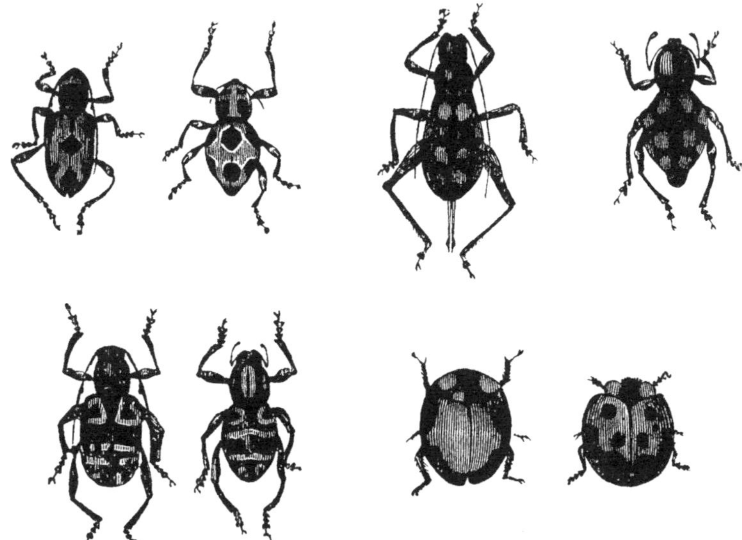

阿尔弗雷德·拉塞尔·华莱士,《动物的地理分布》, 1876 年；动物地理学分区

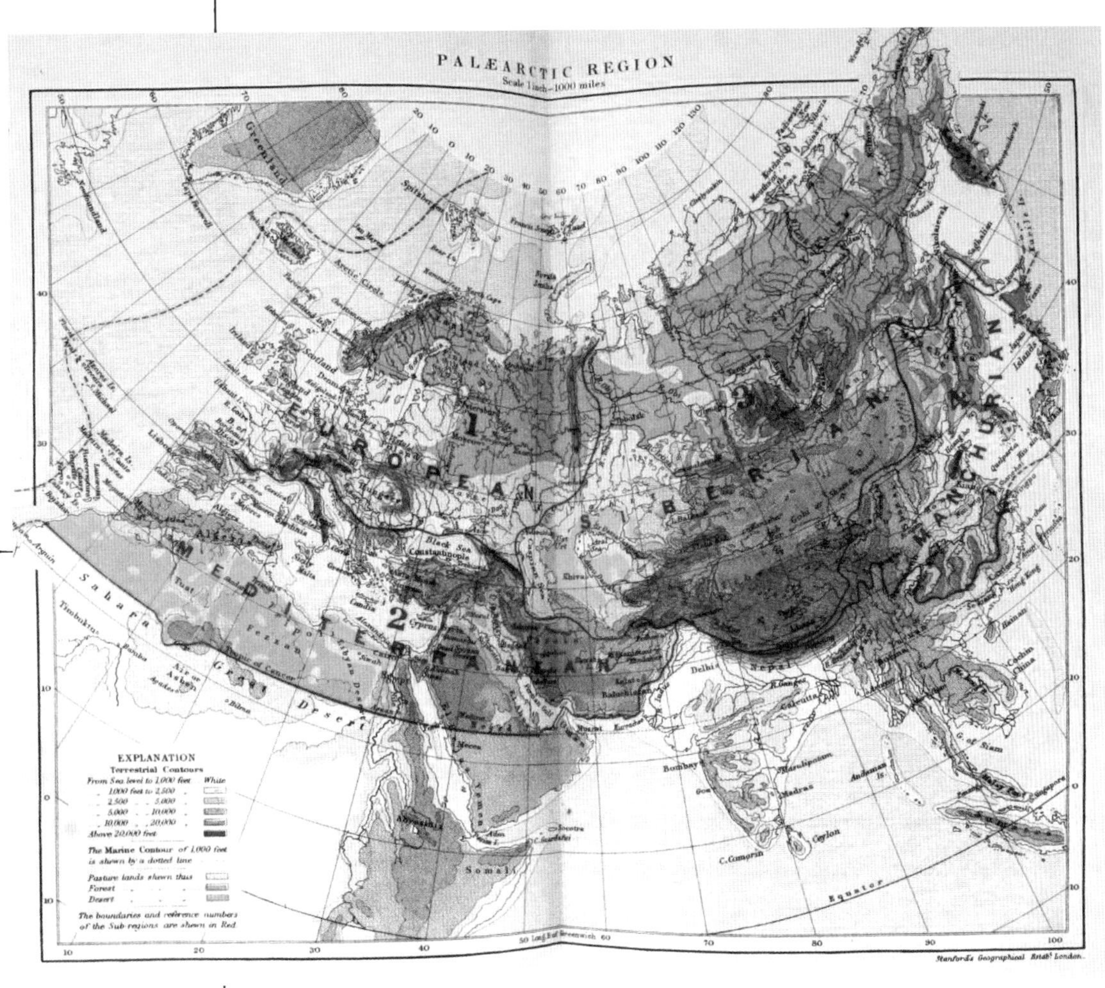

阿尔弗雷德·拉塞尔·华莱士，
《动物的地理分布》，1876 年；
古北界（上图）；
马来群岛的丛林及其中的标志性鸟类（对页图）

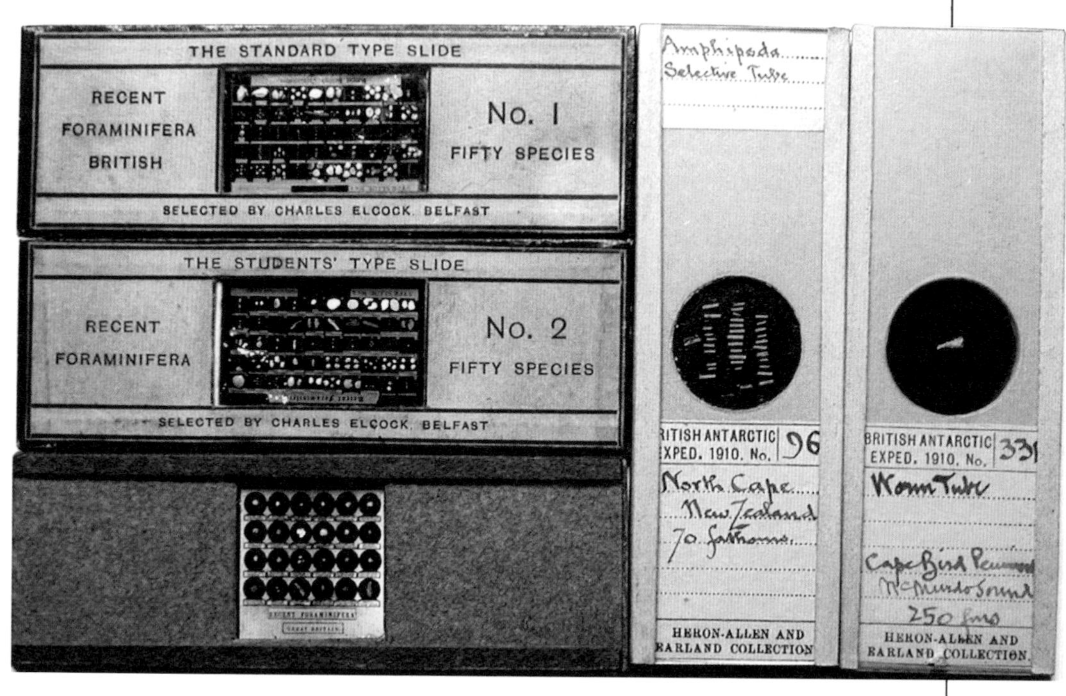

哈罗德·道尔顿（1829—1911），《用于显微观察的昆虫鳞片和单细胞动物》，约 1875 年（上图）；微观拼图（对页图）

微观拼图在十九世纪晚期一度曾十分风靡。人们煞费苦心地将昆虫鳞片、单细胞硅藻和其他微观物体置于显微玻片上，然后用细针和小气吹为它们整理出类似万花筒式的排列。动物学家们前往世界各地搜集标本，为这项迷你造型艺术提供原料。

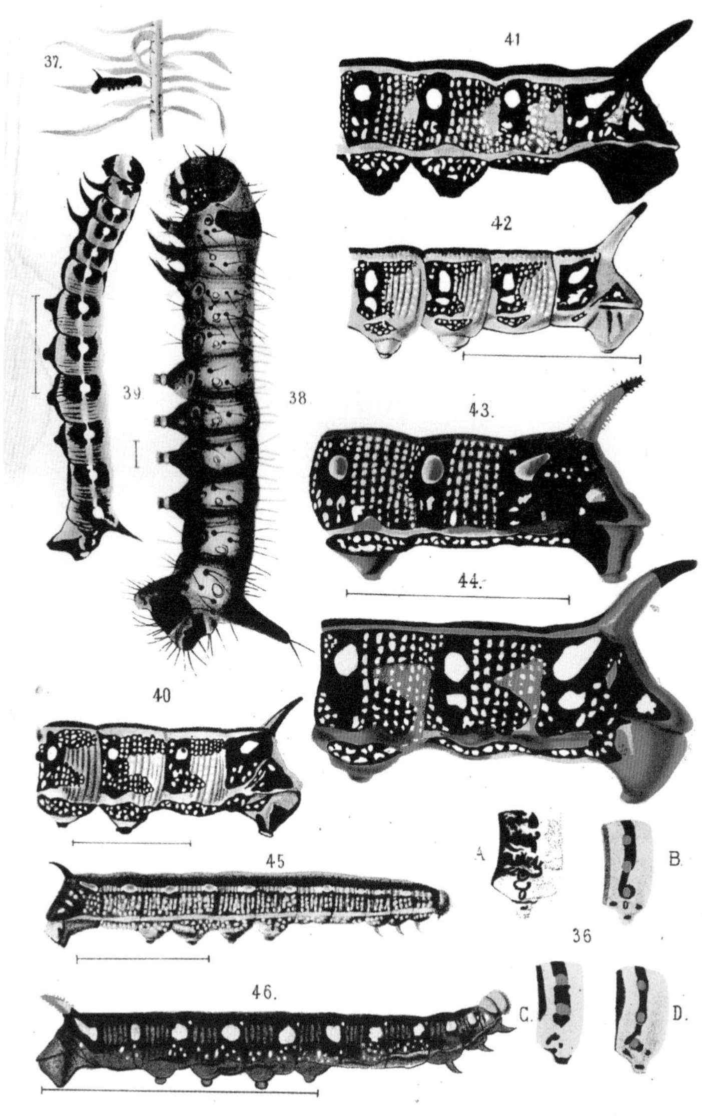

奥古斯特·魏斯曼（1834—1914），《遗传理论研究》，1882 年（上图和对页图）

魏斯曼创立了“种质”（germ plasm）遗传理论，认为后代遗传自亲代的信息完全来自生殖细胞，即卵子和精子。如今，这一理论成为驳斥让–巴蒂斯特·拉马克演化模式的利器——后者认为亲代后天的形态变化可以遗传给后代。不过，魏斯曼对于种质遗传理论的阐释要比这几句简述来得精细复杂得多。

16.
17.
18.
19.
20.
21.
22.
23.
24.

	Products of Emotional Development.		Emotion.
50		50	
49		49	
48		48	
47		47	
46		46	
45		45	
44		44	
43		43	CIVILISED. SAVAGE, HUMAN.
42		42	
41		41	
40		40	
39		39	
38		38	
37		37	
36		36	
35		35	
34		34	
33		33	PARTLY HUMAN.
32		32	
31		31	
30		30	
29		29	
28	Shame, Remorse, Deceitfulness, Ludicrous.	28	
27	Revenge, Rage.	27	
26	Grief, Hate, Cruelty, Benevolence.	26	SOCIAL.
25	Emulation, Pride, Resentment, Æsthetic love of ornament, Terror.	25	
24	Sympathy.	24	
23		23	
22	Affection.	22.	
21	Jealousy, Anger, Play.	21	
20	Parental affection, Social feelings, Sexual selection, Pugnacity, Industry, Curiosity.	20	PRESERVATION OF SPECIES OF SEL
19	Sexual emotions without sexual selection.	19	
18	Surprise, Fear.	18	
17		17	
16		16	
15		15	
14		14	
13		13	
12		12	
11		11	
10		10	
9		9	
8		8	
7		7	
6		6	
5		5	DYS
4		4	
3		3	
2		2	EXCI
1		1	

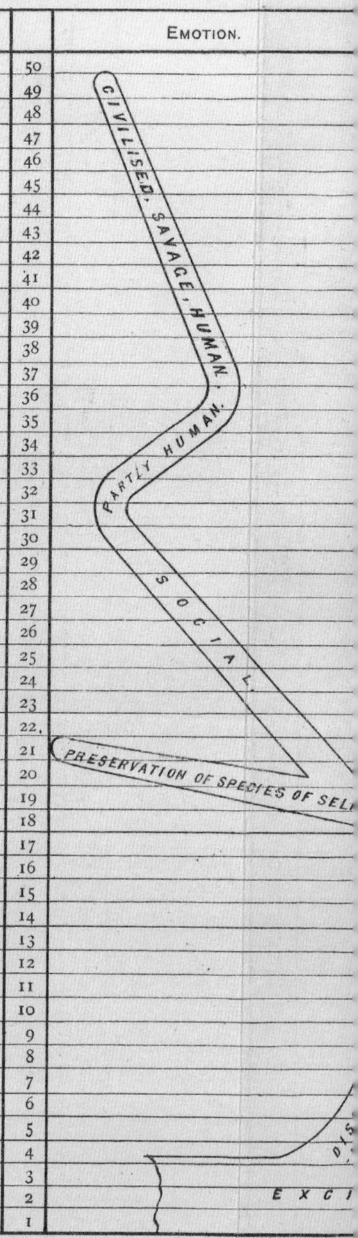

Harrison & S

REFLECTION & SELF-CONSCIOUS THOUGHT.
GENERALIZATION.
ABSTRACTION.
IMAGINATION.
PERCEPTION.
SENSATION.
…DUC.
…LITY.
<- Consciousness ->

Intellect.		Products of Intellectual Development.	The Phychological Scale.	Psycogenesis of Man.	
	50				50
	49				49
	48				48
	47				47
	46				46
	45				45
	44				44
	43				43
	42				42
	41				41
	40				40
	39				39
	38				38
	37				37
	36				36
	35				35
	34				34
	33				33
	32				32
	31				31
	30				30
	29				29
	28	Indefinite morality.	Anthropoid Apes and Dog.	15 months.	28
	27	Use of tools.	Monkeys, and Elephant	12 months.	27
	26	Understanding of mechanisms.	Carnivora, Rodents, and Ruminants	10 months.	26
	25	Recognition of Pictures, Understanding of words, Dreaming.	Birds.	8 months.	25
	24	Communication of ideas.	Hymenoptera.	5 months.	24
	23	Recognition of persons.	Reptiles and Cephalopods.	4 months.	23
	22	Reason.	Higher Crustacia.	14 weeks.	22
	21	Association by similarity.	Fish and Batrachia.	12 weeks.	21
	20	Recognition of offspring, Secondary instincts.	Insects and Spiders.	10 weeks.	20
	19	Association by contiguity.	Mollusca.	7 weeks.	19
	18	Primary instincts.	Larvæ of Insects, Annelida.	3 weeks.	18
	17	Memory.	Echinodermata.	1 week.	17
	16	Pleasures and pains.		Birth.	16
	15		Cœlenterata.		15
	14	Nervous adjustments.			14
	13				13
	12		Unknown animals,		12
	11	Partly nervous adjustments.	probably Cœlenterata.		11
	10		perhaps extinct.	Embryo.	10
	9				9
	8				8
	7	Non-nervous adjustments.	Unicellular organisms.		7
	6				6
	5				5
	4				4
	3	Protoplasmic movements.	Protoplasmic organisms.	Ovum and	3
	2				2
	1			Spermatozoa	1

…ins Lane W.C.

乔治·罗曼内斯（1848—1894),《动物认知的演化》, 1883 年；卷首插图

罗曼内斯是达尔文的朋友和支持者，他痴迷于人类和其他动物的认知过程甚至意识的彼此关系。然而在那个自然选择学说刚刚问世，人们对大脑的结构还知之甚少的年代，这无疑是一个极具挑战性的领域。

恩斯特·海克尔
物种之树，种族之树

Ernst Haeckel
Trees of Species, Trees of Races

时间线

1834: 恩斯特·海克尔出生
1862: 成为耶拿大学的动物学教授
1866: 结识查尔斯·达尔文；《形态学大纲》出版
1904: 《自然界的艺术形态》出版
1919: 恩斯特·海克尔去世

对页：恩斯特·海克尔（1834—1919），《自然界的艺术形态》，1904年；蝙蝠

下图：恩斯特·海克尔，《自然创造史》，1868年；人类和类人猿

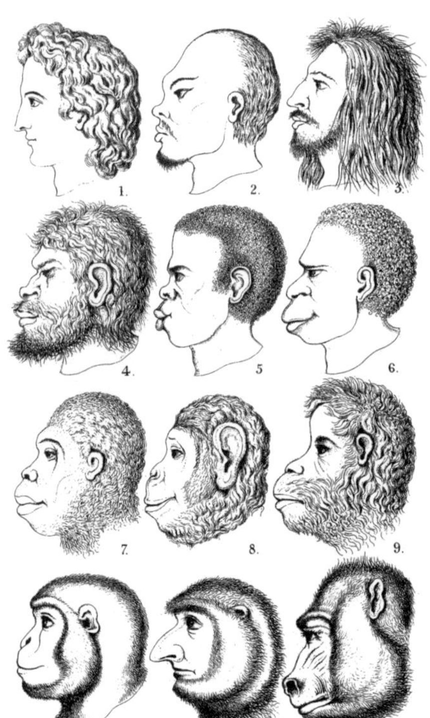

作为耶拿大学的动物学教授，恩斯特·海克尔堪称是十九世纪动物学的中坚力量。相比达尔文的谨慎求证，海克尔却对自然选择学说进行了过度诠释，形成了一个危险的错误理论——社会达尔文主义。

海克尔最初是一位深受德国浪漫主义影响的艺术家。他周游世界采集描绘各种生物，用以支持他的演化和自然选择理论。他最终收集了大量的骨骼和胚胎标本，而他配图精美的著作也风靡欧洲。

对于他所处的时代而言，海克尔是少数坚定主张人类是单一物种的学者之一。他所创建的动物分类系统，也是建立在所有生物演化自同一简单共同祖先的基础上。正因如此，他所绘制的演化树都只有一个主干，而人类则位于顶处的树冠之上。

海克尔耗费了大量笔墨描述生命如何起源于最简单的有机体——他所谓的“细胞灵魂”和“灵魂细胞”，同时坚定不移地支持演化的渐变性，以及它与当时突飞猛进的胚胎学之间的关系。

对海克尔来说，其实所有通向完美的演化路径都是不分高低的。不过，如今最为人所熟知和批判的，却是他在宗教和种族问题上，对自己理论的过度应用。当你为他优美的动物插图赞叹不已时，你一定无法想象，画下这些美好形象的人竟然将犹太教徒描述为处于“原始的”异教徒和“高级的”基督教徒之间，将欧洲以外的人群描述为“……从生理学意义来说，更接近于猿猴和狗等哺乳动物，而与文明的欧洲人相距甚远。因此我们必须为他们的生命赋予完全不同于欧洲人的价值”。

海克尔的这些观点随后成了纳粹的铺路石，也成为他学术生涯的污点。不过无论如何，他的艺术作品依然是十九世纪自然哲学家所遗留下的瑰宝，折射出了当时人们对于传统分类学的痴迷。

3
2
1
4
5
7
6
8
9
10
11
12
13
14
15

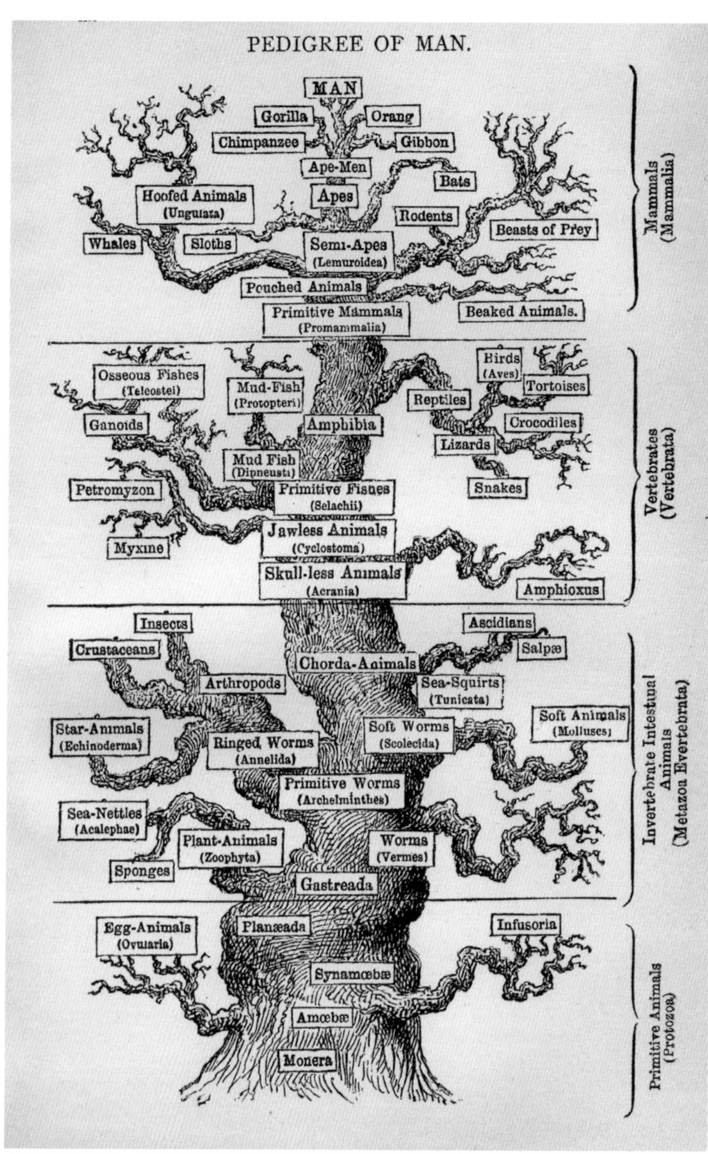

恩斯特 · 海克尔,《人类学及人类进化史》, 1874 年 ; 人类谱系树

海克尔在演化树的绘制上登峰造极，本页这幅枝繁叶茂的树形图便是例证——这幅“人类谱系图”事实上总结了整个动物界的演化历史。我们如今看来难以接受的是，他将动物们按“进步程度”放置在了不同的高度上——单细胞动物，无脊椎动物，脊椎动物，哺乳动物，直至树顶——毫无疑问，那里安置着人类。

恩斯特·海克尔，
《自然界的艺术形态》，
圆盘水母

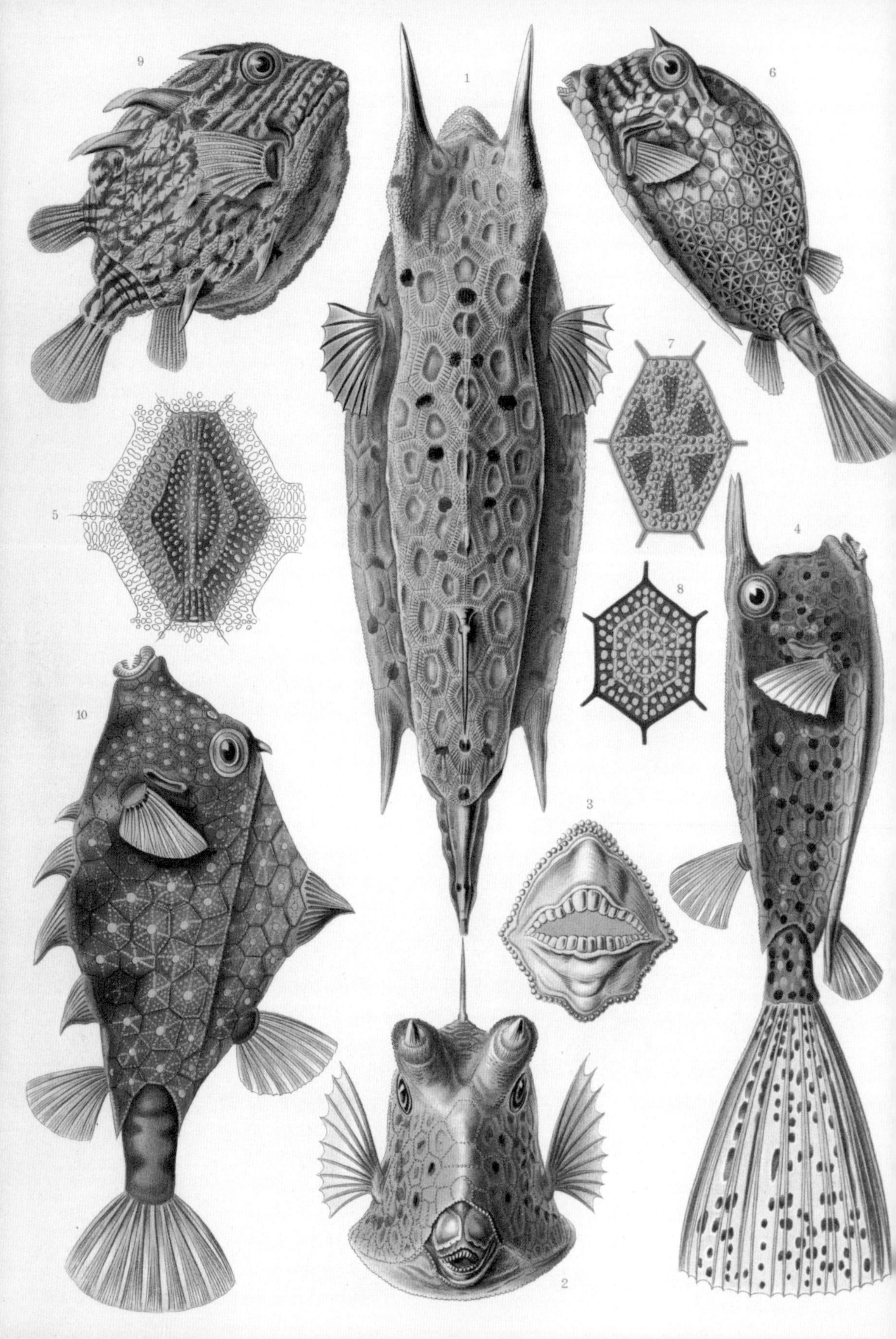
9
1
6
7
5
4
8
10
3
2

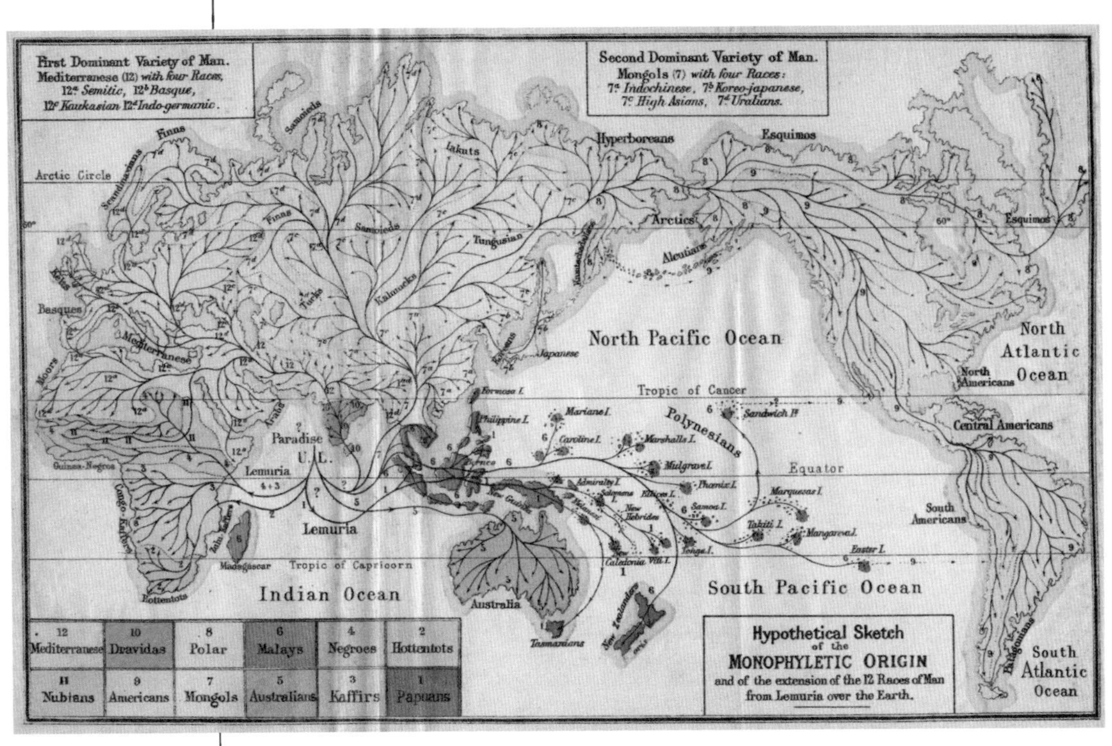

上图： 恩斯特·海克尔,《自然创造史》;
世界上12个人类族群自利莫里亚大陆的单一起源与扩散假说示意图

对页： 恩斯特·海克尔,《自然界的艺术形态》; 箱鲀

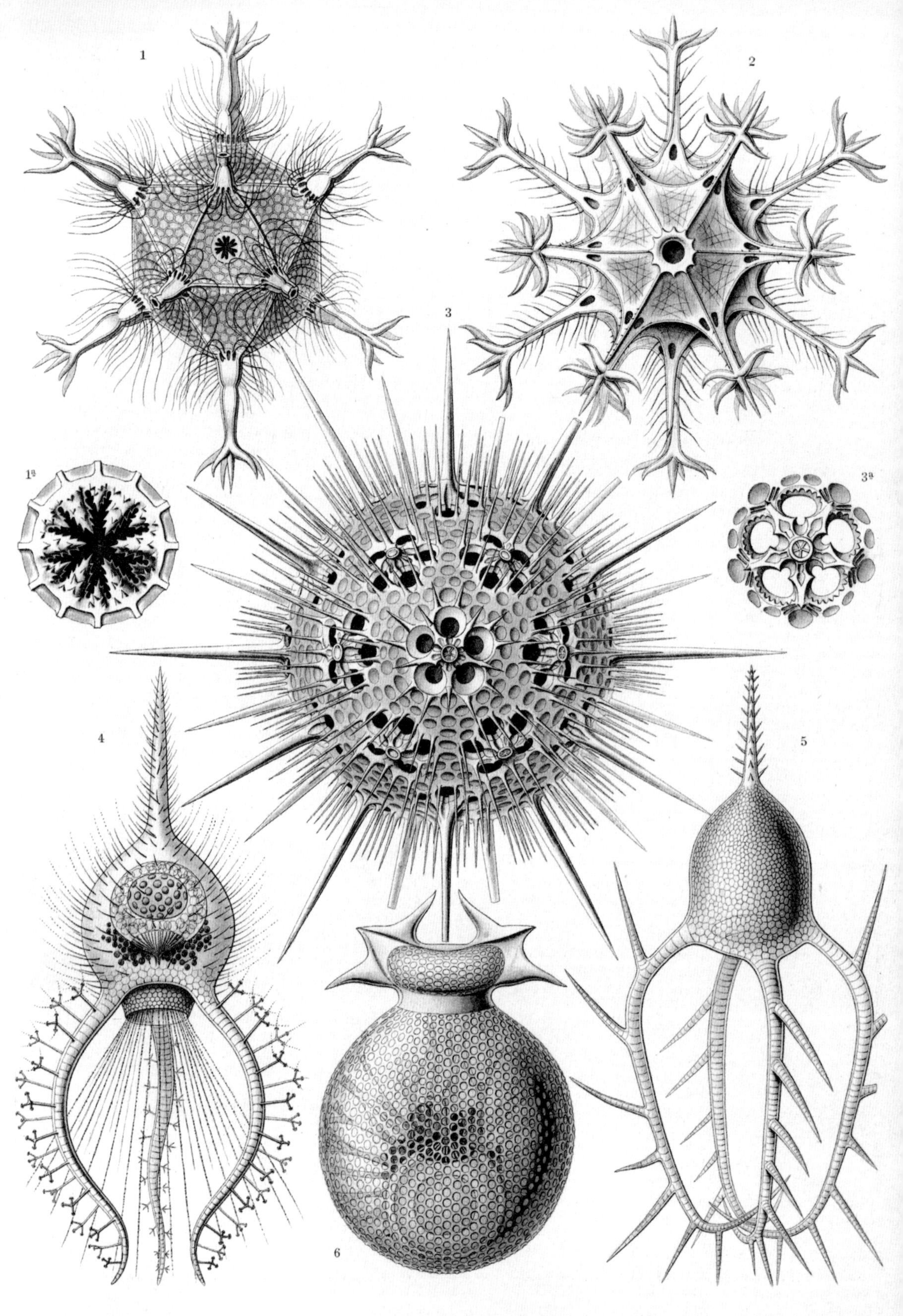
1
2
3
1a
3a
4
5
6

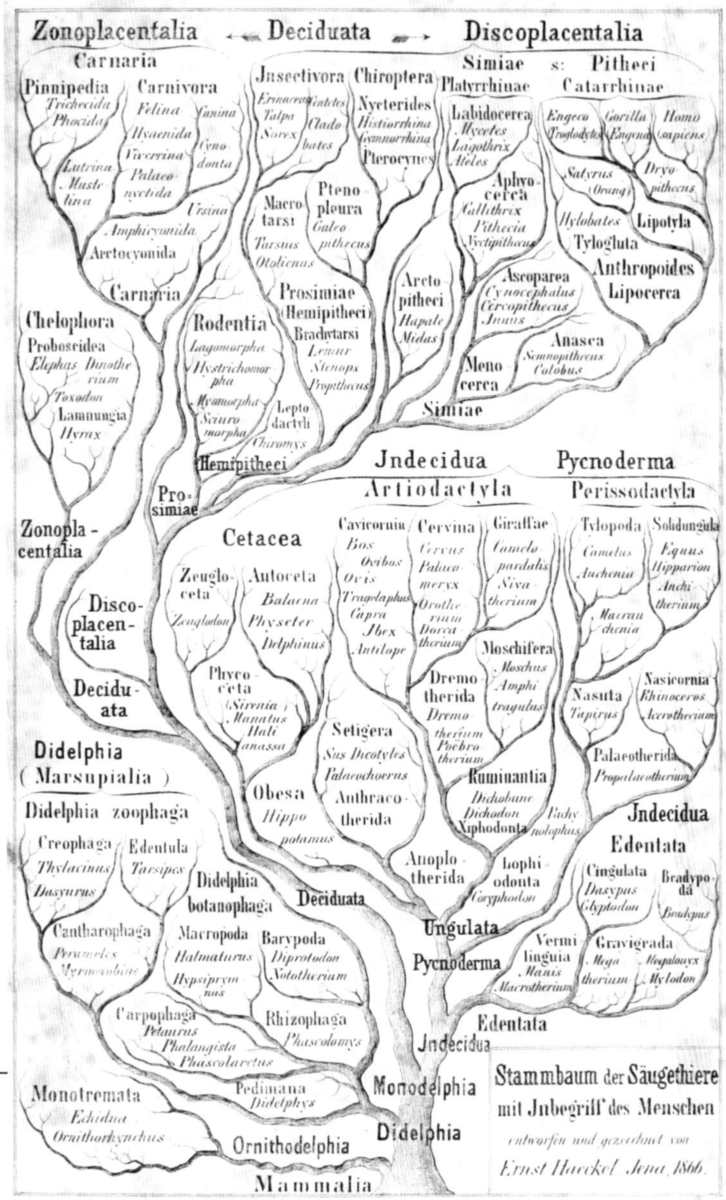

恩斯特 · 海克尔，
《形态学大纲》，1866 年

这棵演化树使用一个不同寻常的特征——胎盘——对哺乳动物进行了分类，而这也是不同哺乳动物间解剖结构差异最大的器官。

对页：
恩斯特 · 海克尔，
《放射虫》，1862 年

放射虫是一群单细胞生物，具有千变万化的复杂硅质壳体，它们是海克尔最为钟情的描绘对象。

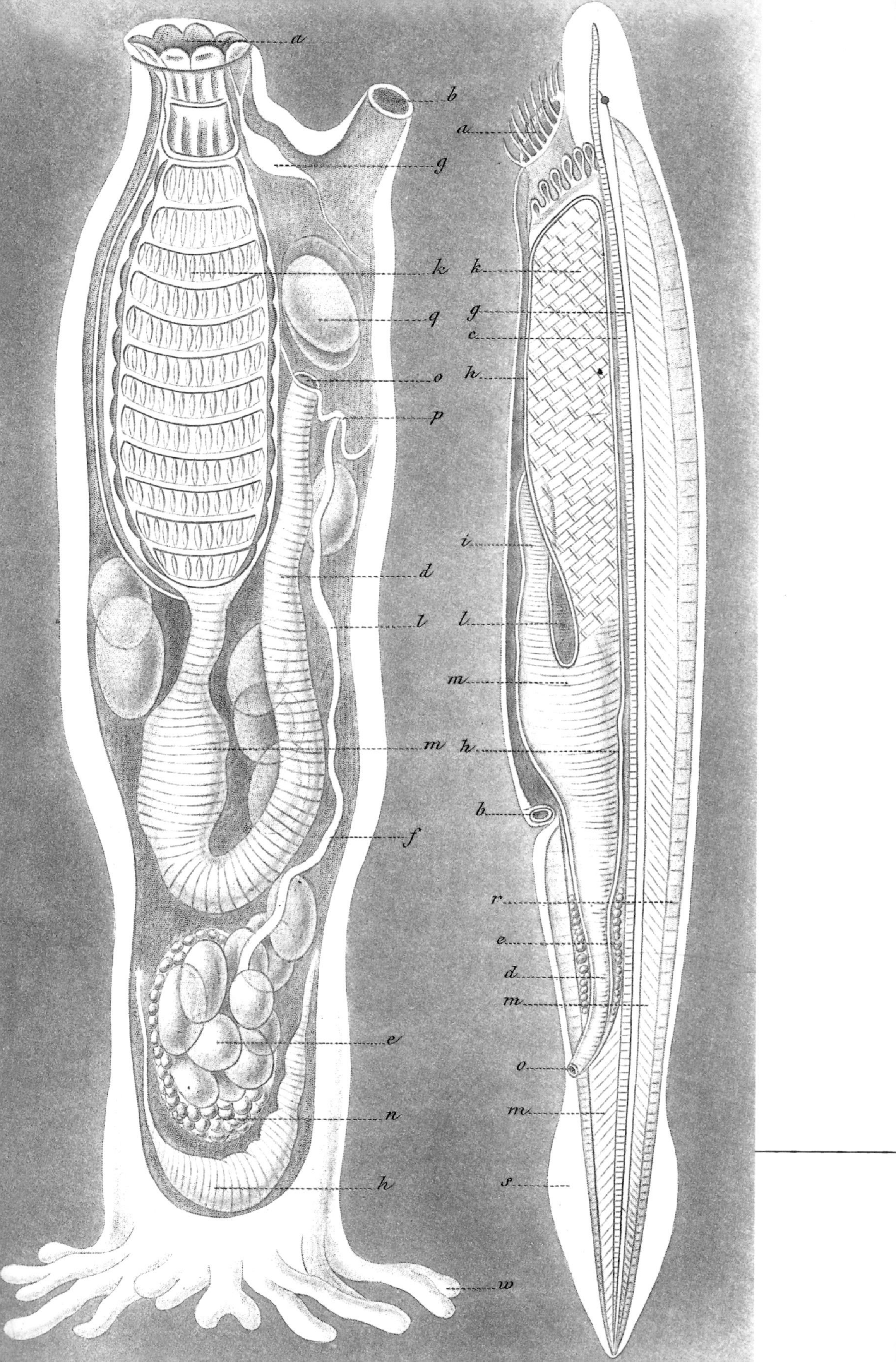
a
b
g
k
q
o
p
d
l
m
f
e
n
h
w
a
k
g
c
h
i
l
m
h
b
r
e
d
m
o
m
s

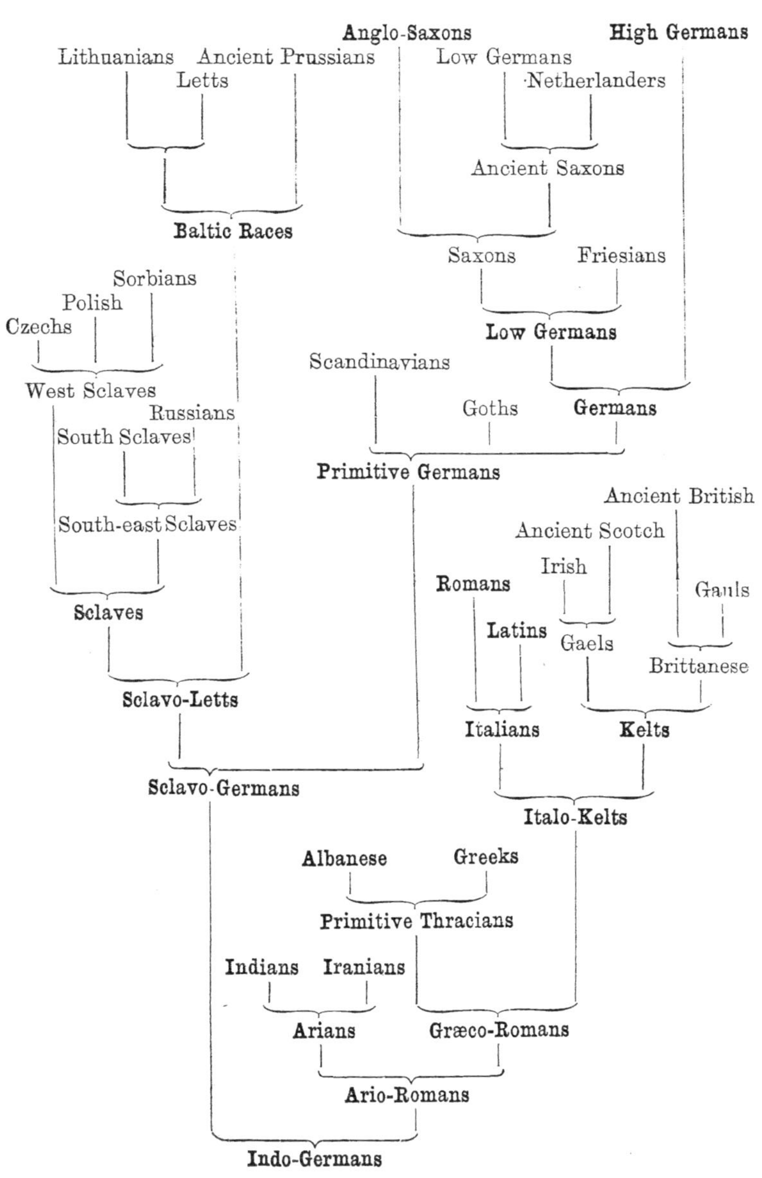

对页：恩斯特·海克尔，
《自然创造史》；海鞘和文昌鱼

上图：恩斯特·海克尔，
《人类学及人类进化史》；印欧语系谱系图

Systematic Survey showing the derivation of the germ-layers of the Amphioxus from the parent-cell (cytula), and of the main organs from the germ-layers.
(Tree showing the ontogenetic descent of the cells in the Amphioxus).[125]

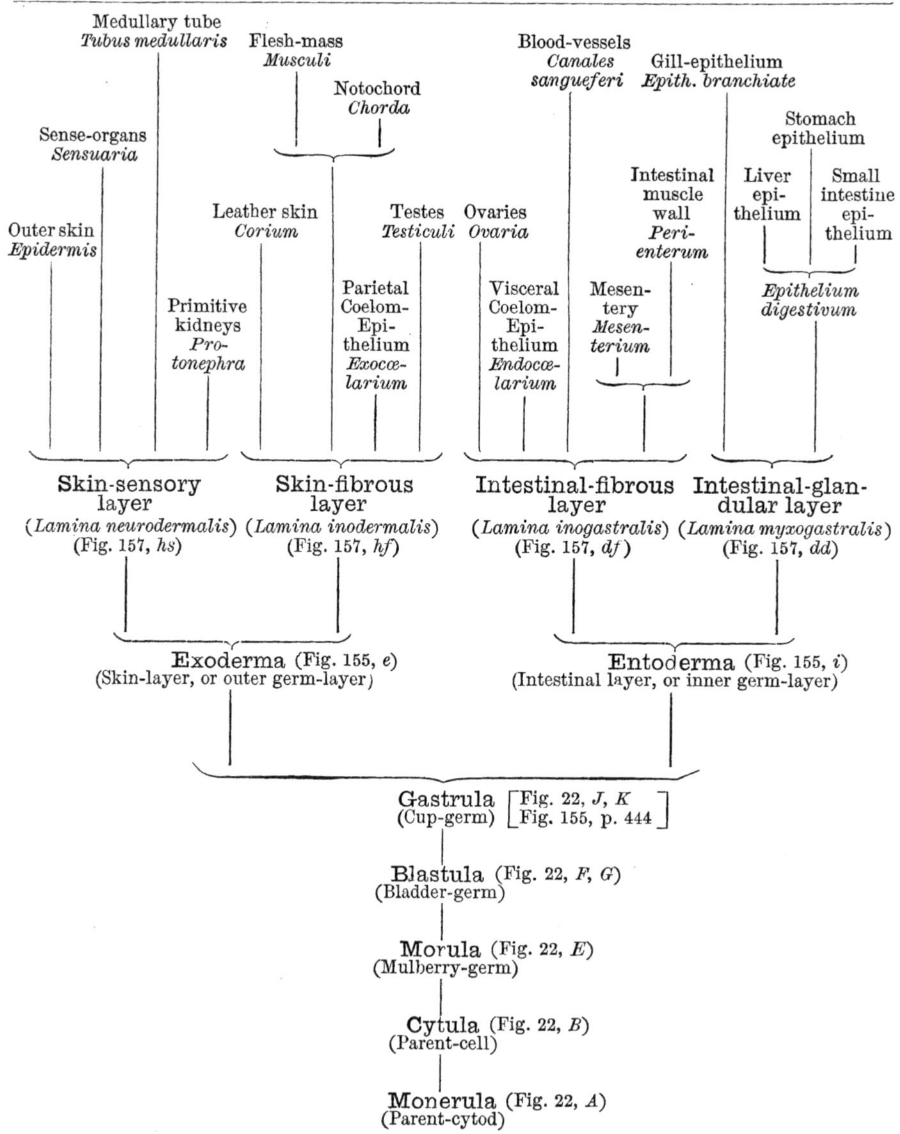

恩斯特·海克尔,《人类学及人类进化史》; 文昌鱼胚层形成的系统研究

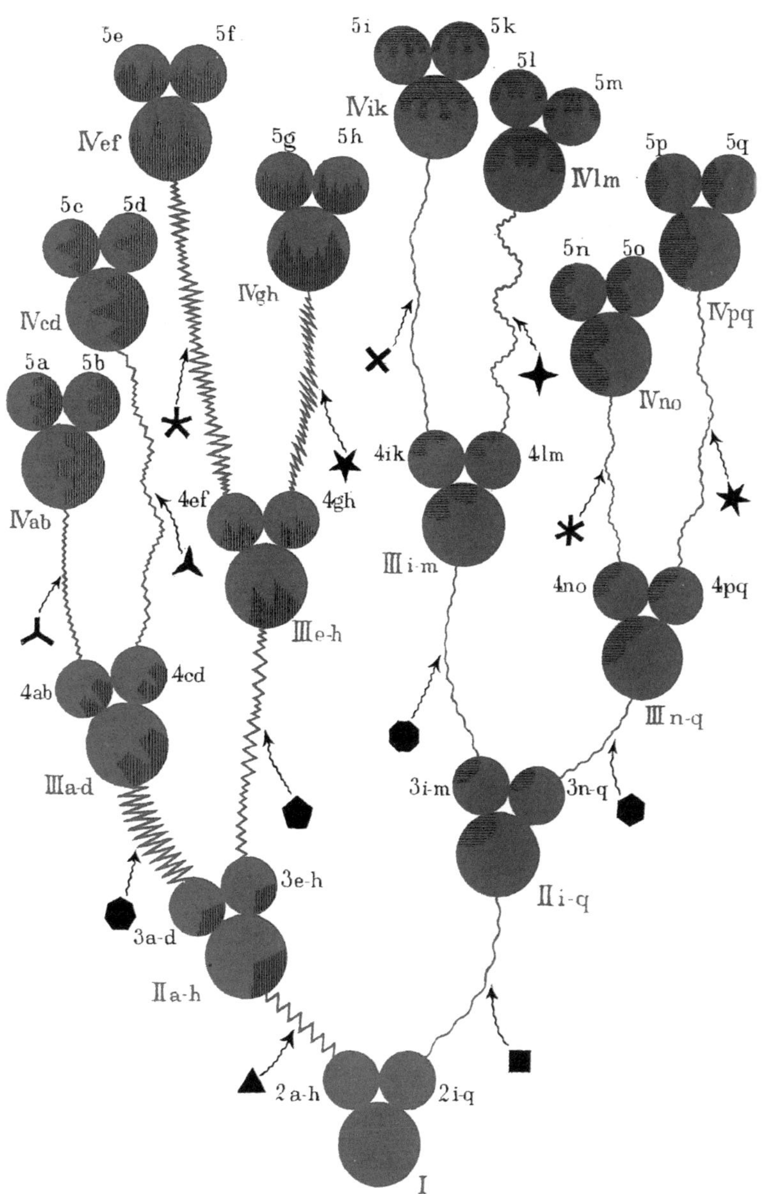

恩斯特·海克尔，
《演化论演讲与论文集》，
1902 年；
生命力在代际的传递

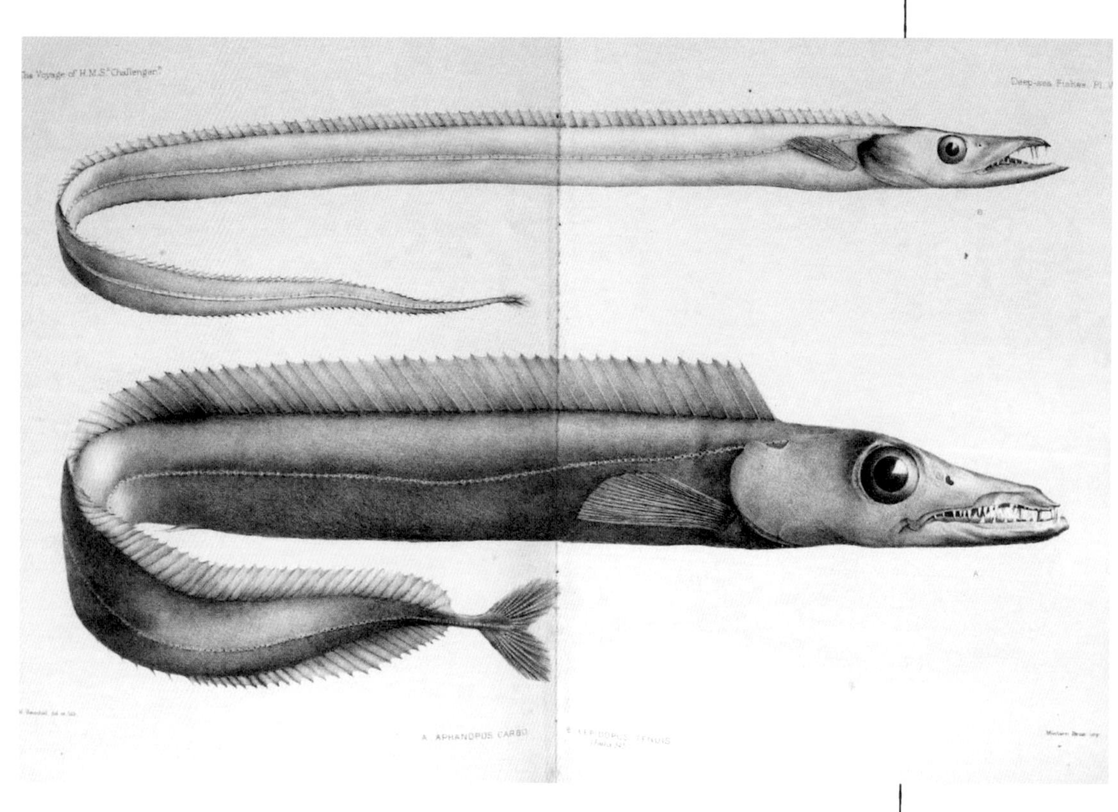

阿尔伯特·甘瑟（1830—1914），《挑战者号1873年至1876年间深海鱼类采集报告》，1887年；黑等鳍叉尾带鱼和叉尾深海带鱼，315英寻（约576米）处采集

“挑战者”号是人类首次奔赴远洋的环球海洋科考船，它也不负众望地带回了丰硕的考察成果，尤其是过去人们一无所知的深海物种。这次探险测得海洋最深处超过35500英尺（约10820米），而这一地点随后因此被命名为“挑战者深渊”。一个世纪以后，一架命途不幸的航天飞机也为了致敬这次远征而获名“挑战者”号。

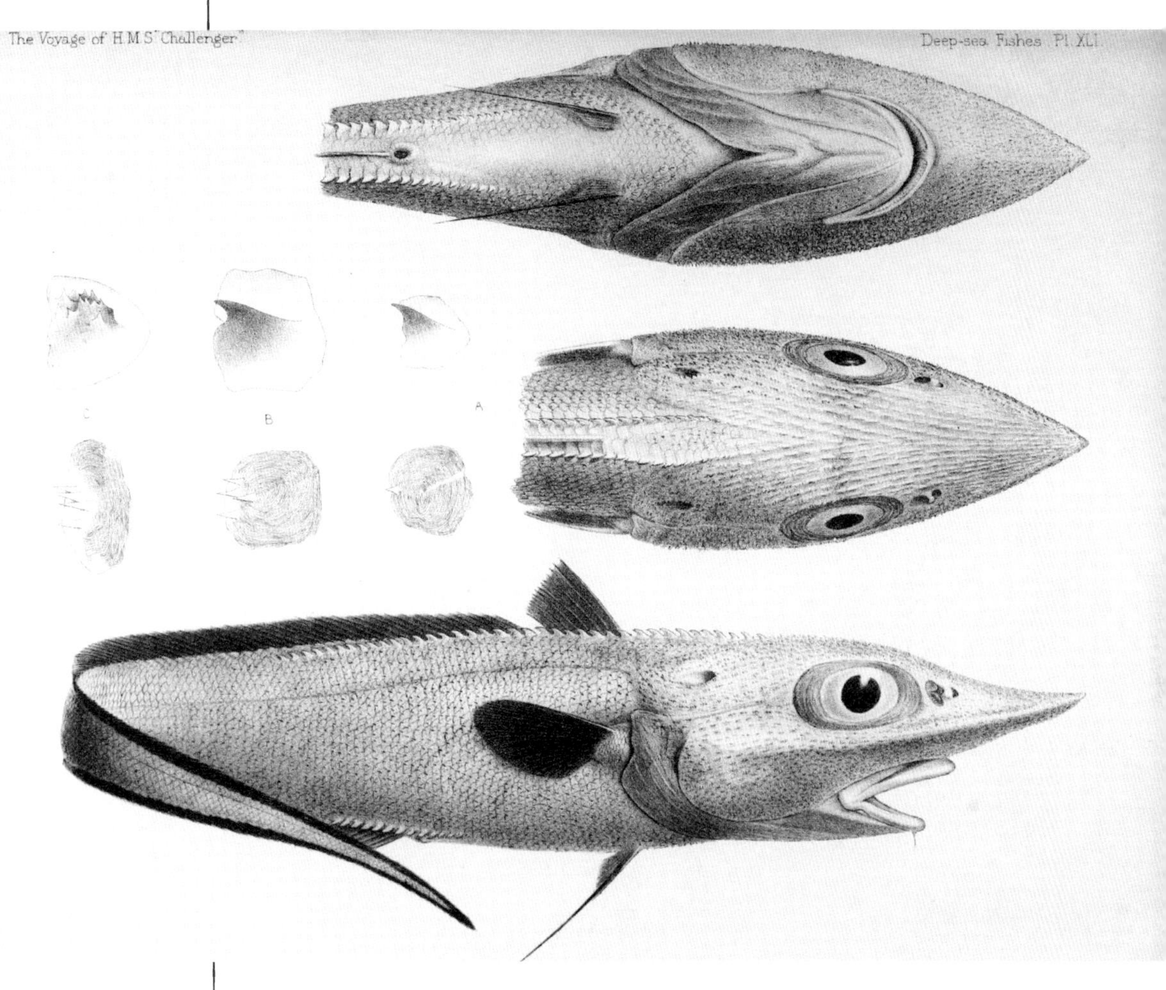

阿尔伯特·甘瑟，《挑战者号1873年至1876年间深海鱼类采集报告》；
默氏颞孔鳕，[555英寻（约1015米）处采集]；长吻颞孔鳕；粗吻颞孔鳕

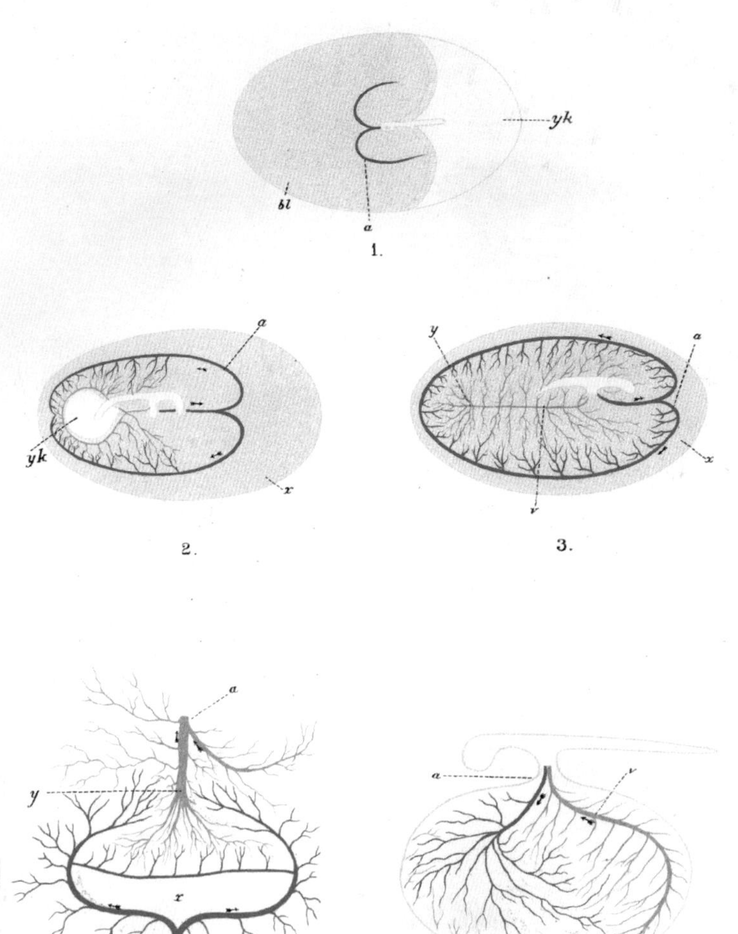

上图：
弗朗西斯·梅特兰·贝尔福（1851—1882），
《弗朗西斯·梅特兰·贝尔福作品集》，1885年；
锯尾鲨的卵黄发育

任职于剑桥大学的贝尔福对于发现和对比脊椎和无脊椎动物各自的发育过程有着杰出贡献。遗憾的是，这位年轻的生物学家在攀登阿尔卑斯山时不幸意外早逝。

对页：
阿道夫·米洛特（1857—1921），
《新拉鲁斯插图词典》，1898年；
古生物集合

这张图中展示了丰富多彩的古生物世界，只是布局稍显杂乱。远古猛犸、马、食蚁兽、犰狳、鱼、龟和软体动物纷纷抢夺着读者的目光，所有的动物都被缩小安放到了能够将它塞进画幅里的地方。

1
2
3
5
20
4
6
7
31
17
19
18
21
14
16
12
15
24
27
26
11
13
28
25
29
67
52
62
22
33
43
42
40
38
39
74
58
36
37
32
65
48
34
44
50
75
49
35
51
47
61
46
59
60
69
63
72
57
55
76
64
56
71
68
66
Millot

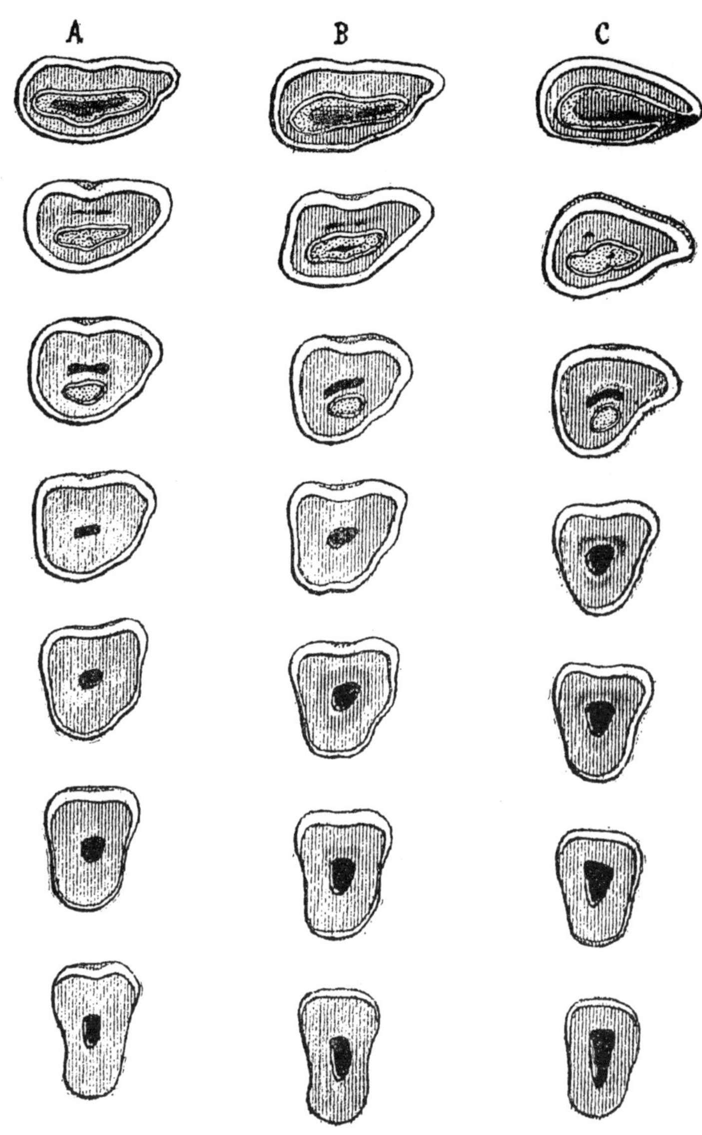

查尔斯·科纳万（1846—1897）与弗朗索瓦－泽维尔·莱斯布雷（1858—1942），《论根据牙齿对动物年龄的判断》，1894 年；五岁半马的下门齿（前齿 / 间齿 / 隅齿）

动物的牙齿是用于判断其年龄的重要指标，其准确度在不同属种中有所差别。研究者对于动物牙齿萌出的时间比较容易达成一致，但如何评估测算萌出后的磨损速度则有着争论。本图中显示了马的下门齿随时间推移的磨损模式。

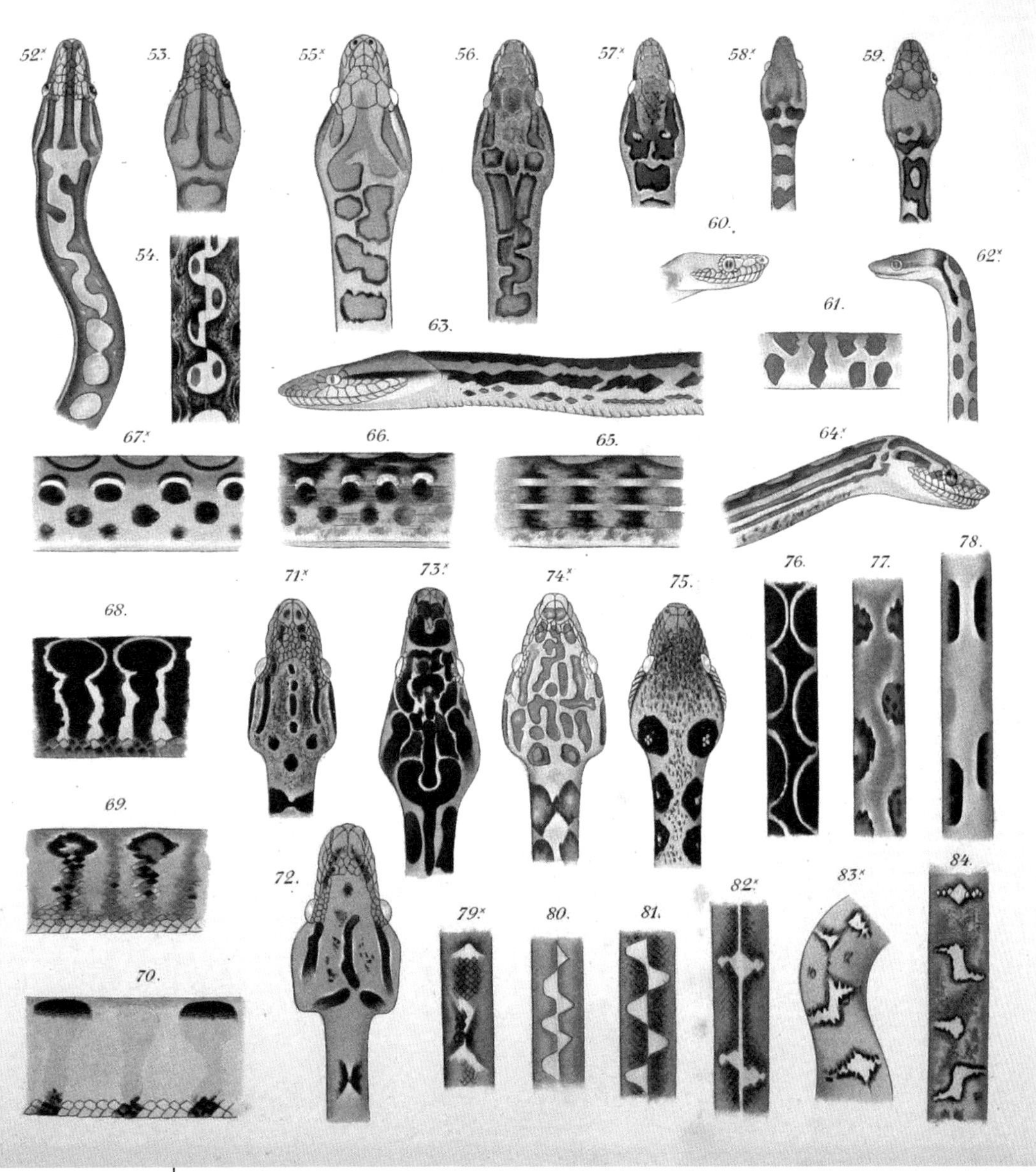

乔纳森·泽内克（1871—1959），《蟒蛇图集》，1898 年；
虹蚺和美洲树蚺

在完成这本专著后不久，泽内克便将生物学抛在了脑后，转而投入了无线电和阴极射线技术的研究并取得了重要成就。

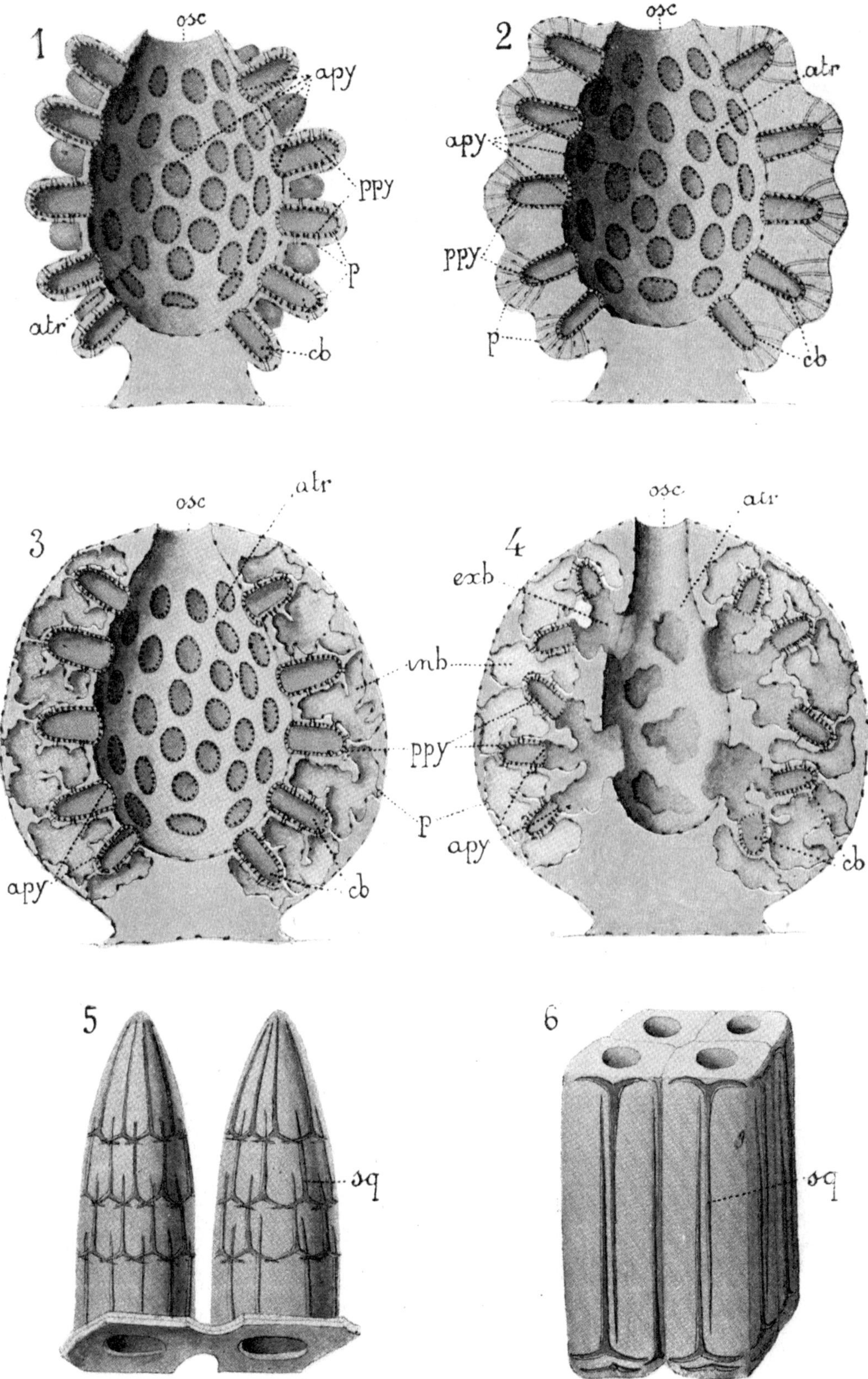
1
osc
apy
ppy
p
atr
cb
2
osc
atr
apy
ppy
p
cb
3
osc
atr
inb
ppy
p
apy
cb
4
osc
atr
exb
apy
cb
5
sq
6
sq

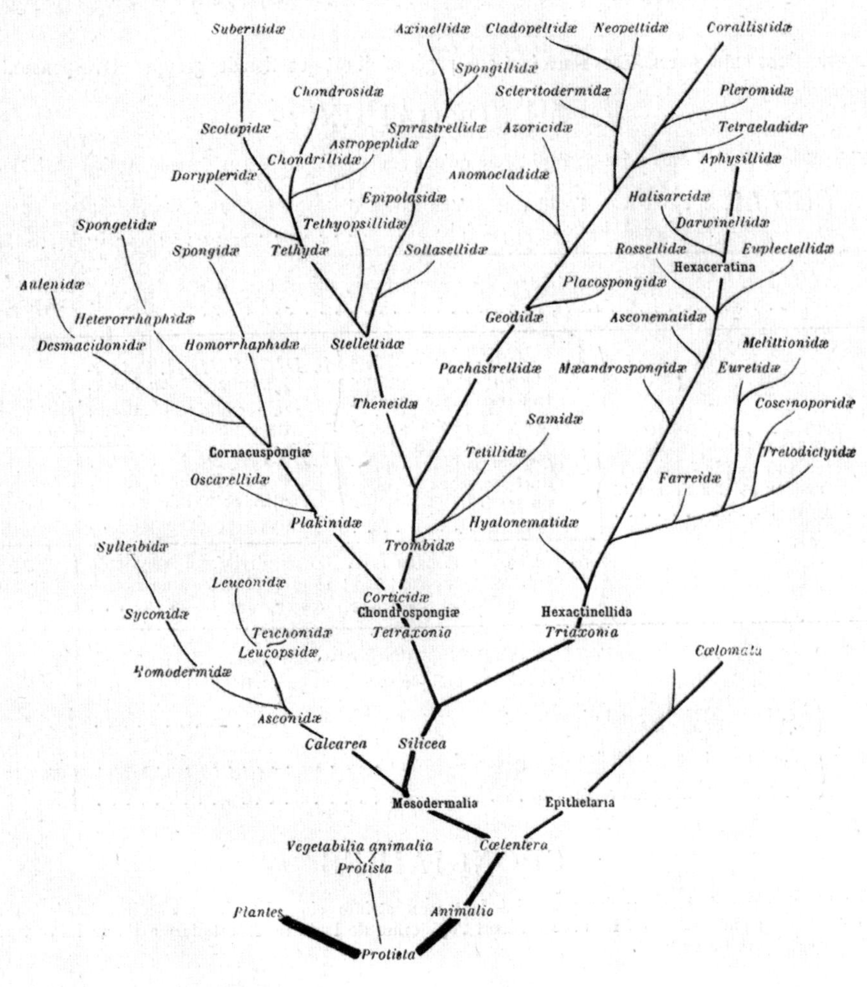

伊夫·德拉日（1854—1920）和艾德加·荷鲁德（1858—1932），《动物学（第二卷）：中生动物与海绵动物》，1898—1899 年；海绵动物谱系树（上图）；海绵（对页图）

海洋动物的多样性远高于陆地动物，因此对千奇百怪的海洋动物进行分类也有着更高的挑战性。对页图中的有些物种与我们自己这样的脊椎动物颇为相近，而有些则相隔甚远。

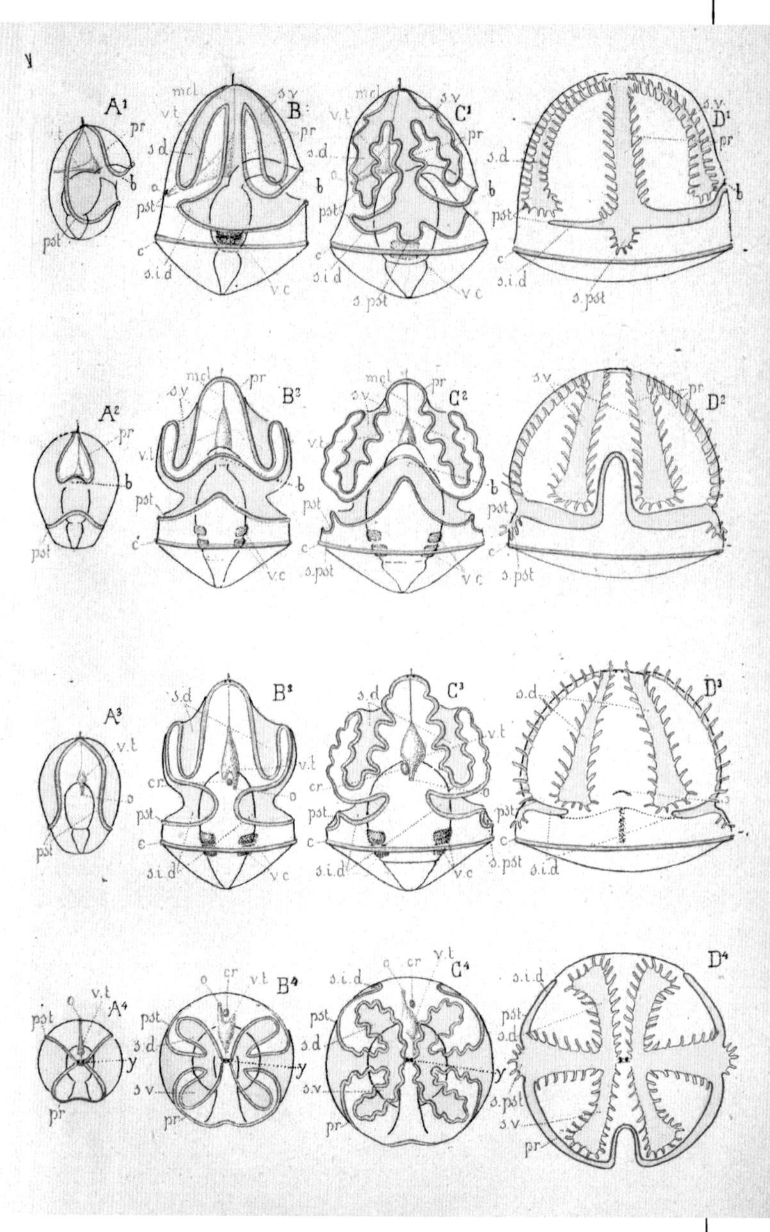

伊夫·德拉日和艾德加·荷鲁德，
《动物学（第八卷）：原索动物》，1898—1899 年；
柱头虫（上图）；海鞘（对页图）

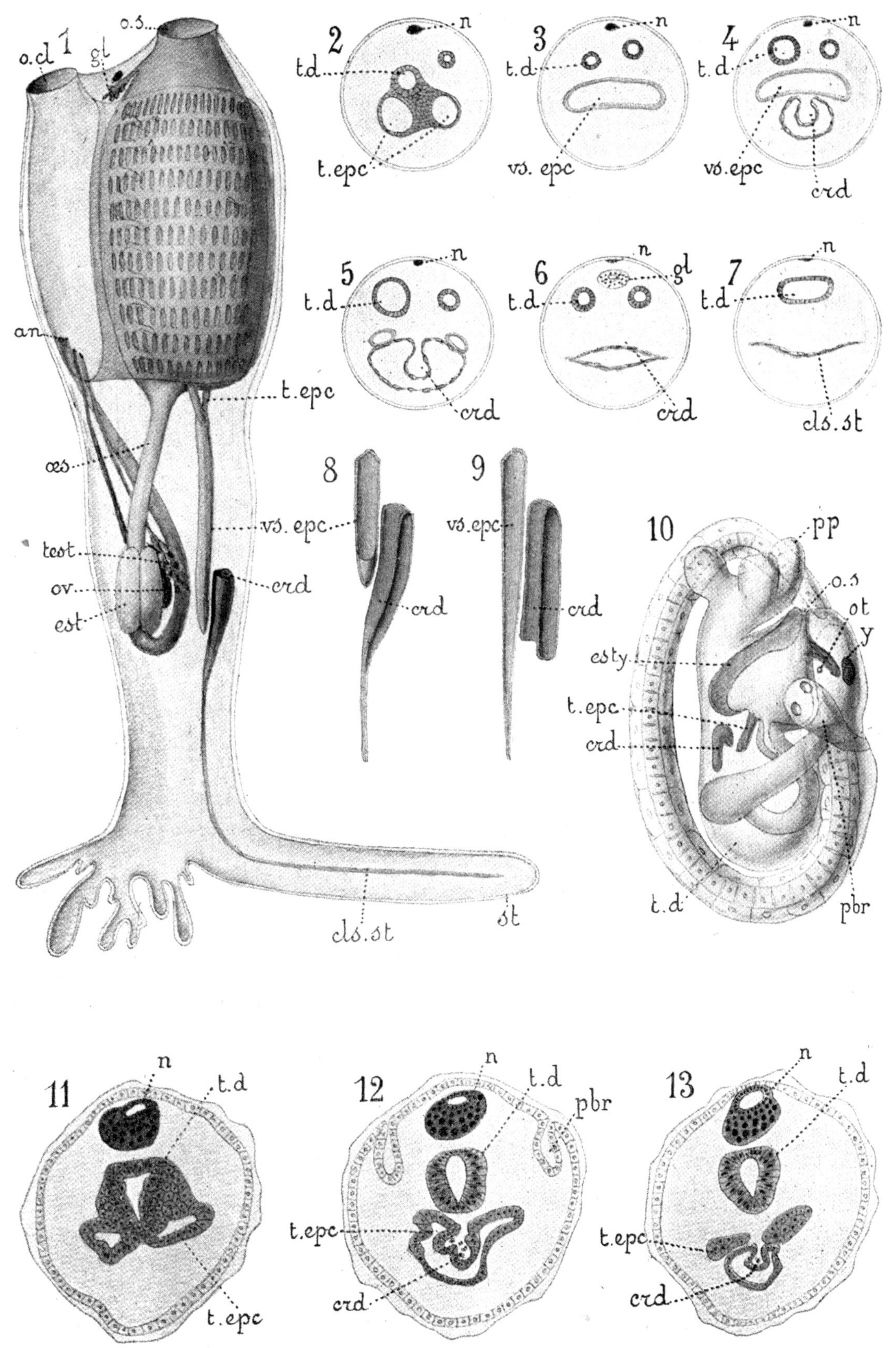
1
o.cl
o.s
gl
an
t.epc
œs
vs. epc
test
ov
est
crd
cls.st
st
2
n
t.d
t.epc
3
vs. epc
4
crd
5
6
7
8
9
10
pp
ot
y
esty
pbr
11
12
13

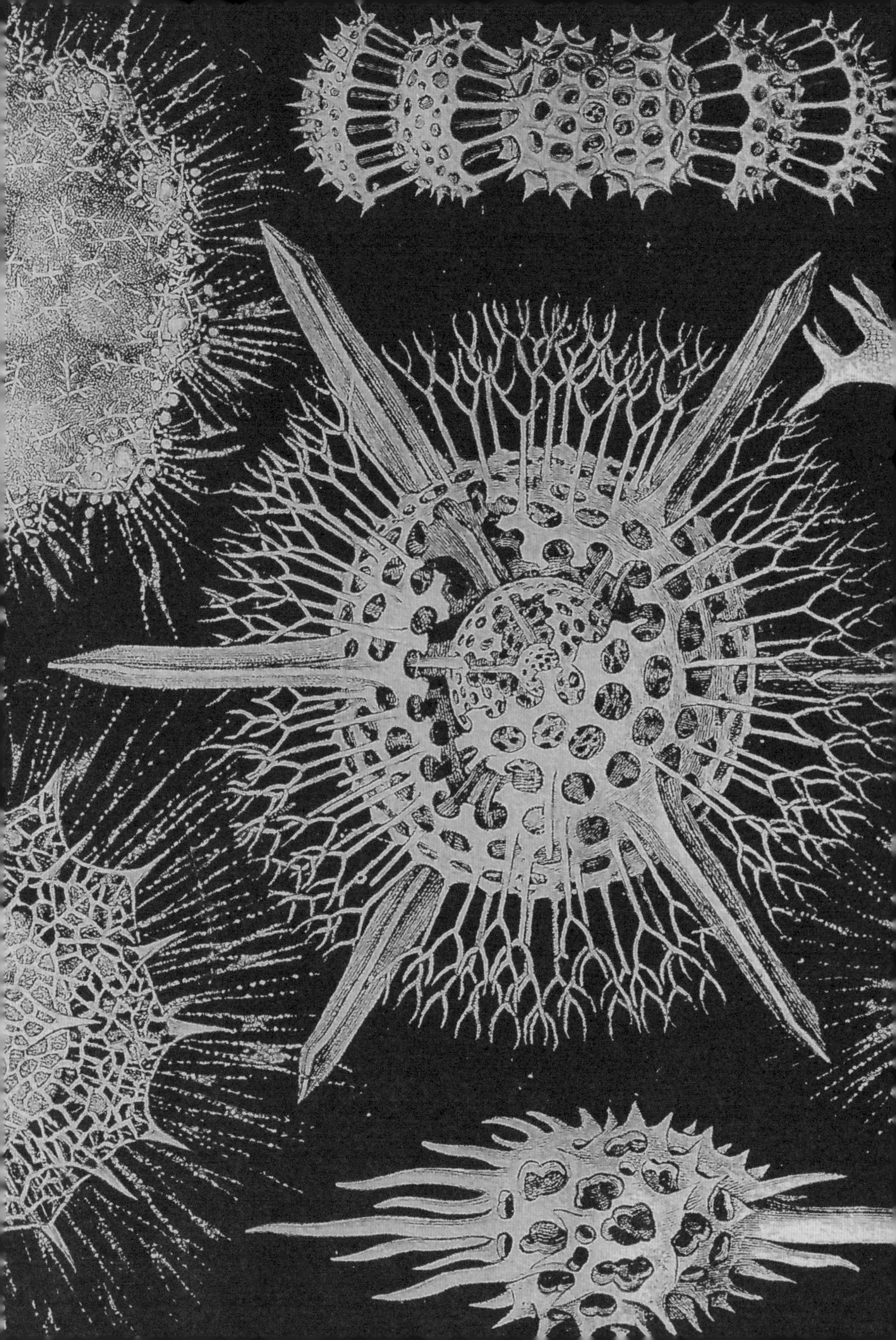

第四章

外在的样式，内在的构造

chapter 4

Outward Patterns, Inner Workings

恩斯特·海克尔，《结晶的灵魂》，1917 年；
放射虫的内部结构，由晶体建造而成。

当代世界（1900 年至今）

自 1900 年以来，动物分类发生了翻天覆地的变化。如今我们可以获取更多的资料用以进行生物分类。与此同时，从所依据的信息类型到分析的方法，我们所能获取的资料比以往任何时代都更加多种多样。

正因如此，我们就必须开辟出更具创造性的方法，来将所有信息变得可视化。现在看来，会随着时间改变而多样化的，不仅仅有物种，还有基因、染色体和基因组——对单个生物的 DNA 进行 24 小时测序所产生的信息，已经远远超出单幅图像所能承载的信息。此外，将动物分门别类也不再只是基于它们演化上的亲缘关系，还涵盖着与其有关的生态学、生物地理学、板块构造学、生物物理学、保护生物学，以及其他多维度的考量。综合所有这些信息，生物们才能被很好地描述、分类，生物图景才能得以完整表现。

对动物学影响最大的是基因领域的研究，涉及基因、染色体和 DNA。我们正处在动物分类学的巨变之中，而这场巨变始于十九世纪中叶的格雷戈尔·孟德尔（见 130 页）——尽管当人们终于感受到他的影响力之时，距离他的杂交实验已过去了无人问津的数十年。如上一章中所述，他关于遗传机制的开创性工作，早在达尔文的《物种起源》出版几年后就已见刊。然而他选择在《布尔诺自然历史学会会刊》上发表，这就意味着他的理论几乎不会被时人读到，直至二十世纪初才被科学界“重新发现”。即便如此，也是直到二十世纪五十年代 DNA 的结构被阐明，六十年代基因编码被破译，以及七十年代 DNA 测序方法得到发展，基因才真正引起了动物学家们的兴趣，人们开始从中提取想要的信息。二十世纪九十年代时人们实现了对一种动物进行全基因测序，如今我们则能做到对一个种群中的多个个体进行遗传物质的测序。

几十年过去了，人们终于意识到了孟德尔所做工作的重要性，也揭示出了基因信息如何以 DNA 分子的形式遗传，还发现了这些信息如何创造和控制生物体。由此一来，二十世纪的生物学家们遵循了两种不同的途径，自然而然地形成了两大阵营：一些生物学家专注于挖掘

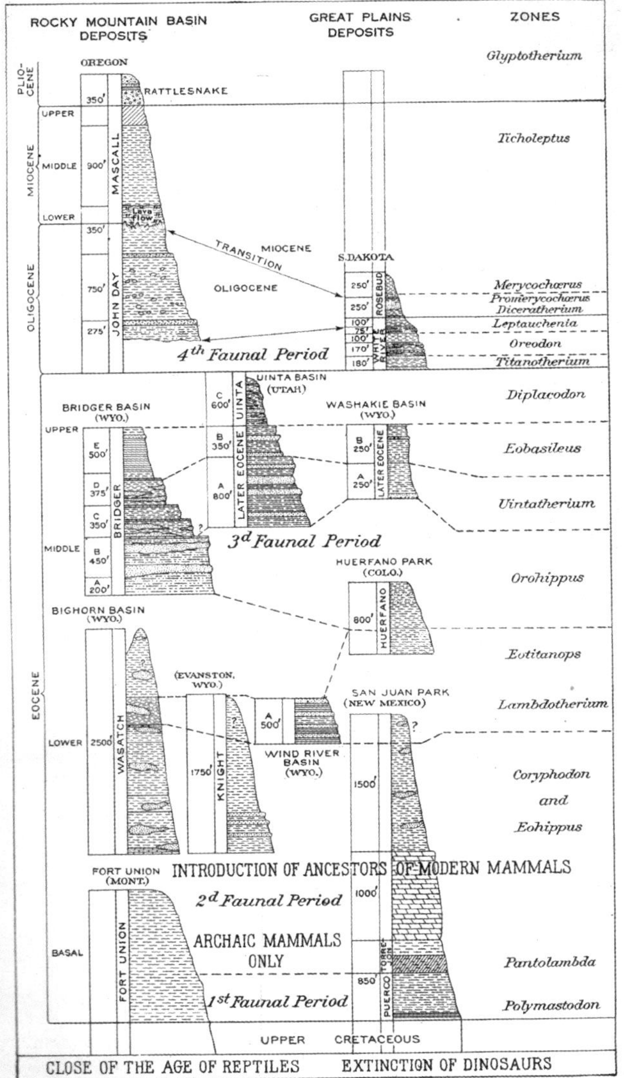

亨利·费尔菲尔德·奥斯本
(1857—1935),

《欧亚和北美的古哺乳动物时代》，1921年；位于埃及法尤姆的屈润湖北边的地层剖面，涵盖了始新世至渐新世的地层。箭头表示其中哺乳动物化石遗存最丰富的层位

这些遗传物质的细节，而另一些生物学家则在没有基因或DNA帮助的情况下，继续用传统方法进行着动物分类。

早在二十世纪二十年代，人们就已经越发地怀疑，动物的多样性也许并不像十九世纪生物学巨匠们所认为的那么简单。对海洋生物胚胎的研究显示出，恩斯特·海克尔所提出的那些关于演化进程的理论（见148页）显得有些夸大其词，经不起仔细推敲。对岩层的分析表明，不同动物的不同部分会留下很多出乎预料的化石，而且出现的顺序反复无常。科学家们甚至对达尔文和华莱士的自然选择理论也发出了疑问：自然选择到底发生得有多快？是循序渐进的，还是时而剧烈时而缓和的？演化的故事，是由那些罕见的古怪突变体来写就的吗？树状的分支，是动物多样化的唯一形式吗？那些古老而根深蒂固的动物演化树，渐渐地开始变得有些风雨飘摇了。

实际上，二十世纪中期的演化树与那些粗糙而杂乱的早期演化树比起来，已经是天壤之别了。这些新式演化树上平顺弯曲的枝杈所表现出的多样化过程，还有那些优雅的主干描绘的动物类群，都颇有一番精巧典雅的装饰艺术之韵味，往往看起来和真正的树相去甚远。演化树上彰显着“演化”这一古老概念的仿古字体已经一去不返，取而代之的是二十世纪五十年代那种排版清晰的无衬线印刷字体。这些新式的演化树外观简洁明了，传达着研究者们对动物演化关系认真而客观的探索。这种探索源自对组建动物界关系的渴求，同时带着二十世纪科学研究孜孜不倦的底色。

然而，此时的生物学家用来给动物分类的具体特征，依然与那些维多利亚时代的前辈们所使用的如出一辙。例如，从著名的北美化石层中发掘出来的大量恐龙化石，一贯是根据其骨骼的弯曲角度和各种突起来分类的。“古生物学”最原始的意思便是“研究古代生物的形态”，但很多人意想不到的是，即使发展到今天，动物的形态结构仍然是系统发育分析的关键。例如，漫长的哺乳动物演化史，很大程度上是勾勒自对牙齿和中耳听小骨形态变化的精细研究。即使是现生物种，也基本上都是按照它们的形态特征来分类的。直到二十世纪的后半叶，动物分类的主流依然是解

恩斯特·海克尔，
《结晶的灵魂》；
卷首插图

Zusammensetzung und Ableitung des Simiergebisses.

		Gebissformel.	Schema der Gebissformel.	Genetisches Schema.
Hypothetische Urprimaten.		3 1 4 3 3 1 4 3 1 4 3 1 4 3 } 32 } 44		
Affen der neuen Welt.	Cebidae.	2 1 3 3 2 1 3 2 1 3 2 1 3 3 } 24 } 36		
	Hapalidae	2 1 3 2 2 1 3 2 1 3 2 1 3 2 } 24 } 32		
Affen der alten Welt.	Cercopithecidae.	2 1 2 3 2 1 2 2 1 2 2 1 2 3 } 20 } 32		
	Anthropomorphidae	2 1 2 3 2 1 2 2 1 2 2 1 2 3 } 20 } 32		
Mensch.		2 1 2 3 2 1 2 2 1 2 2 1 2 3 } 20 } 32		

马克斯·韦伯
（1852—1937），
《哺乳动物》，1927 年；
猴类齿列的组成和演变

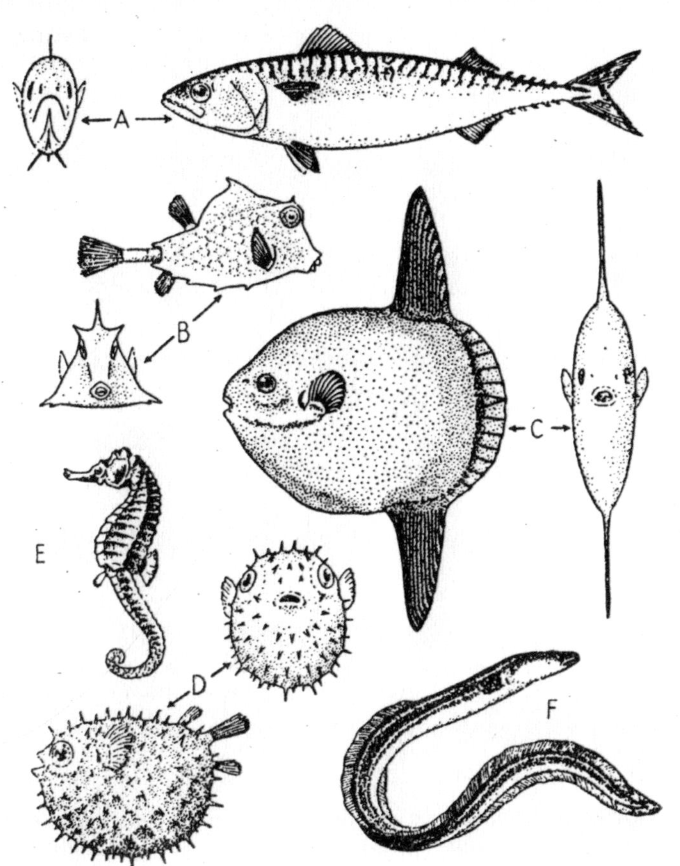

约翰·扎卡里·杨
(1907—1997),
《脊椎动物的生活》，1950 年；
鱼类的形态

剖学，而并非遗传学。

没过多久，二十世纪中期带有柔美曲线的演化树，就被一种线条硬朗的全新分类系统所取代了。分支系统学（Cladistics，来自希腊语单词“分支”）是一种新的分类学设想，有着简明的逻辑——基于一套类似运算法的简单规则来给物种分类。依据这种方法得出的演化树有着不多不少恰到好处的简约性。

随着分支系统学的出现，林奈当年旧有的分类学阶元几乎都要被抛弃了——“界”“属”“门”等概念都被废除了，只有“种”幸存下来。所有的这些分类阶元都被单一的分类单位所取代：支系。一个支系被定义为一个集团，这个集团包含了由一个共同祖先演化而来的所有物种，而它们都从那个祖先身上继承了一系列的共同特征，因此这些特征具有独特的鉴别意义。例如，哺乳动物被认为是一个支系，因为所有的哺乳动物都是同一个祖先的后代，这个共同祖先能用乳汁哺育幼崽。分支系统学的一大优点是，可以适用于不同类型的各种数据。近年来，DNA 序列被证明和骨骼上的凹凸一样，也对研究生物物种的族谱大有用处。

分支系统学实际上很简单。尽管一个支系中套着另一个支系，而且关于如何定义支系还有着持续不断的争议，但是任何支系的划分都遵循着一贯的简约思想。所有这一切的形象化产物就是一棵树，这棵

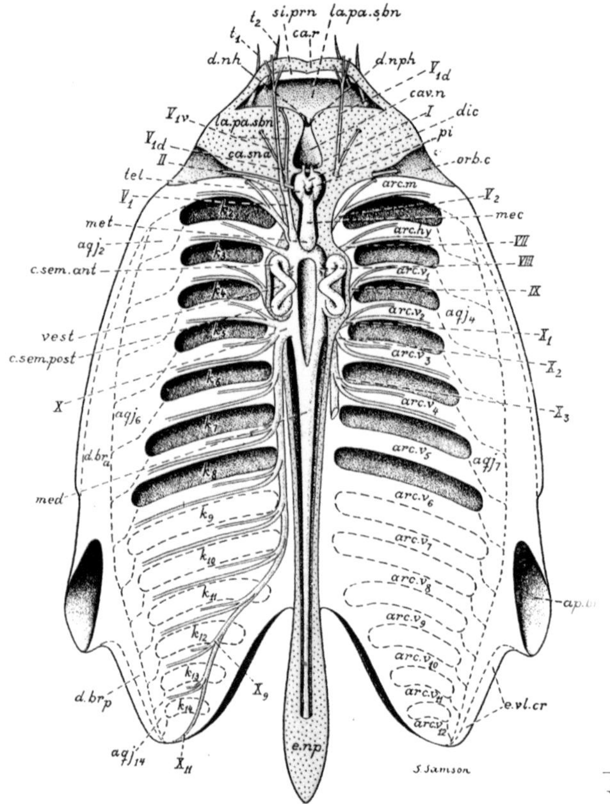

皮埃尔－保罗·格拉斯
（1895—1985），
《动物学第十三卷：无颌类和有颌鱼类》，1958 年；
***Simopteraspis primaeval*，（一种无颌类动物）**

树由一系列连续的二分支构成，在树梢的末端是现生的物种，在树的根部则是假设出来的未知祖先。画物种的分支图就像画一棵树那样简单，实际上和《物种起源》中唯一的那幅插图（见 121 页）没有什么不同。开玩笑地说，这种简单的支序图简直就像是抽象派画家皮特·蒙德里安匆匆忙忙画出来的一样。

分支系统学从以往的动物分类中去除了许多假设。分支系统学认为，生物演化以分支树的模式进行，但这些分支究竟是在何时何地如何发生的，这些信息其实并没有什么意义。而且，生物演化丝毫没有趋近完美的趋势——在演化支序图上，某种动物永远不会比其他动物更优越，它仅仅是整体中的一个成员。有一些物种可能保留了更多的祖先特征，而另一些物种则继承了更多的新特征，但每一个演化产物都是无所谓孰优孰劣的。支序图中并不存在进阶性演化的暗示，我们能看到的只是随着时间的推移，物种多样性的不断增加，以及自然选择这只无情之手的推动。此外，每一棵分支树都只是推论物种间演化关系的暂时性假说，只在一段时间内符合对现有数据的分析结果，而新数据的出现则会拆解和替代它。

演化支序图这一概念的纯粹性为其赋予了鲜明而棱角分明的美，从而吸引了现代人的目光。正如卡罗尔·巴兰格在《生命之树：向达尔文致敬》第 233 页中所写的那样，分支图的简洁原则让它的形式和排列更加灵活。支序图虽然不具有十九世纪演化树那般视觉上的庄重感，

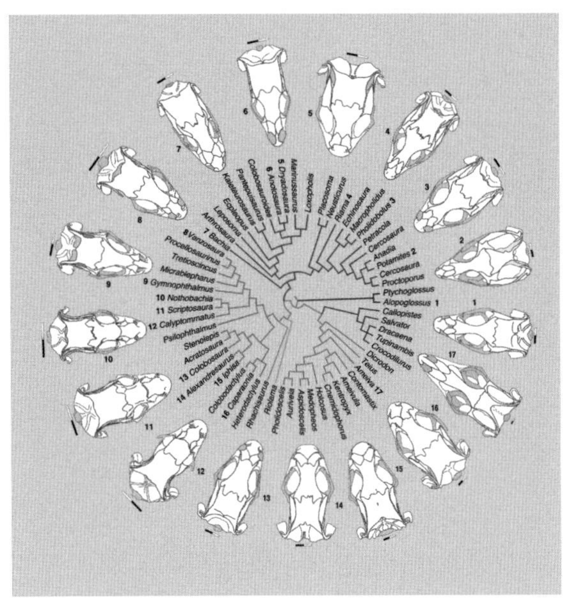

克里斯蒂安·埃尔南德斯·莫拉莱斯等，

环状系统发育树，
显示了棵眼蜥超科（有鳞类）不同属之间的
头骨形态差异，2019 年，
《解剖学记录》，302 卷，封面

但它这种轻盈的形式会让当代的动物学家们不禁感受到，那份真正的科学所透出的纯粹与透彻。

在进一步摆脱生物学假设的过程中，许多现代的演化树已经完全脱离树的形状了。“表型分类学”（phenetics）比分支系统学更为激进，主张彻底抛弃动物之间的演化关联，而仅仅追求量化物种之间的相似性——这常常通过计算机制定的数学过程来测算。与表型分类学的思路相呼应的是，十九世纪早期动物学家的分类模式就曾以物种间的“相似性”为准，而刻意模糊了物种间的亲缘关系。这种动物分类的新形式，似乎只是单纯传达了一个大家心照不宣的念头：也许有一天，相似性可能会成为演化关系的唯一标志。

与那些整齐的有根树不同，近年来的动物分类模式常常用一系列相互连接的线条来展现，这些线条的长度代表了两端所连接的物种间的相似性，距离越远的相似性越低。其结果是形成一个不规则的无根树，有很多分支，而表示单个物种的点则从这堆连线的边缘发散出来。然而，这些十分杂乱的爆发式物种关系，似乎激发了动物学家们去追求更大的目标：许多人试图创造出一个辐射状分支图，来连接起地球上的所有已知物种。这些新的大型演化树的建立，通常要基于遗传信息。所有生物都共同具有的物质少之又少，而 DNA 正是其中之一。在这样一个涵盖了所有生物的生命之树上，其中一个角落里的一根微小分支末端上长着三个小芽，它们分别代表着人类、酵母菌和玉米。最终，自以为傲的人类被安置在了我们应得的位置上，“降级”到了这庞大有机体网络中一个极小的边缘地带，而旁边则是我们的近亲：酵母菌和玉米。

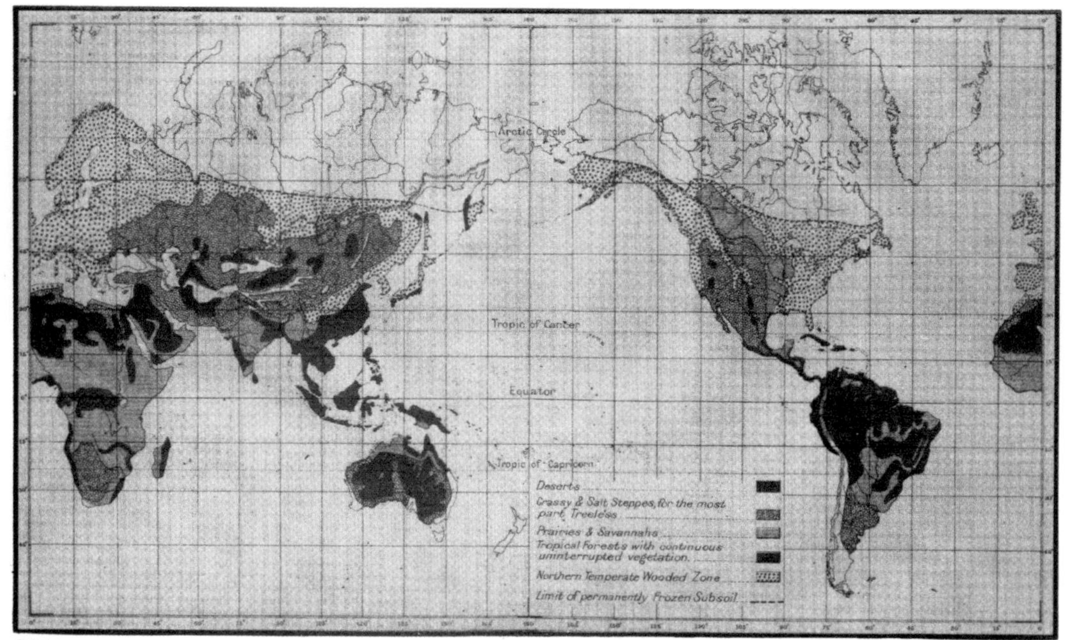

H. Gadow.

PHYSICAL FEATURES OF THE WORLD AFFECTING THE GEOGRAPHICAL DISTRIBUTION OF AMPHIBIA AND REPTILES.

Stanford's Geog! Estab! London.

汉斯·弗里德里希·加多（1855—1928），
《两栖动物与爬行动物》，1901 年；
影响两栖动物和爬行动物世界地理分布的物理因素（上图）；
爬行动物的头骨，着重显示出了眶后颞区的颞弓组成（对页图）

加多的故乡在波美拉尼亚，主要工作地点在剑桥。他对动物学具有广泛的兴趣，最广为人知的工作之一便是其对两栖动物和爬行动物的调查研究。上方的世界地图显示了两栖动物和爬行动物在全球的分布情况——这两类动物比哺乳动物和鸟类的分布更加局限，因为它们对外界温度有更强的依赖性，同时两栖动物还需要较高的湿度。有的陆生脊椎动物的头骨后侧会有孔洞，即“颞孔”（fenestrae），对页插图显示了颞孔样式在经典陆生脊椎动物分类学中的重要性。

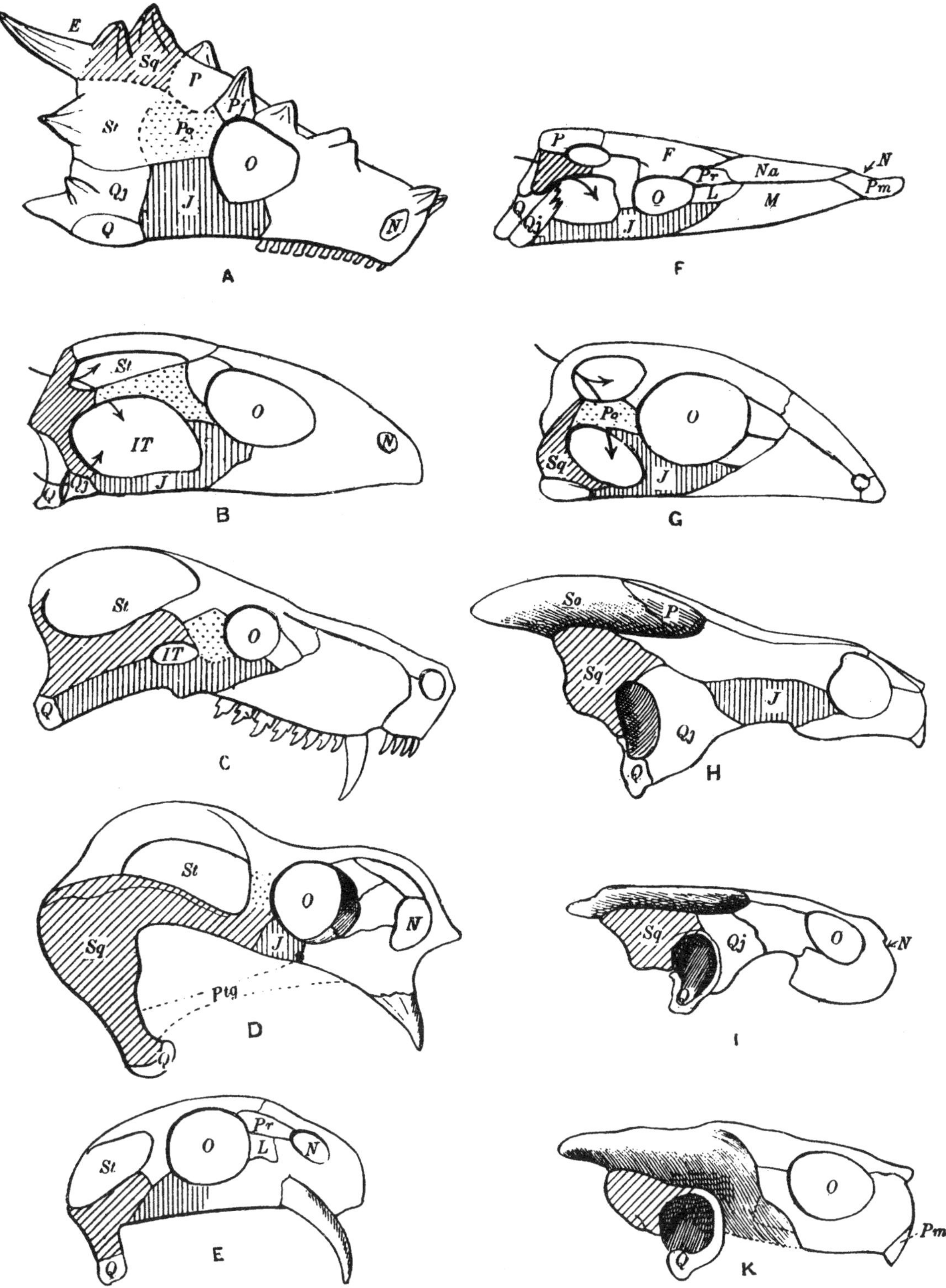

E
Sq
P
Pf
St
Po
O
Qj
J
Q
N
A
P
F
Pr
Na
N
O
L
M
Pm
Q
Qj
J
F
St
O
IT
N
Q
Qj
J
B
Po
O
Sq
J
G
St
O
IT
Q
C
So
P
Sq
J
Qj
Q
H
St
O
Sq
J
N
Ptg
Q
D
Sq
Qj
O
N
Q
I
Pr
O
L
N
St
Q
E
O
Pm
Q
K

1
3
29
46
37
38
43
4
45
44
28
2
5
35
47
27
7
8
26
25
6
32
42
36
24
9
10
30
11
33
23
41
39
48
49
12
22
16
31
34
20
21
40
13
14
18
19
53
15
56
17
58
50
57
55
59
69
54
60
61
62
66
67
68
52
63
64
65
70
71
72
51

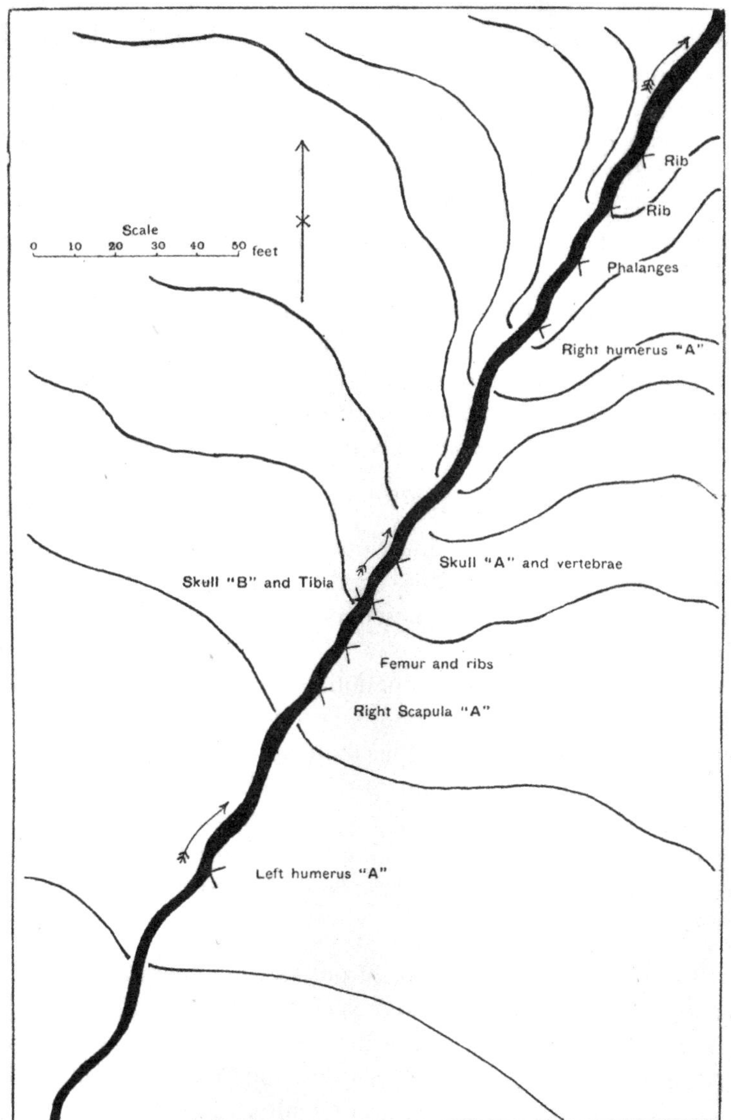

温弗里德·达克沃斯（1870—1956），《剑桥大学解剖学院，关于人类学实验室的研究》，1904 年；流水对骨骼的分散力

化石的形成是一个有选择性的过程。只有一小部分动物残骸会保存成化石，而形成化石的位置也取决于环境条件。这是一张河流的示意图：在化石形成之前，地表水是控制骨骼搬运的主要因素之一，来自同一物种的某一部分骨骼可能会在河流的特定位置积累，于是就造成了相同骨骼的集中堆积。

对页：阿道夫·米洛特（1857—1921），《新拉鲁斯插图词典》，1897—1904 年；蛋与卵

从古到今，在生物学甚至哲学层面上，蛋一直是人们心中的一个谜——不过往往是美丽的谜，正如此处插图中所绘。与哺乳动物体内微小的卵母细胞不同，大部分生物产的蛋都不小，其中富含着充足的营养，以供后代有一个顺利的生命开端。甚至开花植物的卵细胞，如今也被看作是动物卵细胞的对等物。

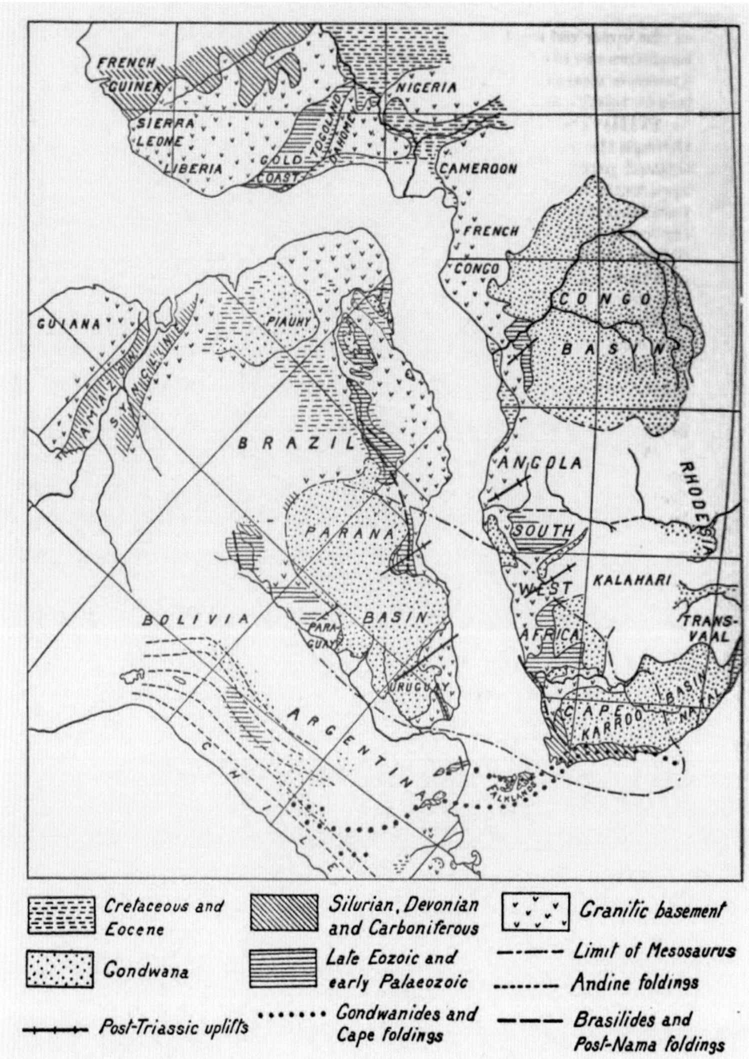

亚历山大·洛吉·杜·托伊特（1878—1948），
《南美洲与南非的地质情况比较》，1927 年；
在板块漂移理论的框架下，提出了大陆重建假说

生物学在二十世纪时再次与地质学得到了结合，人们认识到大陆漂移是影响动物演化和化石保存的主要外因。此前的学者们已经注意到，一些陆地的海岸轮廓虽然隔着大洋却可以遥相呼应，有着令人难以置信的一一对应关系。但是直到 1912 年，德国地球物理学家阿尔弗雷德·魏格纳才首先发表了对大陆漂移的系统性记述。在随后的几十年里地质学家逐渐认识到，地壳由许多处于不断运动、分离和碰撞状态的板块组成。如同一个世纪前演化的发现之于生物学家一样，对板块构造的认识之于地质学家而言，也具有革命性的意义。

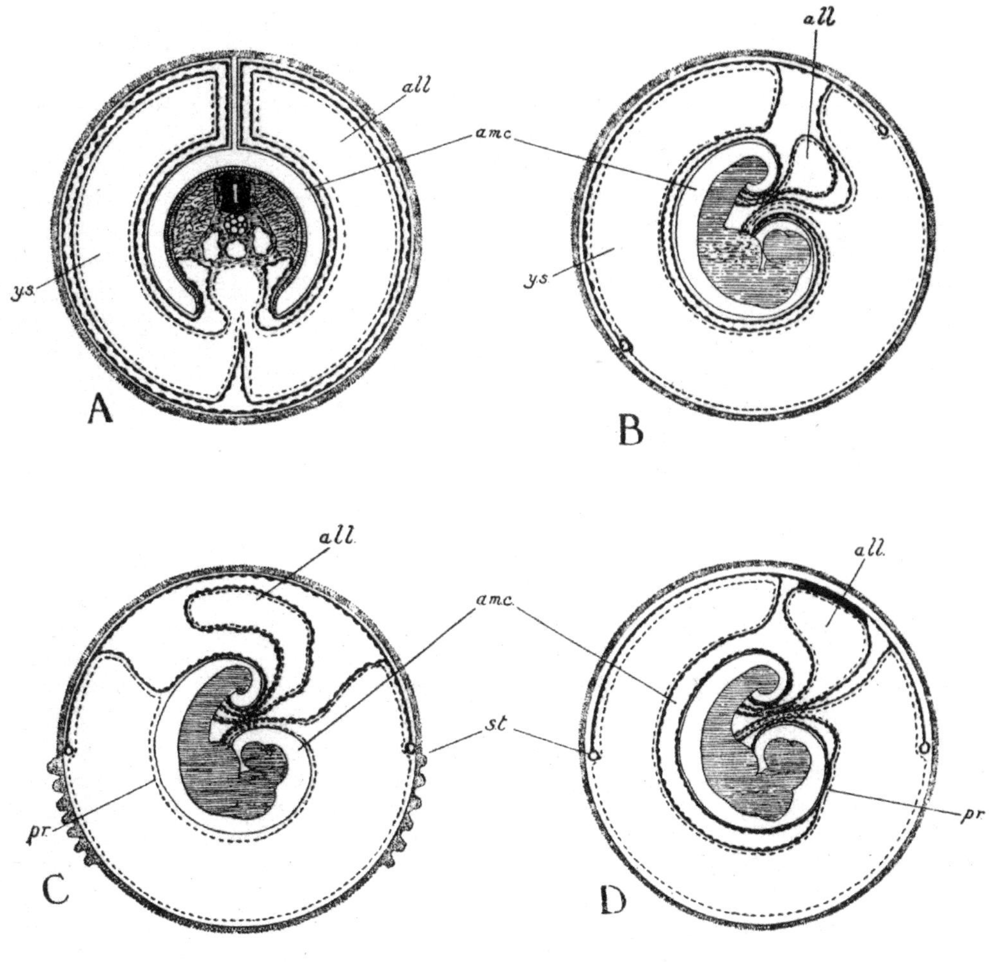

约翰·詹金森（1871—1915），
《脊椎动物胚胎学》，1913 年；
单孔类（A）和三种有袋类（BCD）的胎膜

脊椎动物的蛋或子宫中有一层由细胞组成的膜，包围着发育中的胚胎，这就是胎膜。脊椎动物可以根据胎膜进行分类。例如，与两栖动物和鱼类不同，爬行动物、鸟类和哺乳动物都有四层胎膜。哺乳动物演化史上存在从卵生到胎生的转变，胎膜对于研究这个过程如何发生，也起到了重要的作用。因此，这里对有关这一问题的关键类群——单孔类和有袋类的胎膜进行了分析。

1
2
3
4
5
6
7
8
9
10

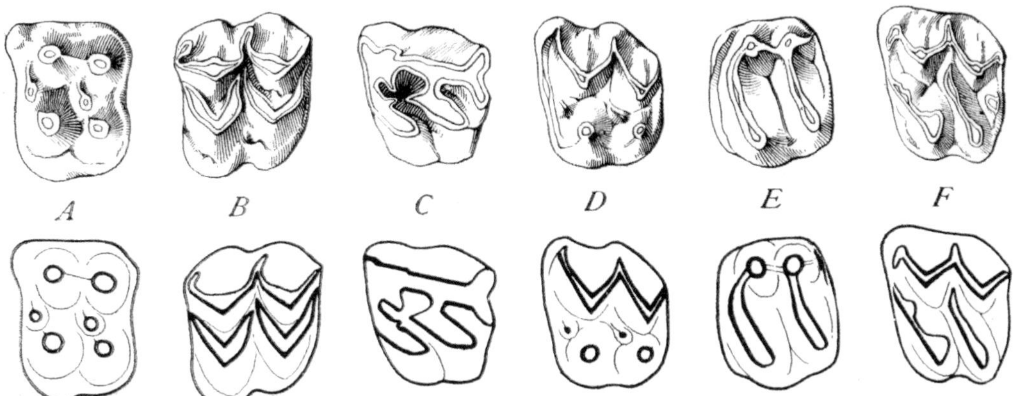

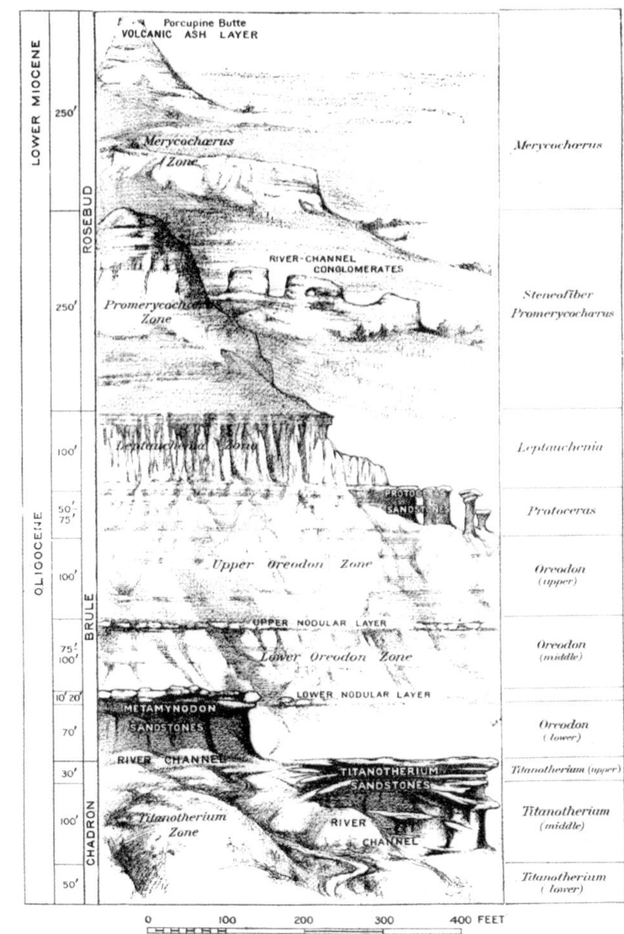

By permission of the American Museum of Natural History.

亨利·费尔菲尔德·奥斯本（1857—1935），《欧亚和北美的古哺乳动物时代》，1921 年；臼齿或磨牙的类型（上图）；南达科他州白河南岸，渐新世和中新世岩层露头的全景图（右图）

奥斯本长期担任美国自然历史博物馆的馆长，多次参与了美国西部的地层和化石调查。正是他和同事的大量工作，使得美国西部成为世界上古生物序列发现最为完整的地区之一。

对页：
恩斯特·海克尔，《结晶的灵魂》；
放射虫的内部结构，
由晶体建造而成

尽管海克尔的作品在进入二十世纪后已变得越来越晦涩难懂，甚至自创出了一套新的宗教信仰，但他仍然在继续积极地发表作品。不管人们如何看待《结晶的灵魂：无机生命的研究》中的文字内容，我们不得不承认，这本书中所描绘的单细胞海洋生物的结晶骨架，依旧与海克尔所有的早期作品一样美轮美奂。

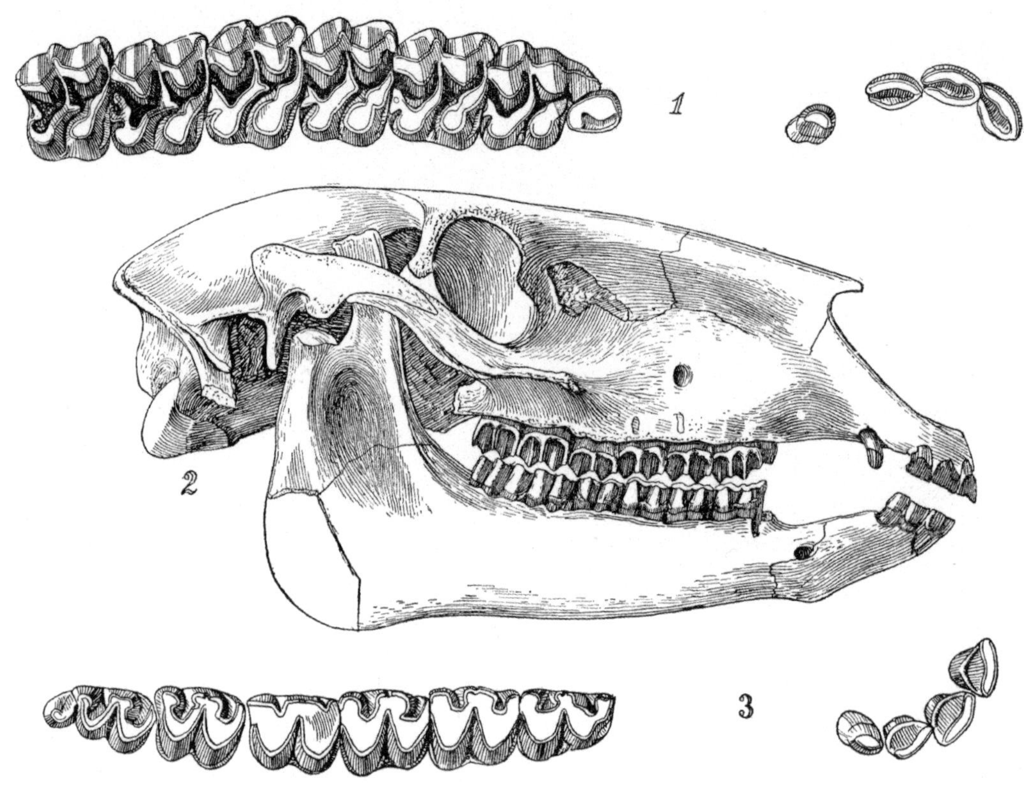

亨利·费尔菲尔德·奥斯本，《北美渐新世、中新世和上新世的马科动物》，1918 年；内布拉斯加副马（*Parahippus nebrascensis*）的头骨和齿列类型（上图）；副马的前肢（对页上图）；西部平原和俄勒冈地区含化石层的广泛对比（对页下图）

在各种动物支系中，马类的化石记录保存得最为完整，这使得古生物学家不仅能够追溯远古的马类，了解其如何从齿列没有特化，且蹄子上有多个趾的小型动物，演变成今天的高头大马，还能够获知马类演化树上那些早已灭绝的成员是如何出现、迁徙和消亡的。

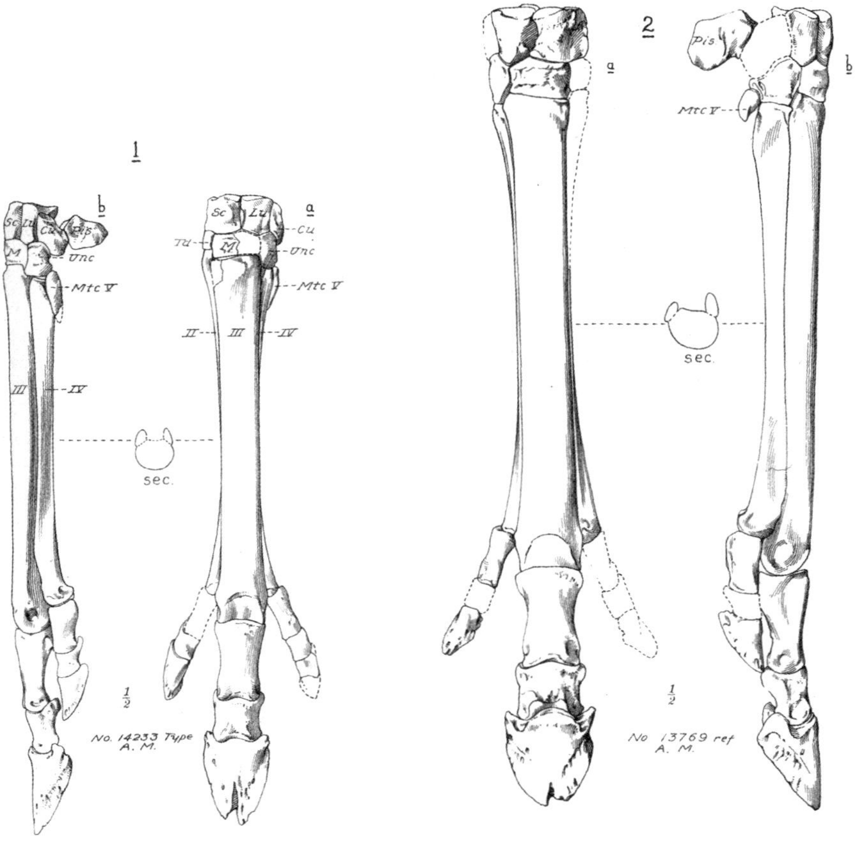

1

2

Parahippus pawniensis atavus

No. 14233 Type A. M.

Parahippus tyleri

No. 13769 ref A. M.

L.M.S.

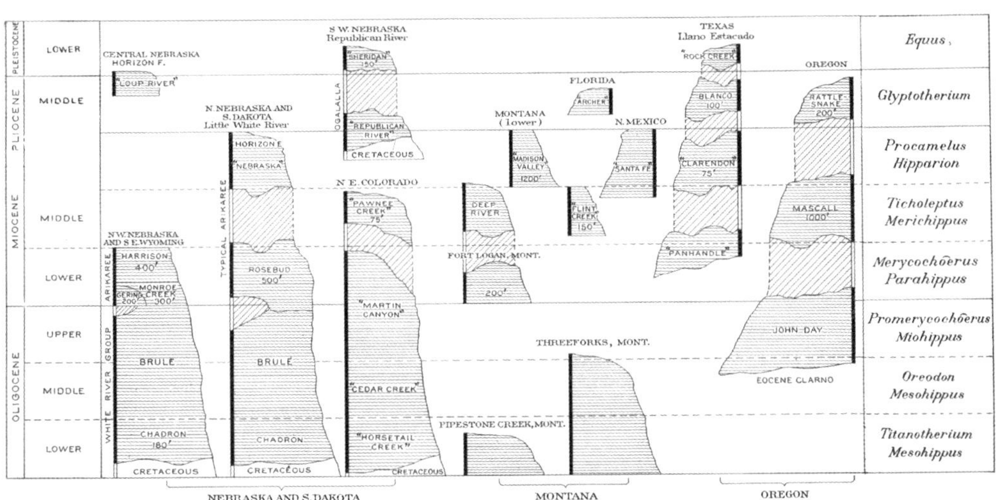

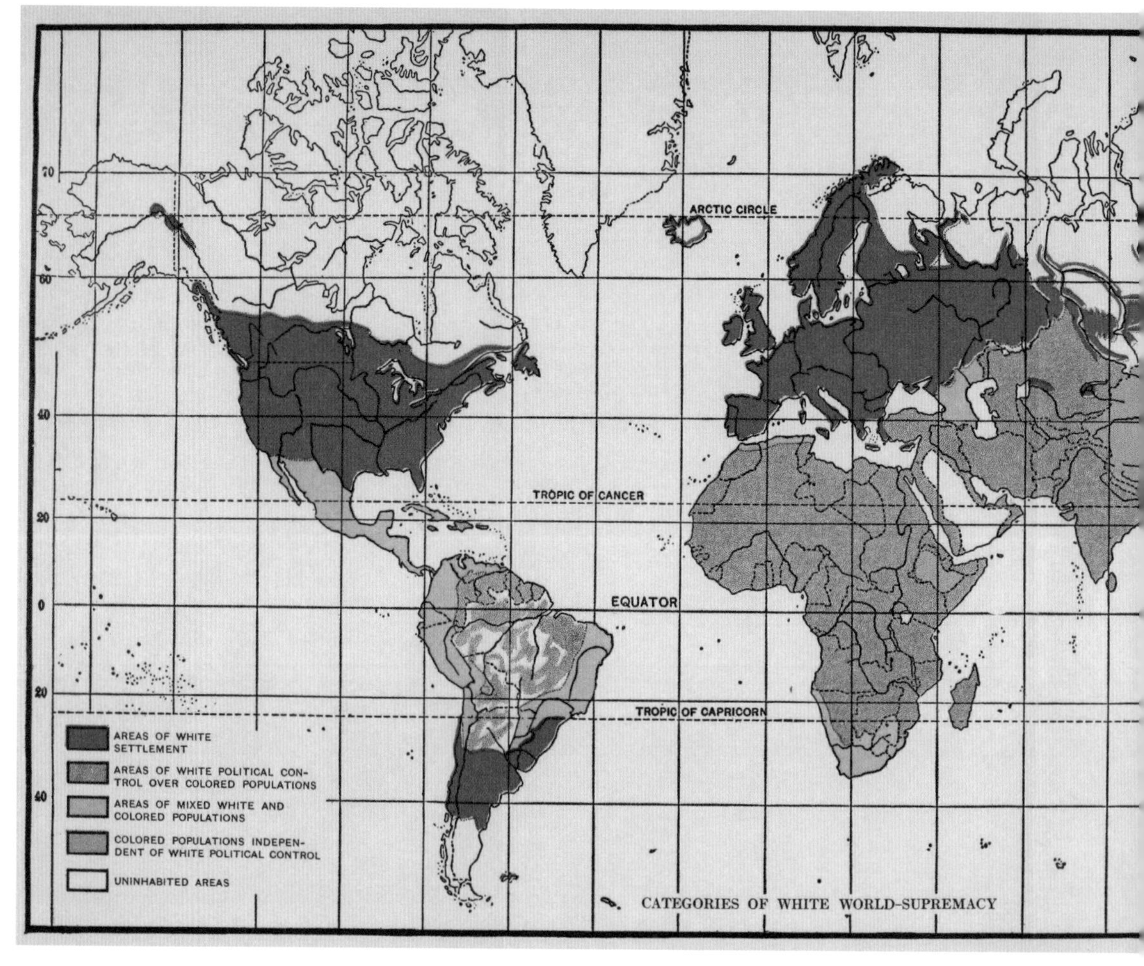

洛斯罗普·斯托达德（1883—1950），
《有色人种挑战白人世界权威的上升趋势》，1920 年；白人在世界上的霸权分区

即便人类确实也受制于自然选择之力，但是演化生物学的理论在被应用于人类时，却时常过于鲁莽。斯托达德是一位美国学者，他颇有影响力的思想助长人们将种族纯粹性视为了普遍共识，甚至促使纳粹提出了“劣等种族”的概念。例如，表面上看来，这幅地图与阿尔弗雷德·拉塞尔·华莱士的生物地理图很相似（见 141 页），但本图的关键点在于对“白人对有色人种的政治控制地区”，以及“不受白人政治控制的有色人种地区”的划分，后者主要包括被绘制成黄色调的中国和日本。

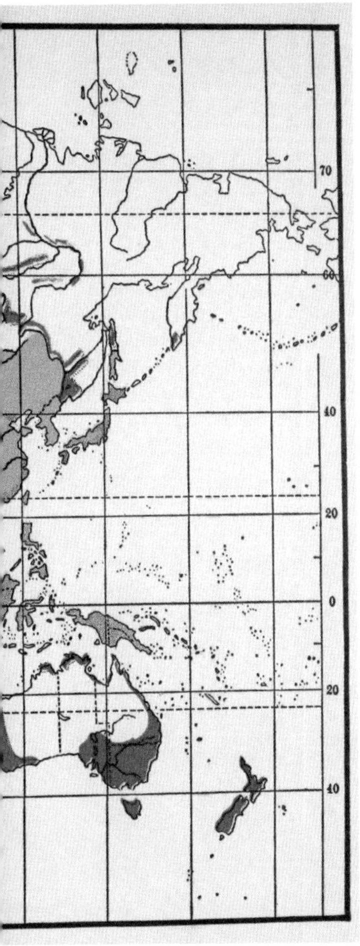

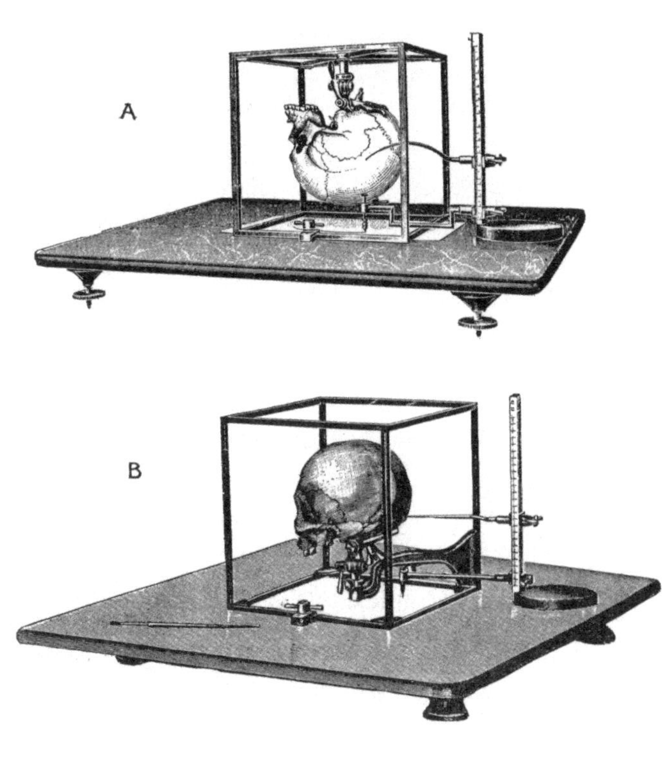

哈里斯·霍桑·怀尔德（1864—1928），
《人体测量学实验手册》，1921 年；立方体颅位保持器

人体测量学（Anthropometry），即“测量人体”的科学。这看似是一门无害的科学，实施起来却往往带着阴险的意图。不难预见，作为一个地理分布范围如此之大的物种，人类可被划分为许多不同地区的种群，每个种群都有各自的生物特性以适应当地环境。其中一些特性，比如头骨形态上的变化，就属于解剖学上的适应性特征。然而，这些差异却一度被视为证明各地人种孰优孰劣的证据。

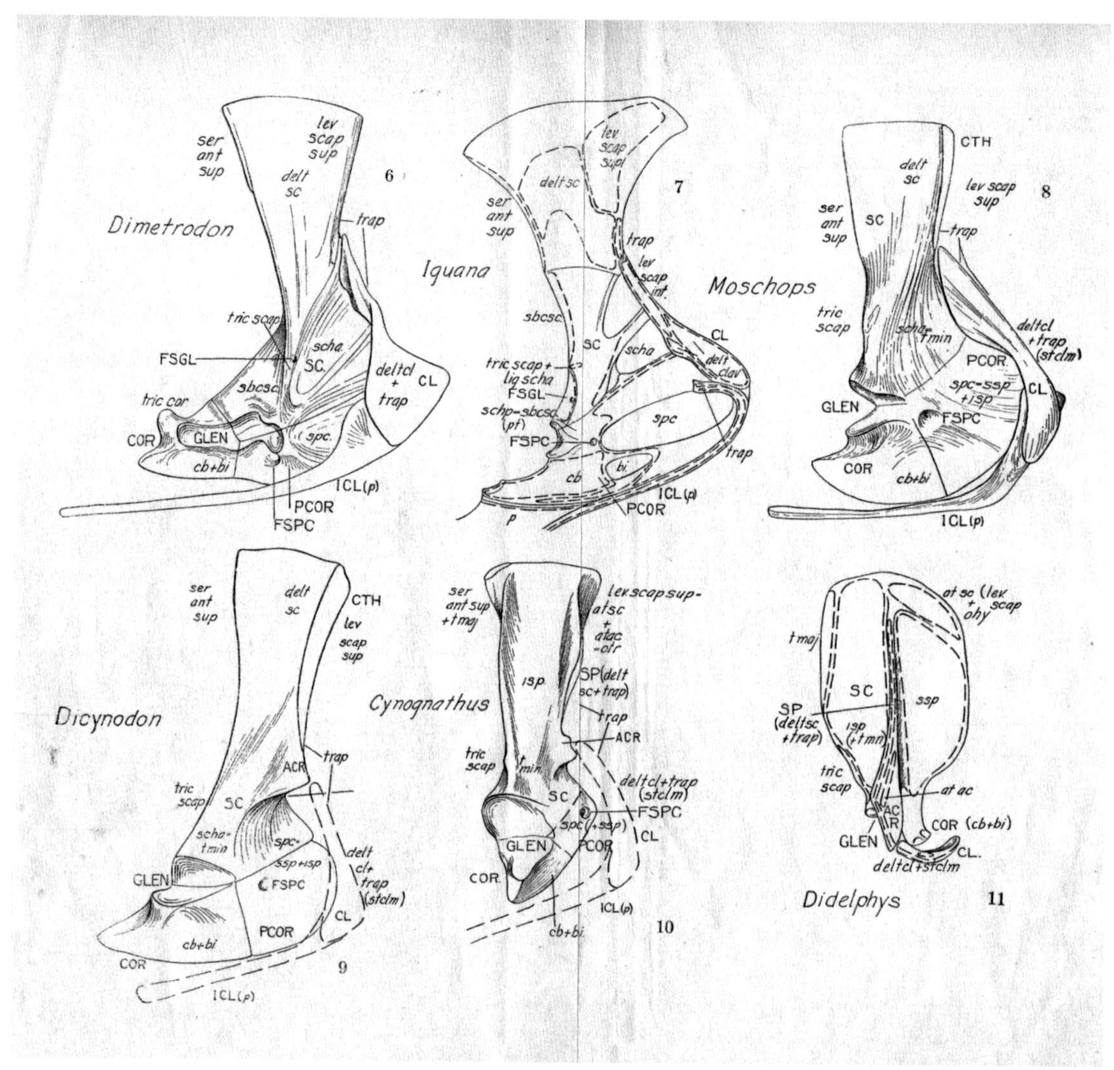

阿尔弗雷德·舍伍德·罗默（1894—1973），
《某些原始似哺乳爬行动物的运动器官》，1922 年；肩带

在从典型爬行动物向哺乳动物演化的过程中，动物的运动系统发生了相当大的改变。图中列举出了鬣蜥、现代负鼠，以及四种被认为接近哺乳动物支系的已灭绝物种，比较了它们的肩带（肩胛骨、锁骨和相关结构）。可以看出，越接近哺乳动物的物种肩带骨骼越纤细，且附着肌肉的位置越靠上。

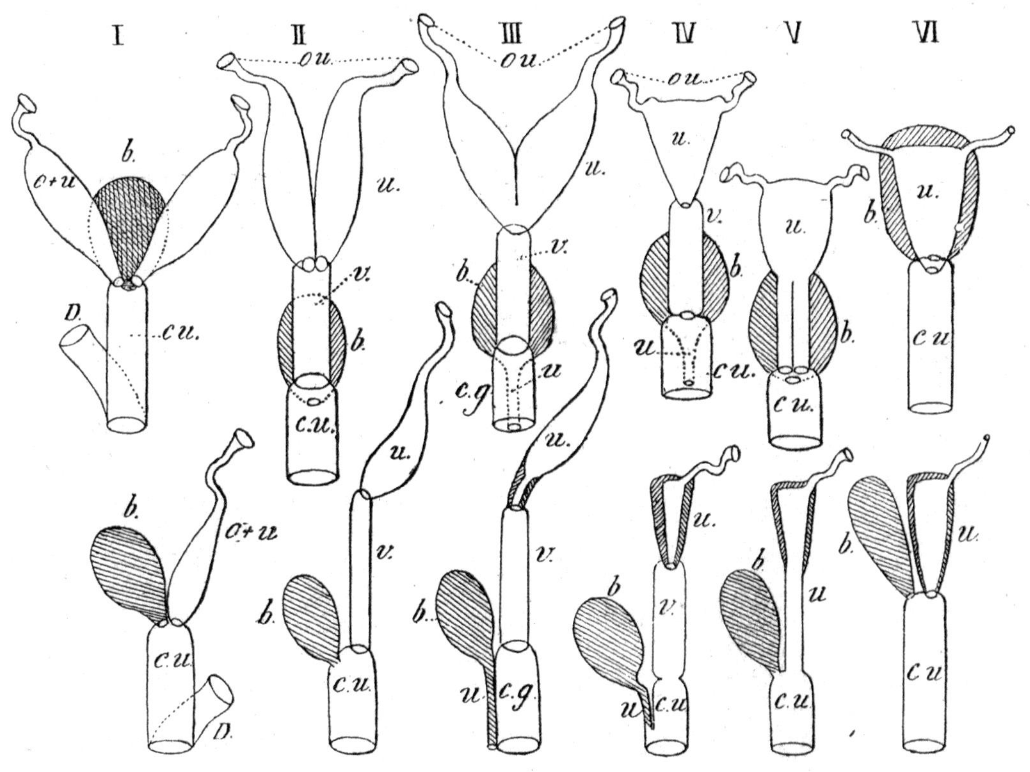

马克斯 · 韦伯（1852—1937），
《哺乳动物》，1927 年；子宫的排布方式

不同物种的生殖系统有着极大的差异性，这一点在有袋类动物身上表现得最为明显。有些有袋类像人类一样，只有一个子宫和宫颈（上排 IV），而其他一些有袋类的子宫则部分（III）或完全（I, II）地分为两个，或者具有双子宫颈（V）。此外，在以上所有的样式中，可能都不具有输卵管（下排组图）。

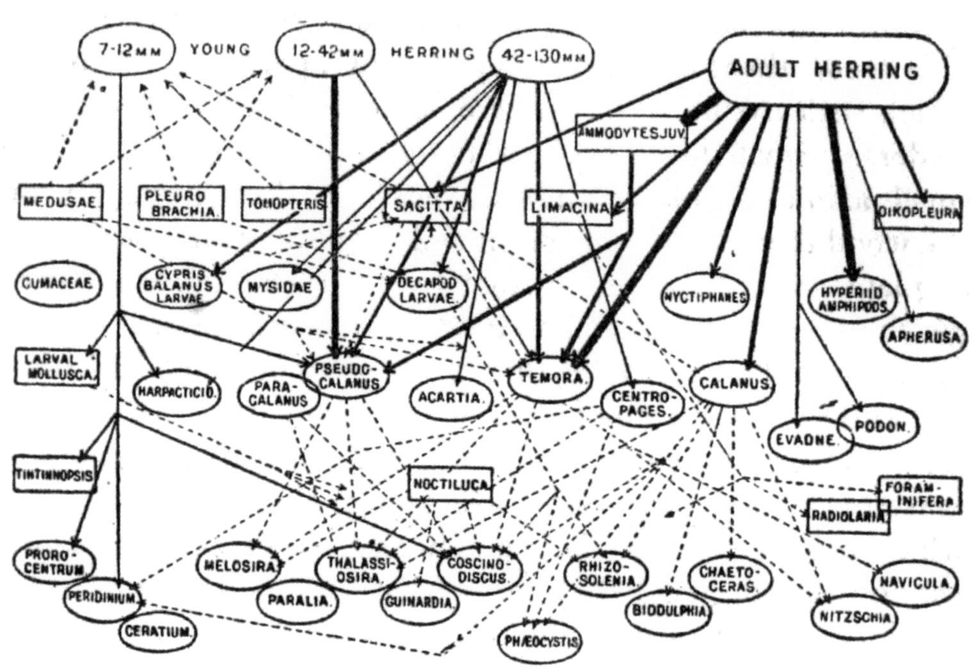

查尔斯·埃尔顿（1900—1991），《动物生态学》，1927 年；
鲱鱼与北海浮游生物群落其他成员的一般捕食关系（上图）；
加拿大哺乳动物数目的波动（对页上图）：加拿大动物群落的部分成员（对页下图）

“生态学”（Ecology）这个词是由恩斯特·海克尔创造的（见 148 页），指的是研究动物之间，以及它们与所处环境之间相互作用的学科。这是一种动物学研究的新形式，在二十世纪得到了大幅发展。英国生态学家查尔斯·埃尔顿尤其关注营养物质在环境中的流动，并提出了“食物链”（food-chains）和“食物金字塔”（food-pyramids）这两个现代生态学概念。

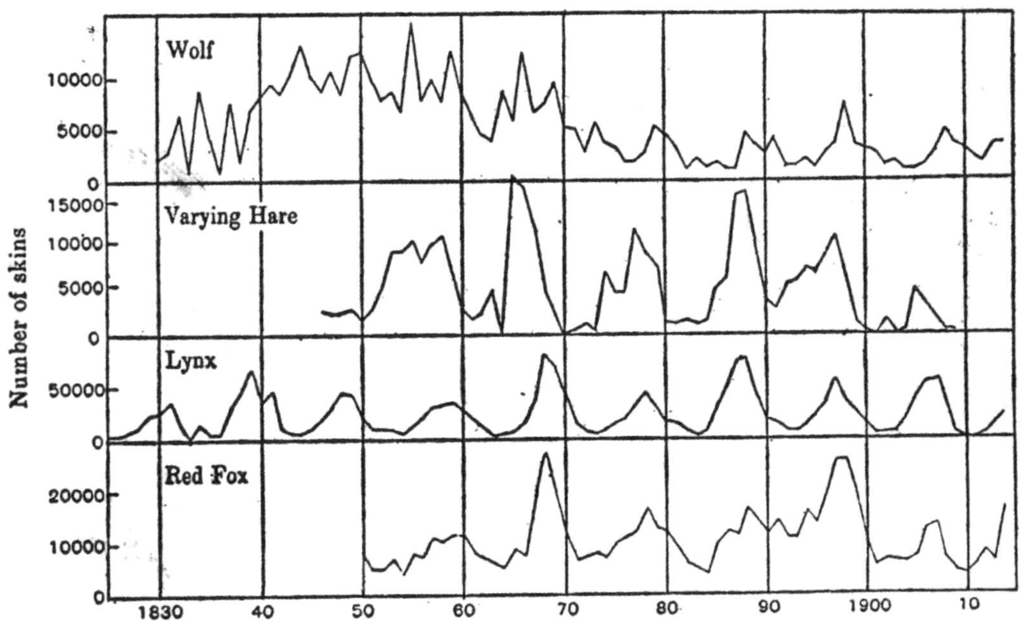
Number of skins
Wolf
Varying Hare
Lynx
Red Fox
10000
5000
0
15000
10000
5000
0
50000
0
20000
10000
0
1830
40
50
60
70
80
90
1900
10

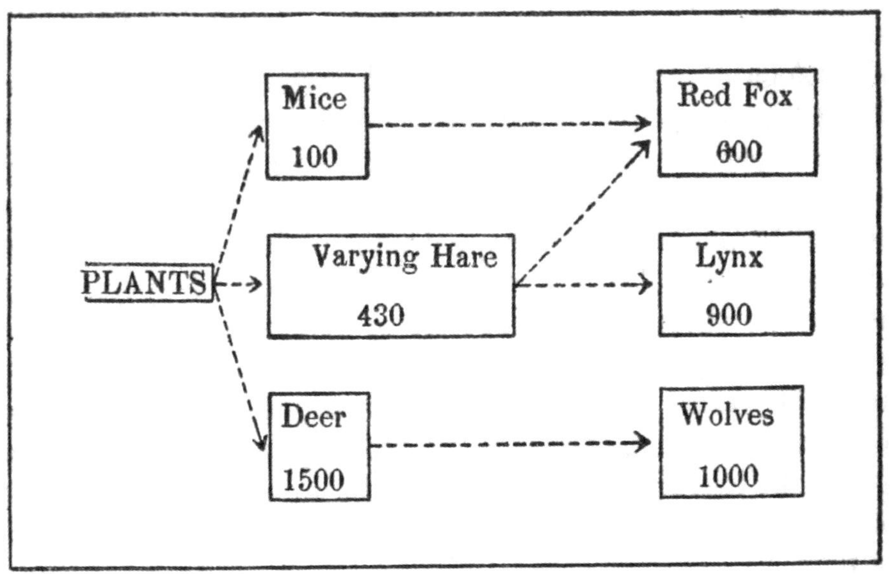
PLANTS
Mice
100
Varying Hare
430
Deer
1500
Red Fox
600
Lynx
900
Wolves
1000

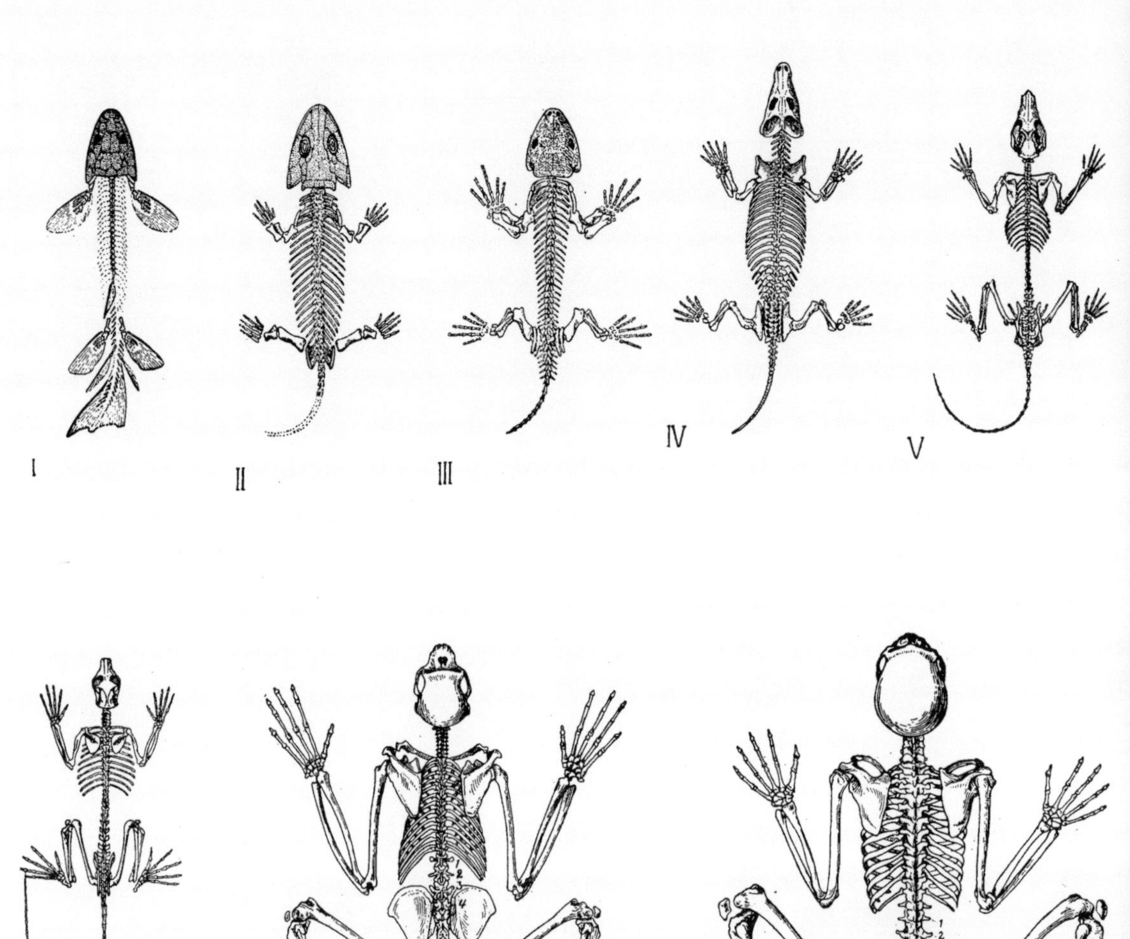
I
II
III
IV
V
VI
VII
VIII
Helen Ziska

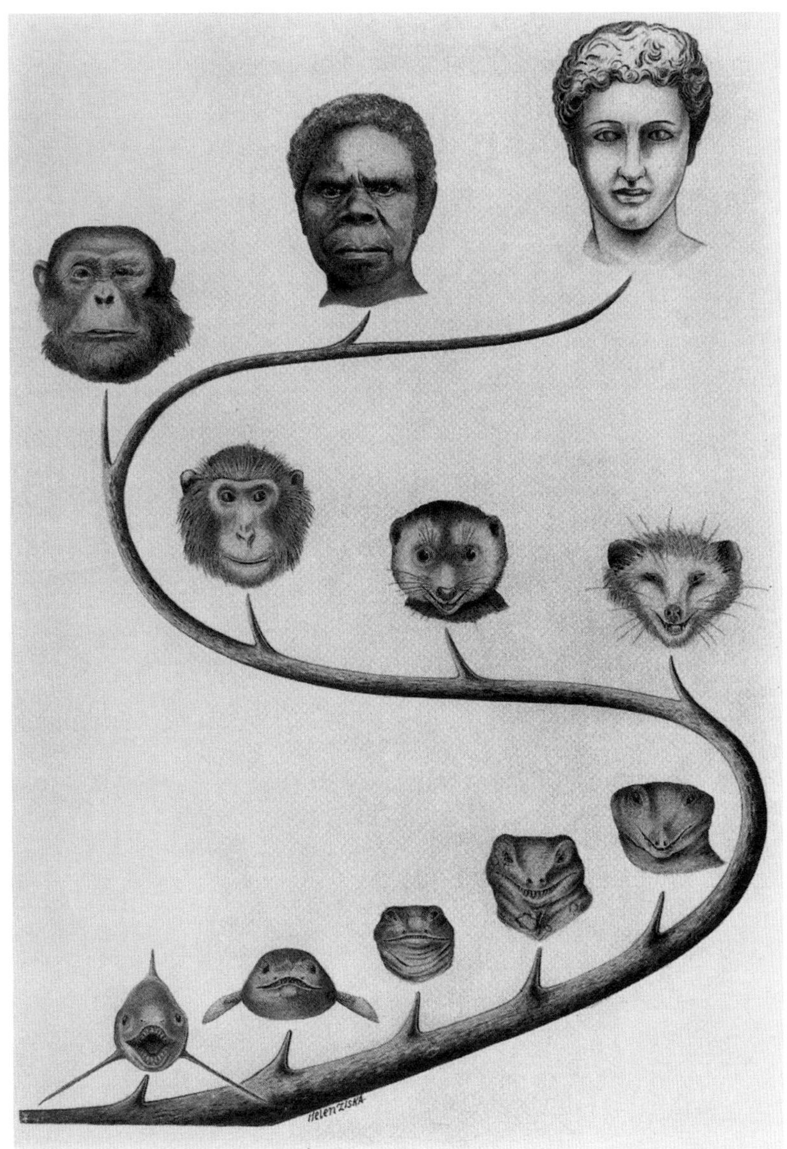

威廉 · 金 · 格雷戈里（1876—1970），
上图 :《人的直立姿势》;
对页 :《我们面部的由来 : 从鱼到人》，1928 年

威廉 · 格雷戈里是一位美国动物学家，他对人类两足直立姿势的演化、哺乳动物的齿列和面部构造都特别感兴趣。他是一位伟大的科学普及者，然而他的进化思想包含了一种“趋向完美”的意味，尽管这种趋势随后并未被证实，他的思想却导致了种族主义的甚嚣尘上。

埃德温·古德里奇
脊椎动物身体的分类

Edwin Goodrich
Organization of the Vertebrate Body

时间线

1868:	埃德温·古德里奇出生
1905:	当选为英国皇家学会会员
1921:	成为牛津大学动物学教授
1930:	《脊椎动物的结构和发育研究》出版
1946:	埃德温·古德里奇去世

牛津大学学者埃德温·古德里奇的工作涉及生物学的多个领域。当时解剖学和胚胎学尚未被后期发展出的遗传学和分子生物学所取代，前两者仍然是当时举足轻重的学科。

古德里奇奔赴世界各地进行他的研究，关注着各种海洋生物的身体结构。他对连接动物体内和外部世界的各种管道饶有兴趣，如分泌管、排泄管和生殖管，以及在不同类群的生物中，这些结构之间复杂的对应关系。

古德里奇竭尽所能地创立了关于脊椎动物身体构造的演化，以及这些构造如何在胚胎中发育而成的理论体系——这也许是分子生物学运用之前最为清楚明了的体系。尤其重要的是，他解释了化石记录中的空白，并化解了那些对脊椎动物没有沿着“令人满意的规范路径”演化所产生的疑问。

古德里奇通常会亲自绘制插图并选登在书中，用以说明他的生物演化和胚胎发育的理论体系。从成书那时起，他的这些插图就对脊椎动物形态学的研究产生了影响。其中一张插图显示出，结构复杂的鱼类头部骨片虽然随着不断演化而逐渐融合减少，但其中的某些隐秘骨片却还是承袭到了现代哺乳动物的头骨里。另一幅插图则讲述了脊椎动物心血管系统错综复杂的演化故事：脊椎动物的心脏从只有一个心房和一个心室的单侧系统，过渡到具有不同腔室的双侧系统，分别向肺部和全身泵血。此外，还有一幅插图详细描述了在非鸟恐龙和鸟类的演化过程中，骨盆形态的改造历程。

下图：埃德温·古德里奇（1868—1946），《脊椎动物的结构和发育研究》，1930 年；有头类的泌尿生殖系统

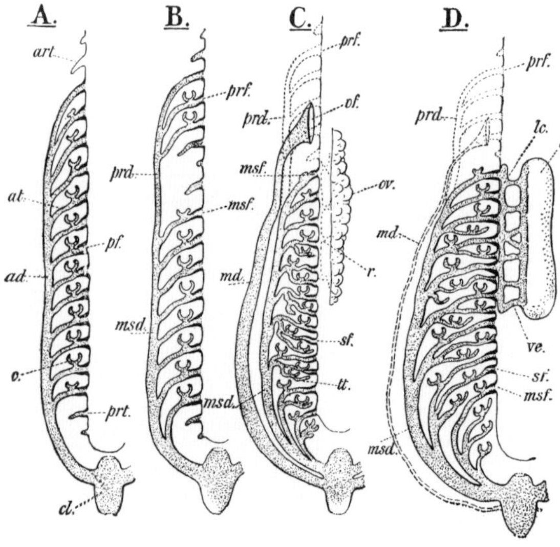

A. B. C. D.
art. at. pf. ad. o. prt. cl. prf. prd. msf. msd. md. of. ov. r. sf. tt. lc. te ve.

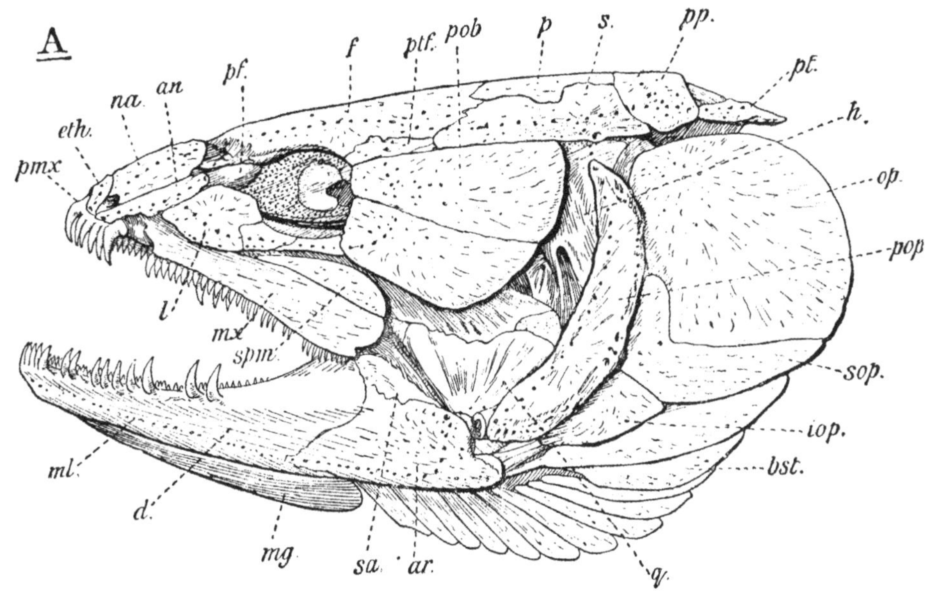

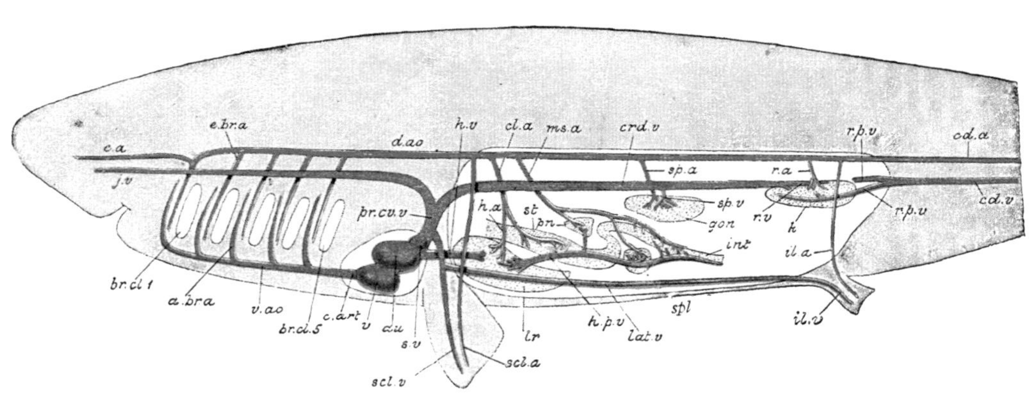

埃德温·古德里奇,《脊椎动物的结构和发育研究》;
弓鳍鱼的头骨左侧视图（上图）;
鱼的血管系统（下图）

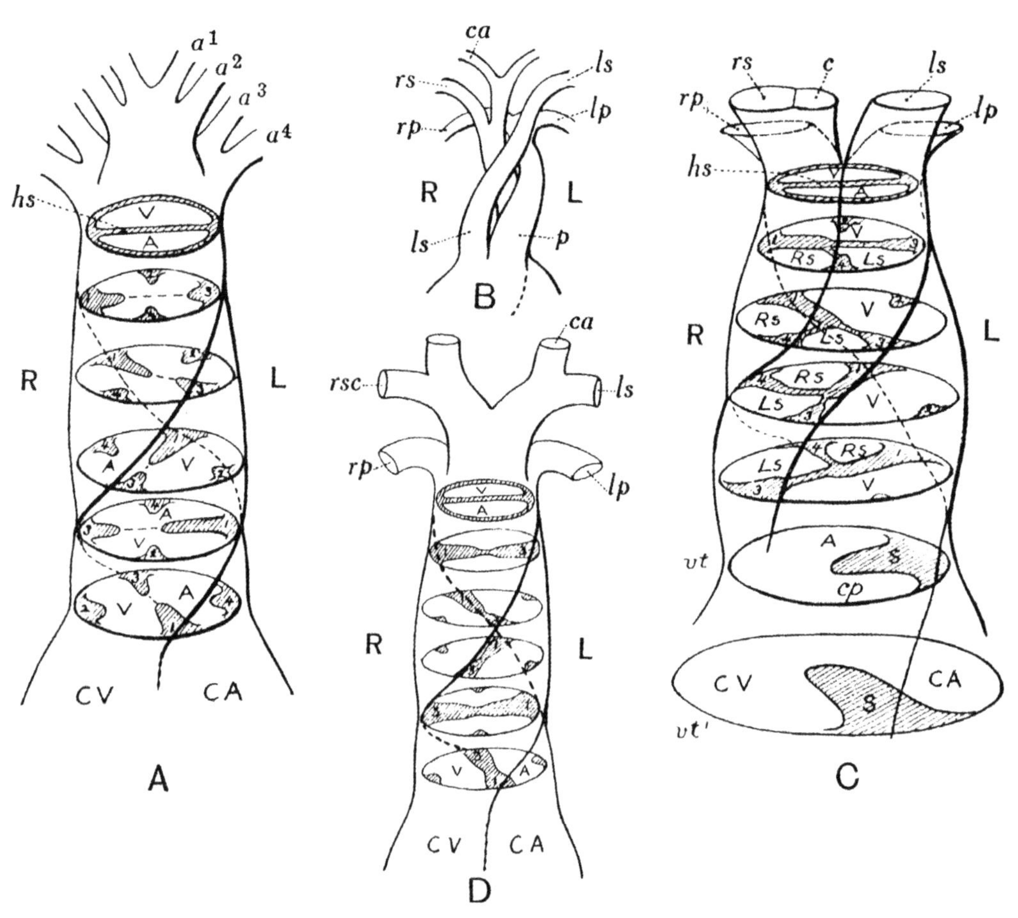

埃德温·古德里奇,《脊椎动物的结构和发育研究》;
肺鱼（接近两栖类）和两栖类、爬行类、鸟类、哺乳类心脏动脉球的分支情况

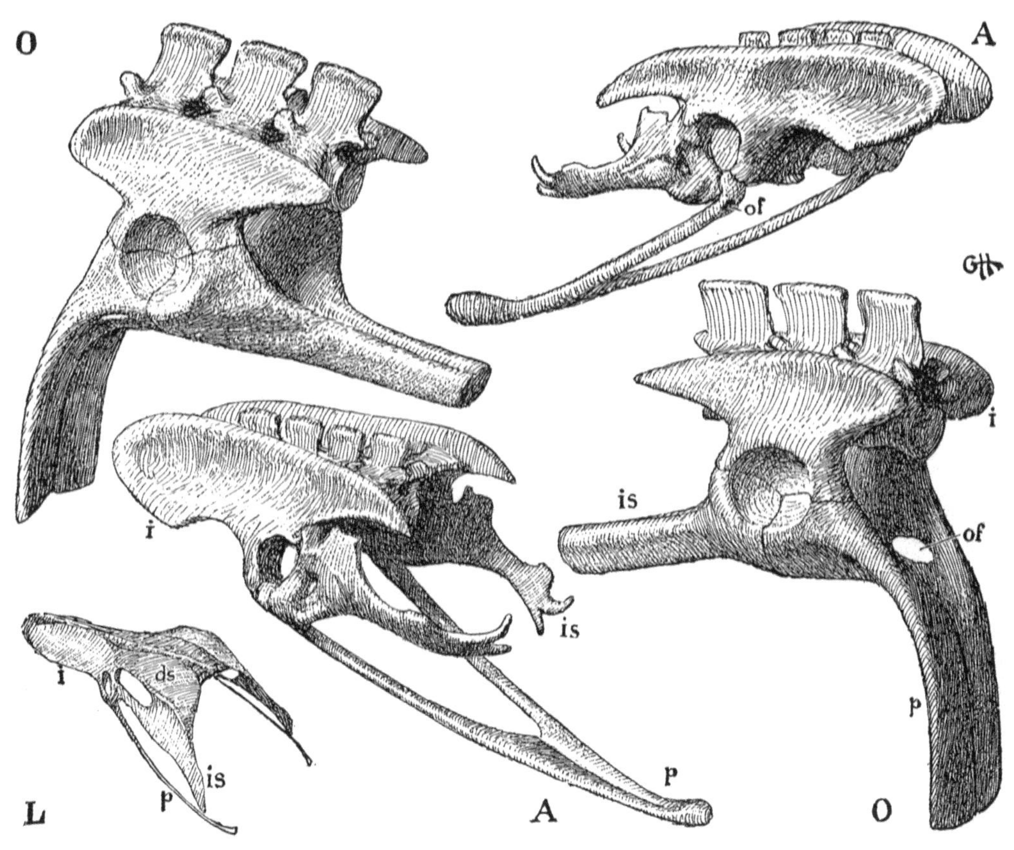

埃德温·古德里奇,《脊椎动物的结构和发育研究》;
腰带和荐椎,A:始祖鸟,O:鸟鳄(一种两足恐龙*),L:幼年鸥类

*译注:现在的研究表明,鸟鳄并不是一种恐龙,而是一种镶嵌踝类主龙,可视为恐龙的祖先。

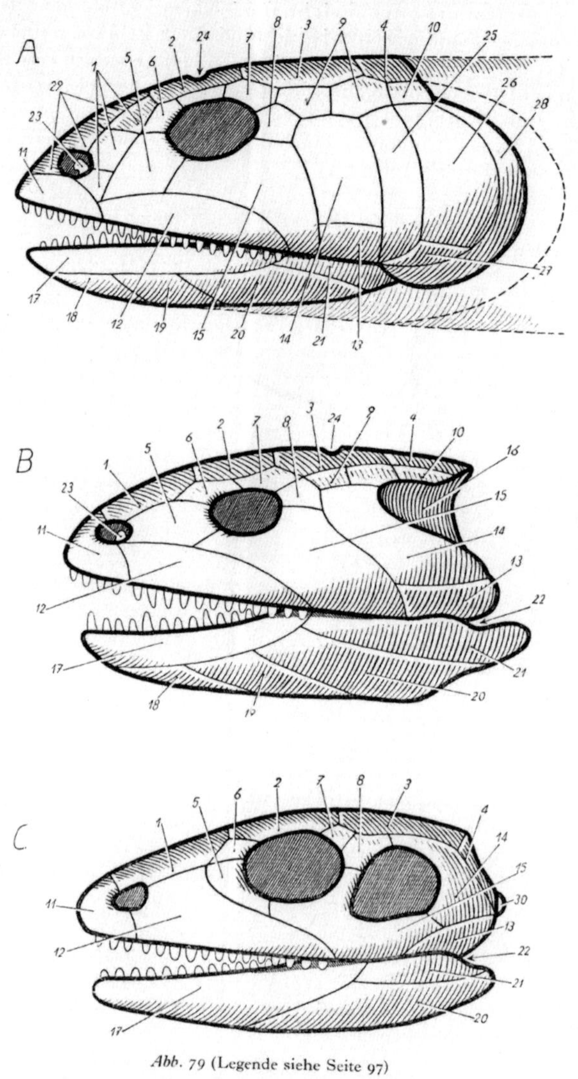

Abb. 79 (Legende siehe Seite 97)

波特曼（1897—1992），《脊椎动物比较形态学导论》，1948 年；
总鳍鱼类、坚头两栖类，以及原始爬行动物的头骨侧视图

虽然脊椎动物有着共同的内在身体结构，但随着演化的推移，这些结构经常会发生变形，某些组分常常会丢失，但很少会出现新组分的添加。例如，这张图就显示了从肉鳍鱼到古老两栖动物，再到原始爬行动物之间的形态过渡趋势，其中包括骨片的逐渐丢失，鼻吻部的加长，以及头骨侧面开孔的合并，而这些孔周围的凸缘则用于颌部肌肉的附着。脊椎动物的颅顶有一个为感光器官而开的小孔（图中标注为 24），而对于完全在陆地上生活的脊椎动物而言，这个小孔是缺失的。

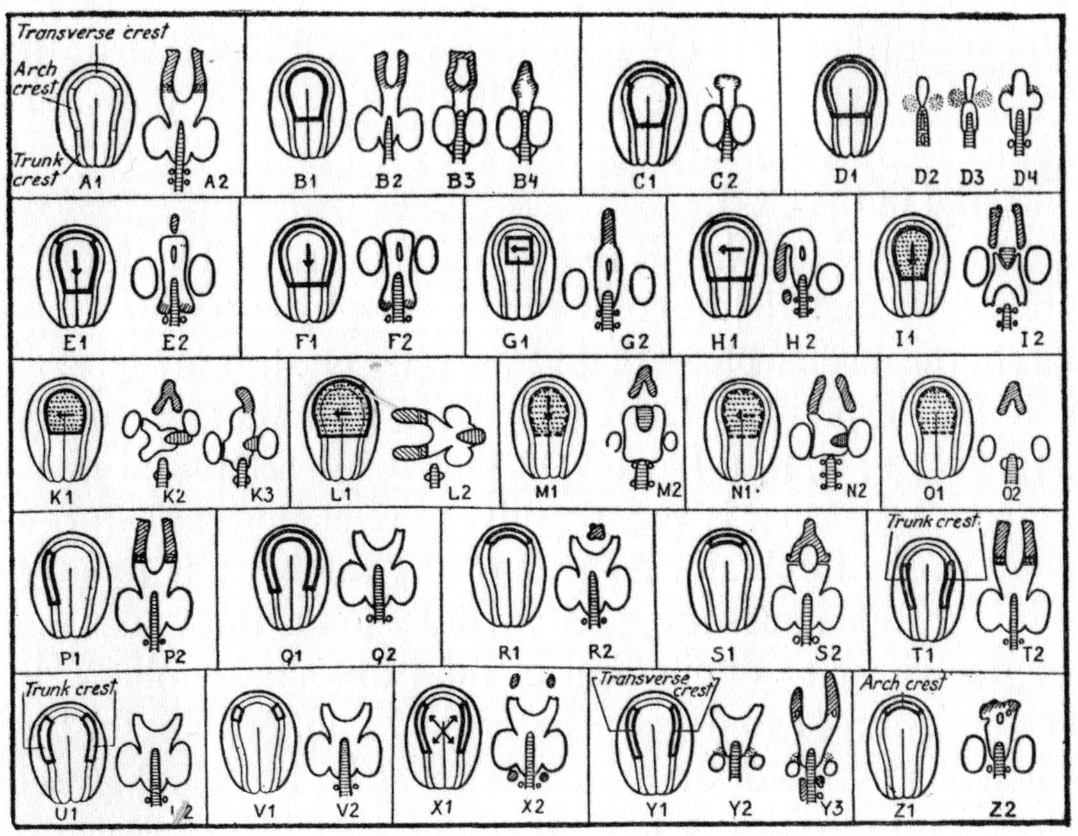

斯文·霍斯塔德斯（1898—1996），《神经嵴》，1950 年；
在神经板及神经嵴移除、翻转或移植之后，头部神经颅的发育

神经嵴是脊椎动物在胚胎时期所特有的一系列细胞，人们认为，神经嵴的演化赋予了脊椎动物许多与众不同的特征，使这个类群变得如此成功。神经嵴细胞参与了头骨、颌部、牙齿、鳃部、心脏瓣膜、肾上腺、色素细胞的形成，以及许多神经细胞电信号绝缘部分的生成。这张图详细描述了探索神经嵴作用的早期实验，其中神经嵴组织会在胚胎中被移除、翻转或移植。

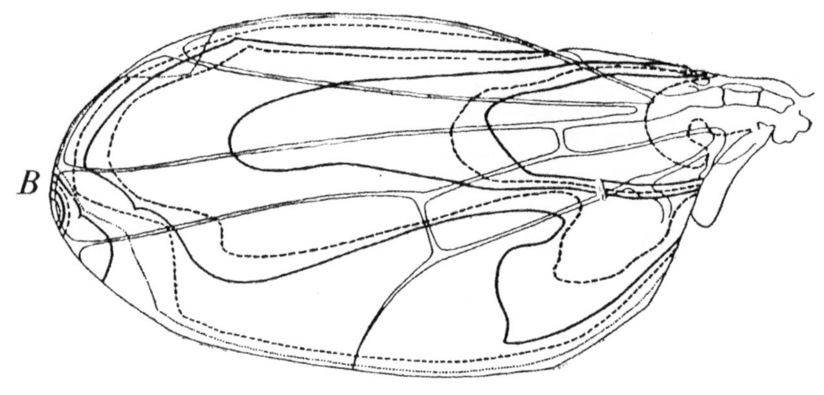

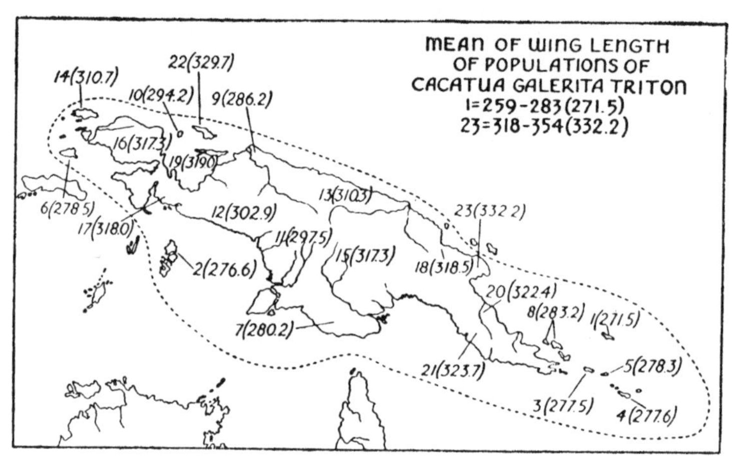

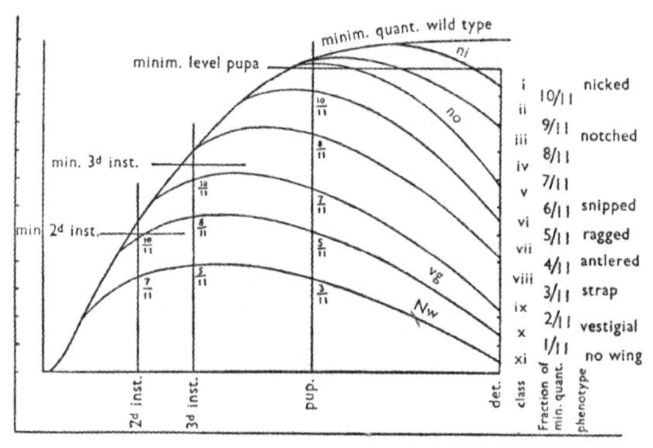

乔治·斯图尔特·卡特（1893—1969），《动物进化》，1951 年；黑腹果蝇翅膀发育的三个阶段，带有“圆形齿状”形态异常（上图）；新几内亚凤头鹦鹉的变种（下图）；黑腹果蝇的一系列等位基因对翅膀“退化”的影响（左图）

卡特的《动物进化》成书于二十世纪中叶，内容涵盖了当时已建立的演化生物学多个不同分支——发育遗传学、演化生态学、种群遗传学、适应过程和系统发育树。

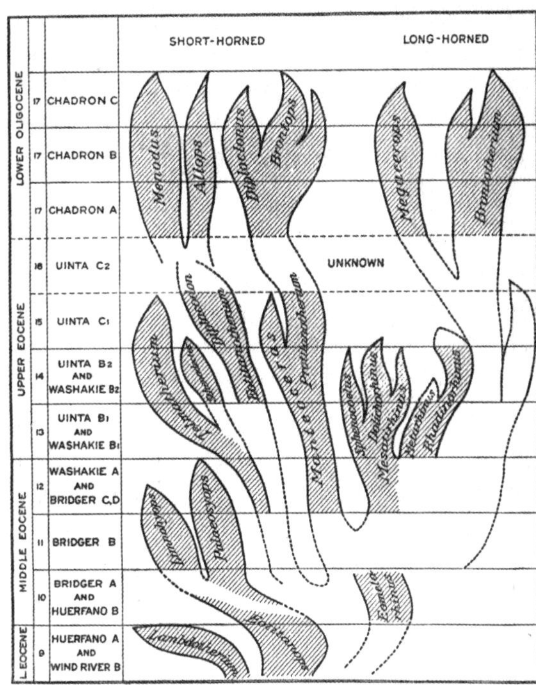

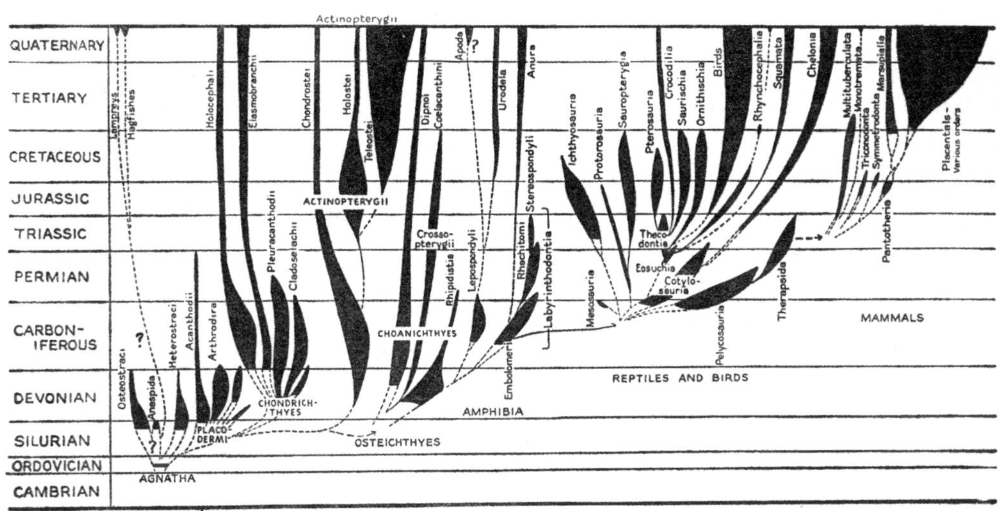

乔治·斯图尔特·卡特，《动物进化》；
鳐类的适应性辐射（左上图）；简化的雷兽类系统发育树（右上图）；
脊椎动物的系统发育树（参考自罗默，下图）

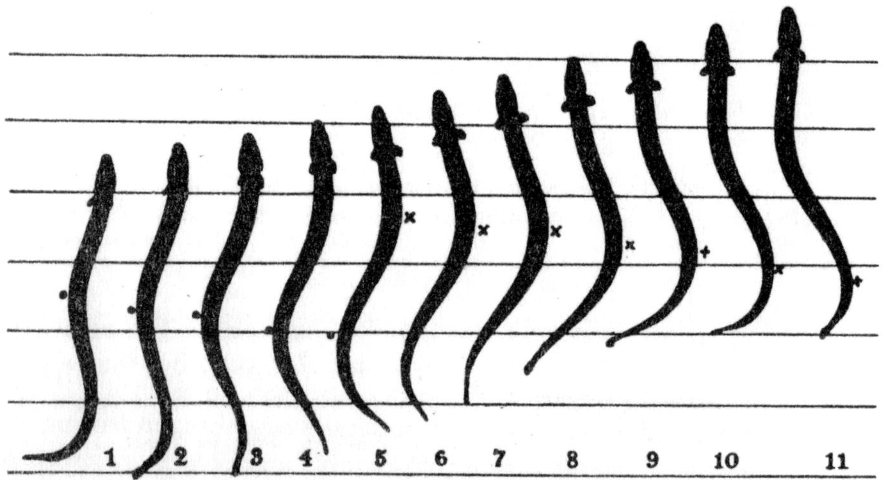

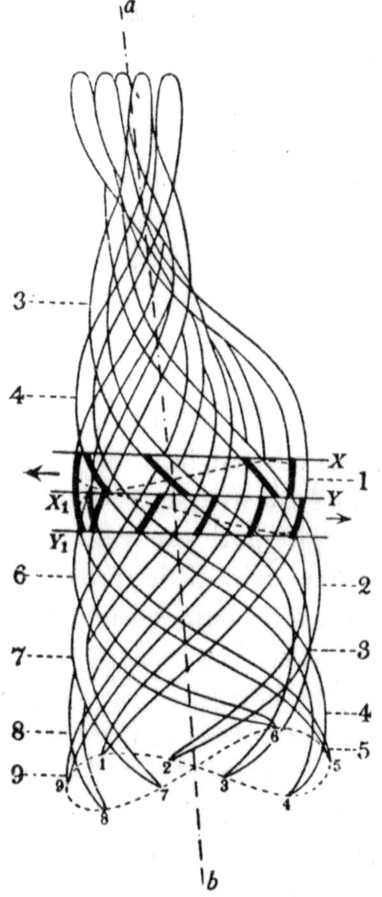

约翰·扎卡里·杨（1907—1997），
《脊椎动物的生活》，1950 年；
游泳中鳗鱼的连续位态（上图）；把多张小鳗鱼的连续照片叠加在一起，得到的图形（左图）

在生物力学领域，研究者会根据动物游泳、飞行或行走的物理过程，来对动物进行分类。

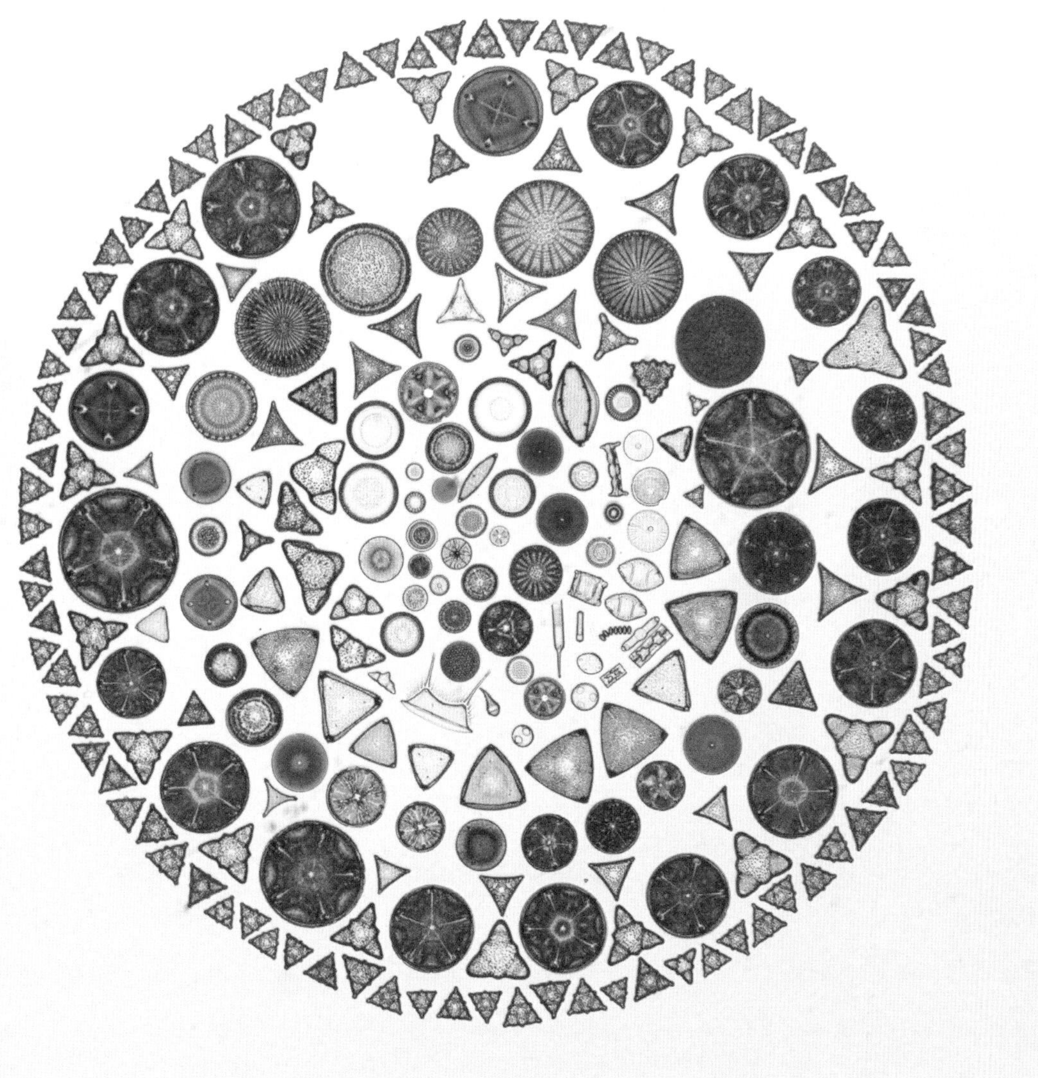

阿尔伯特·布里格（1892—1981），
《排列在同一张玻片上的微观硅藻影像》，1952 年

一位毕生致力于研究微观浮游生物的二十世纪科学家，竟然选择用这样一种“不科学”的方式来排列他的研究对象，这也许有几分令人惊讶。如果我们穿越回到维多利亚时代，去看看那些微观生物的拼图（见 142、143 页），这种做法就显得没那么“不科学”了：因为当时的人们并没有声称，他们是根据其生物学上的相似性或演化上的亲缘关系来排列这些微小生物的。恰恰相反，这些硅藻是当时娴熟的微观拼图艺术家手中的素材，它们的排列关系仅仅是为了形成一幅优美的造型艺术作品。

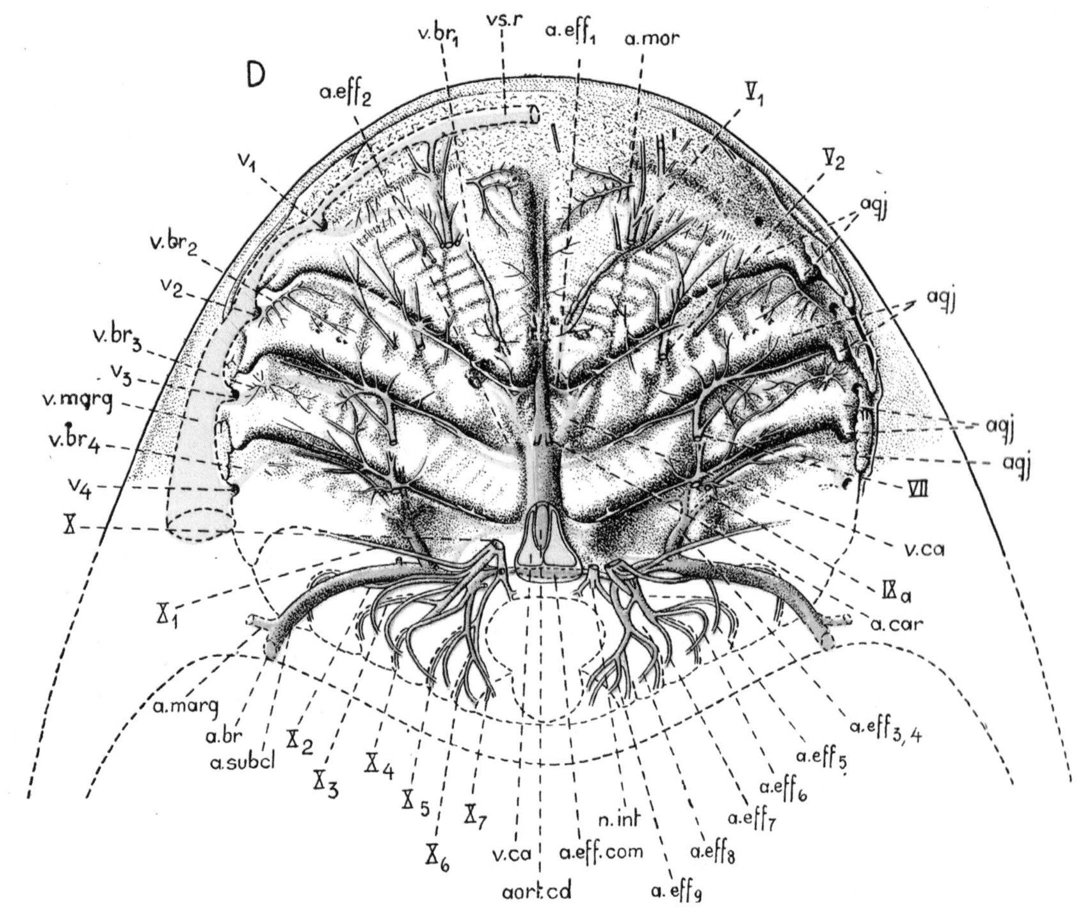

皮埃尔—保罗·格拉斯,《动物学(第十三卷):无颌类和有颌鱼类》;
骨甲鱼类(*Zenaspis signata*)的头部

格拉斯的巨著《动物学》尝试全面记述动物的生活，囊括了演化理论、分类关系、多样性、身体结构、发育和功能多个方面，可以算是最后一部由单个作者完成的综合性动物学论著。这张图片是一种早期化石鱼类硬质骨甲组织的示意图。早在这种鱼类生活的远古时期，脊椎动物神经系统的基本雏形就已经形成，微小的管道穿过骨质部分，而包埋其中的神经可以与人类脑袋里的神经一一对应。

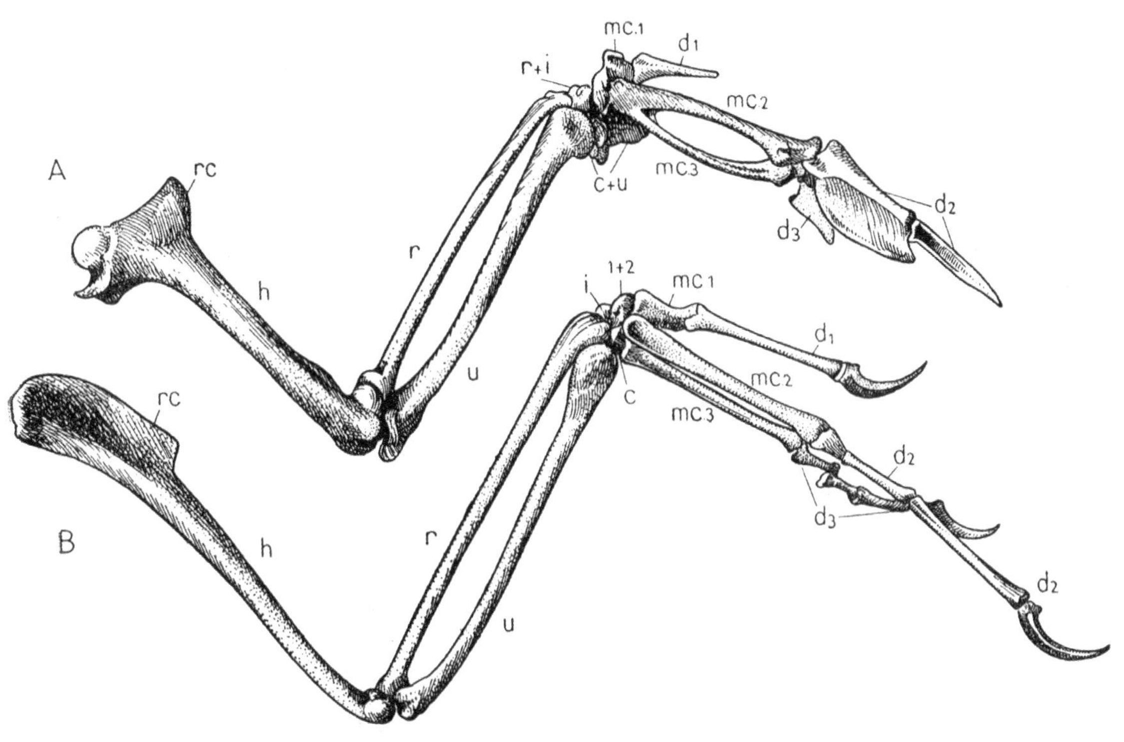

皮埃尔—保罗·格拉斯，《动物学（第十五卷）：鸟类》；
鸽子（上图）与始祖鸟（下图）右侧翅膀的骨骼对比

除了在其恐龙祖先身上发现的骨骼外，鸟类的翅膀上并没有产生“新的骨骼”。不过，鸟类只保留了其恐龙祖先的前三根“手指”（“拇指”“食指”“中指”），其他的都退化了。B 显示，一些化石鸟类的翅膀上仍然保留着爪子，意味着在现代鸟类的“手”上所见的“手指”融合过程（A），在这些化石鸟类中还没有完成。

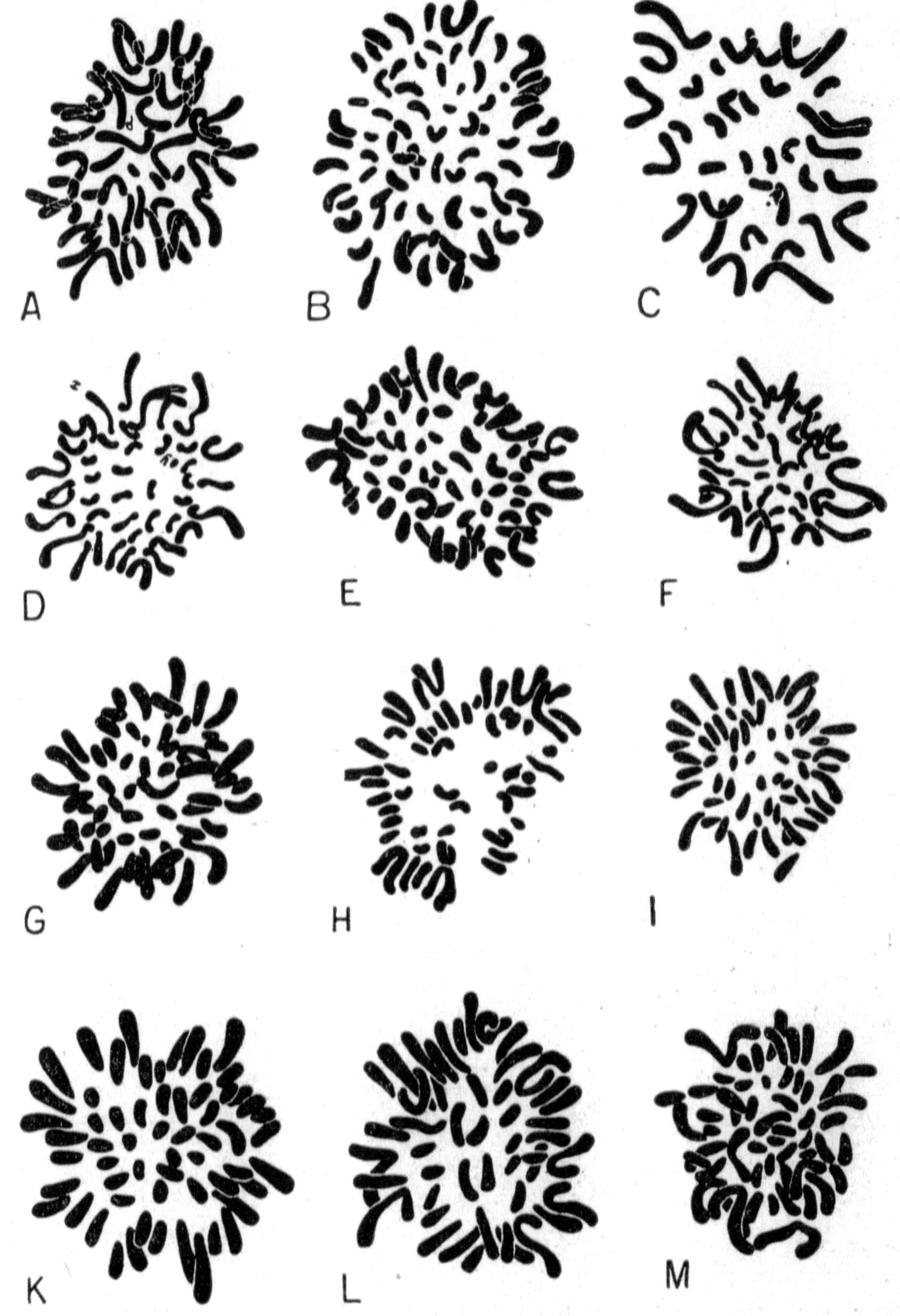
A
B
C
D
E
F
G
H
I
K
L
M

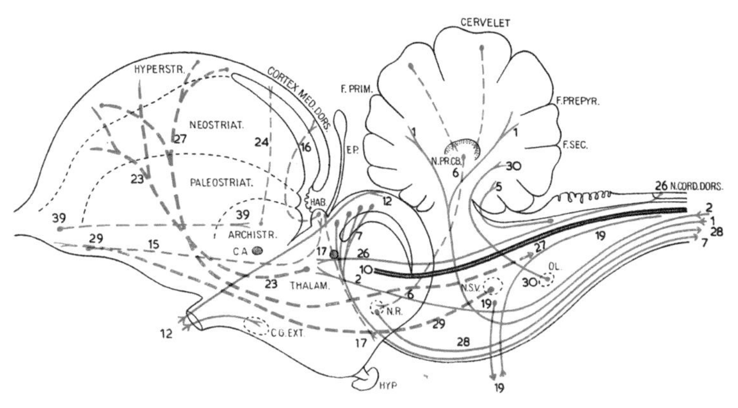

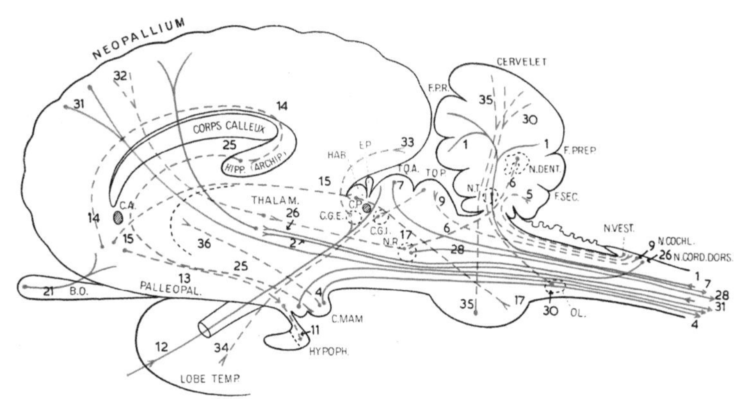

对页：皮埃尔—保罗·格拉斯，
《动物学（第十二卷）：胚胎学》，1954 年；
十二种哺乳动物在细胞分裂中期的二倍体染色体

十八世纪时人们已经知道在细胞分裂过程中有一个特定阶段，如今我们称之为“分裂中期”。对于处在这个阶段的细胞，人们在显微镜下可以看到一团染成深色的线状物。在 1953 年构成 DNA 分子的双螺旋结构被发现之前，人们就已经开始怀疑这些“被染色的物体”或称“染色体”内可能包含着细胞的遗传物质。

皮埃尔—保罗·格拉斯，
《动物学（第十二卷）：胚胎学》；
鸟的大脑（上图），哺乳动物的大脑（下图）

大脑是脊椎动物身体中最为复杂的器官，但它在所有的脊椎动物包括人类之中，都显示出一种共同的组构模式。大脑形态在不同脊椎动物类群之间存在差异，但这些差异通常只表现为某类动物的某些脑区可能发育得相对更加发达。

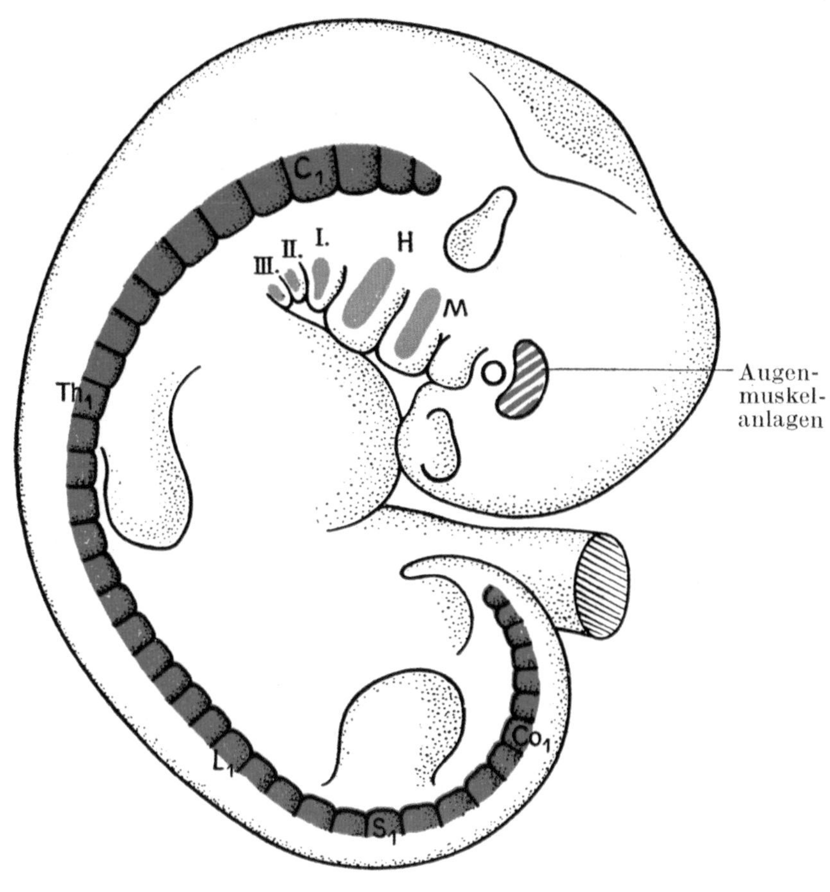

迪特里希·斯塔克（1908—2001），《胚胎学》，1955 年；长度约 5 毫米的人类胚胎中肌肉系统的组构（上图）；晚期人类胚胎中重点肌肉系统的组构（对页图）

人类婴儿的发育过程透露着我们演化历史的线索。在这两幅图像中，几乎所有的人体肌肉都来自不同的两组分节雏形。红色的分段部分是肌节，相当于生鱼片上的肌肉条块，它们构成了位于躯干、四肢和舌头上的肌肉，以及控制眼部运动的特殊肌肉（动眼肌）。蓝色的部分演化自我们的鱼类祖先咽弓上的肌肉，曾经用来控制鳃的开合，如今则形成了我们头颈部的大部分肌肉。

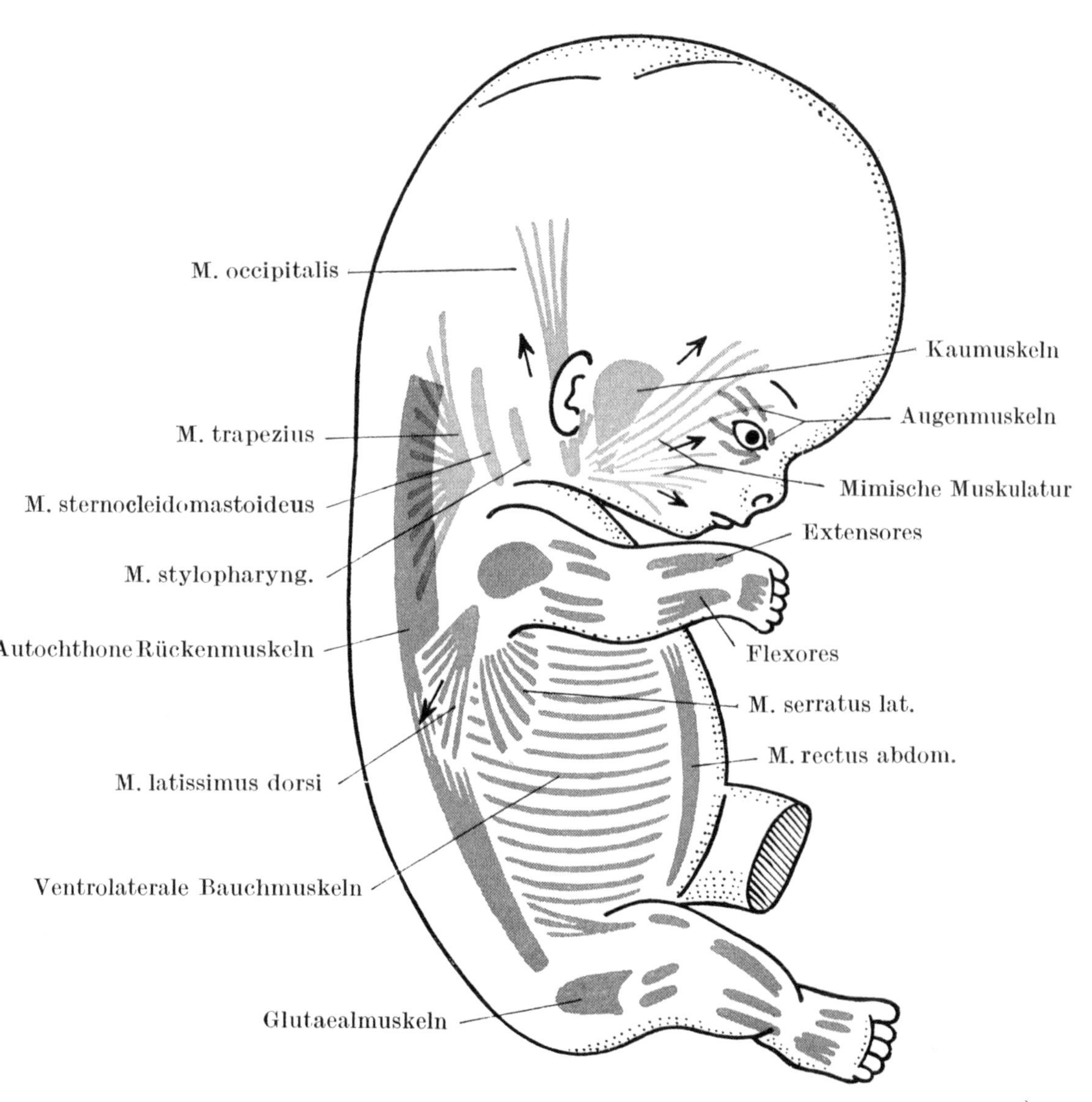
M. occipitalis
Kaumuskeln
Augenmuskeln
M. trapezius
Mimische Muskulatur
M. sternocleidomastoideus
Extensores
M. stylopharyng.
Autochthone Rückenmuskeln
Flexores
M. serratus lat.
M. rectus abdom.
M. latissimus dorsi
Ventrolaterale Bauchmuskeln
Glutaealmuskeln

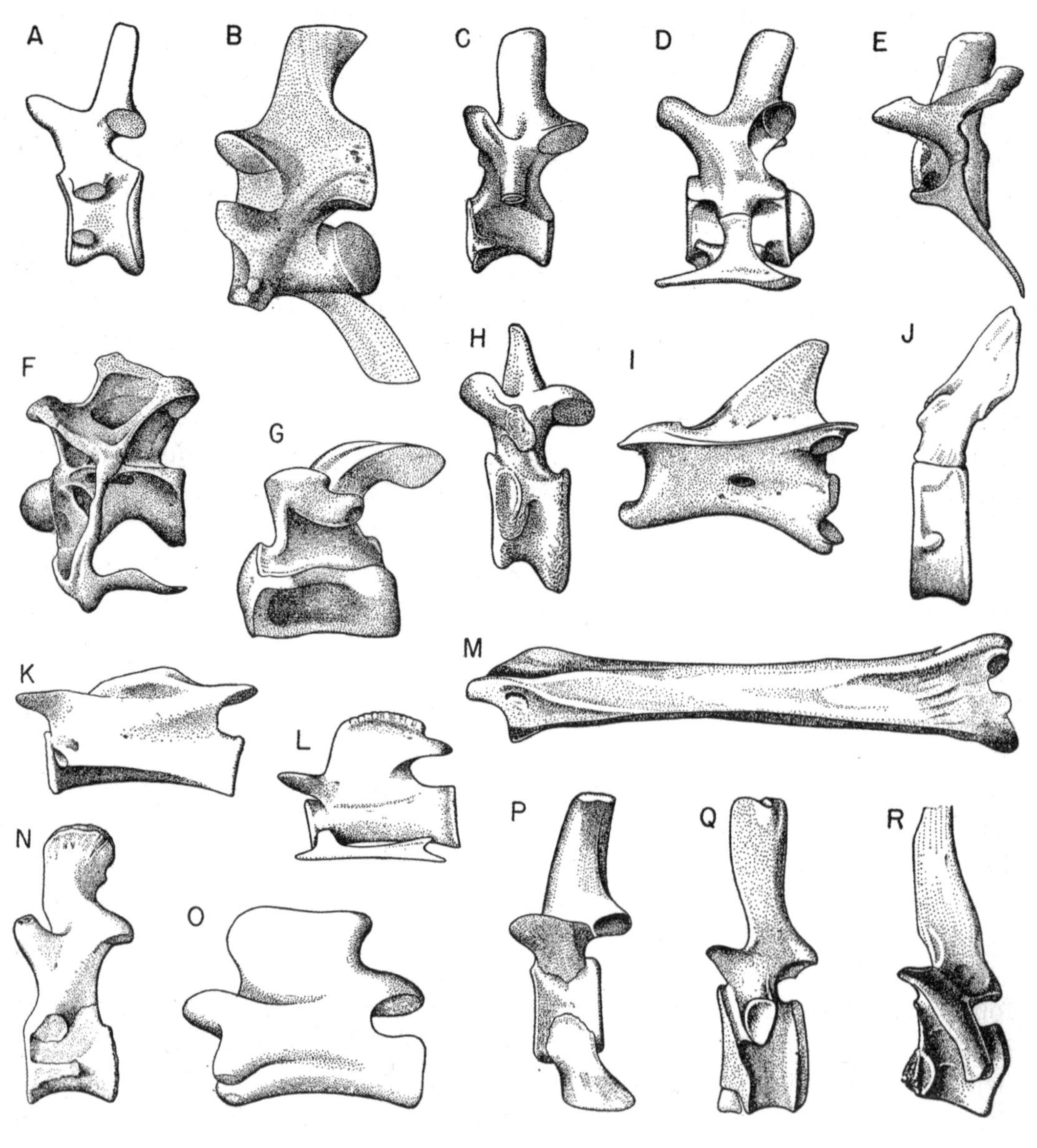

阿尔弗雷德·舍伍德·罗默（1894—1973），《爬行动物骨骼学》，1956 年；
多种爬行动物的颈椎

无论你是否意识到这一事实，今天我们对脊椎动物，尤其是对这些已灭绝爬行动物的许多认知，其实都基于罗默的研究。他对爬行动物骨骼的细致分析，为后人搭建出了一个知识框架。大部分我们对于这些迷人生物的复原工作，都是基于罗默的框架而完成的。

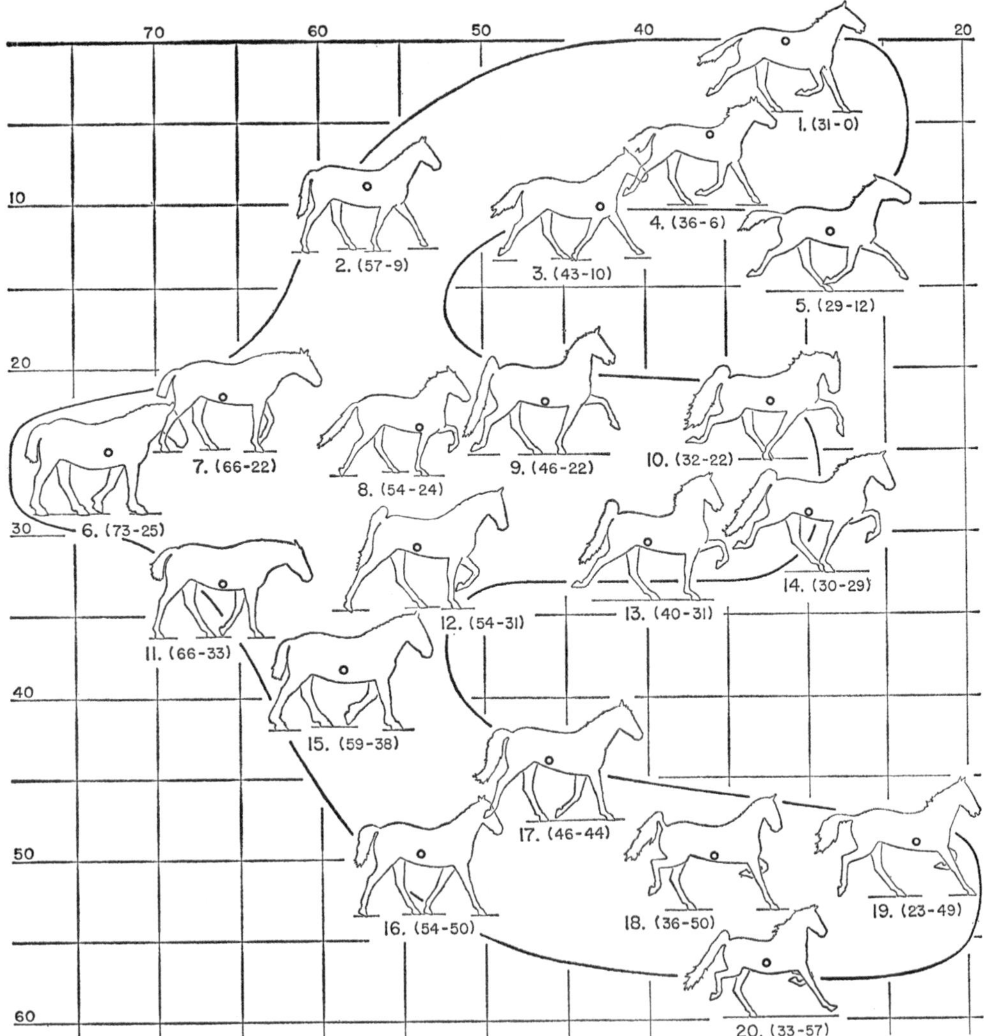

Fig. 6. In the background is shown the area of the basic graph within which fall nearly all gait formulas for symmetrical gaits of horses. Twenty specific formulas are located (small circles), and around each is drawn a silhouette of the horse moving as represented by the formula. In every sketch the left hind foot has just touched the ground.

米尔顿·希尔德布兰（1918—2020），
《马的对称步态》，1965 年，《科学》，第 150 卷，第 701—708 页

马和许多其他四足行走的动物一样，自然的步态包含缓慢步行、快速步行、慢跑和横向奔驰。然而如果四条腿都参与行进，就会产生各种令人眼花缭乱的步态。研究证明要给这些步态下定义和分类别，是十分困难的。

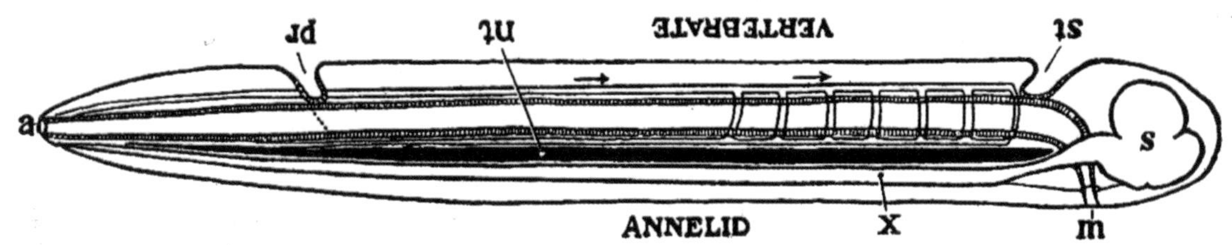

阿尔弗雷德·舍伍德·罗默，《脊椎动物的身体》，1970 年；
脊椎动物的身体结构，与上下颠倒的环节动物的身体结构之间的相似性

对动物分类学影响最深远的观点之一，或者可以说是一种“过度分类”的观点，在十八世纪早期诞生了。当时人们认识到，脊椎动物与许多其他动物，诸如昆虫和分节的蠕虫相比，在身体结构上有很大的差别。然而，法国生物学家乔弗莱·圣提雷尔认为，他已经解决了这个问题。他提出了一个惊人的假设：所有脊椎动物的共同祖先确实曾经与其他动物有着相似的身体结构，只是前者开始把身体上下倒过来游泳了而已。这一理论实质上是如此简单，不免使得它在一个多世纪里基本上被忽视了，直到一些（但不是所有）现代发育学研究为它提供了支持。这一理论虽然沿用至今，但仍然饱含争议，因此我们尚不清楚脊椎动物是否真的是“翻身”的蠕虫。

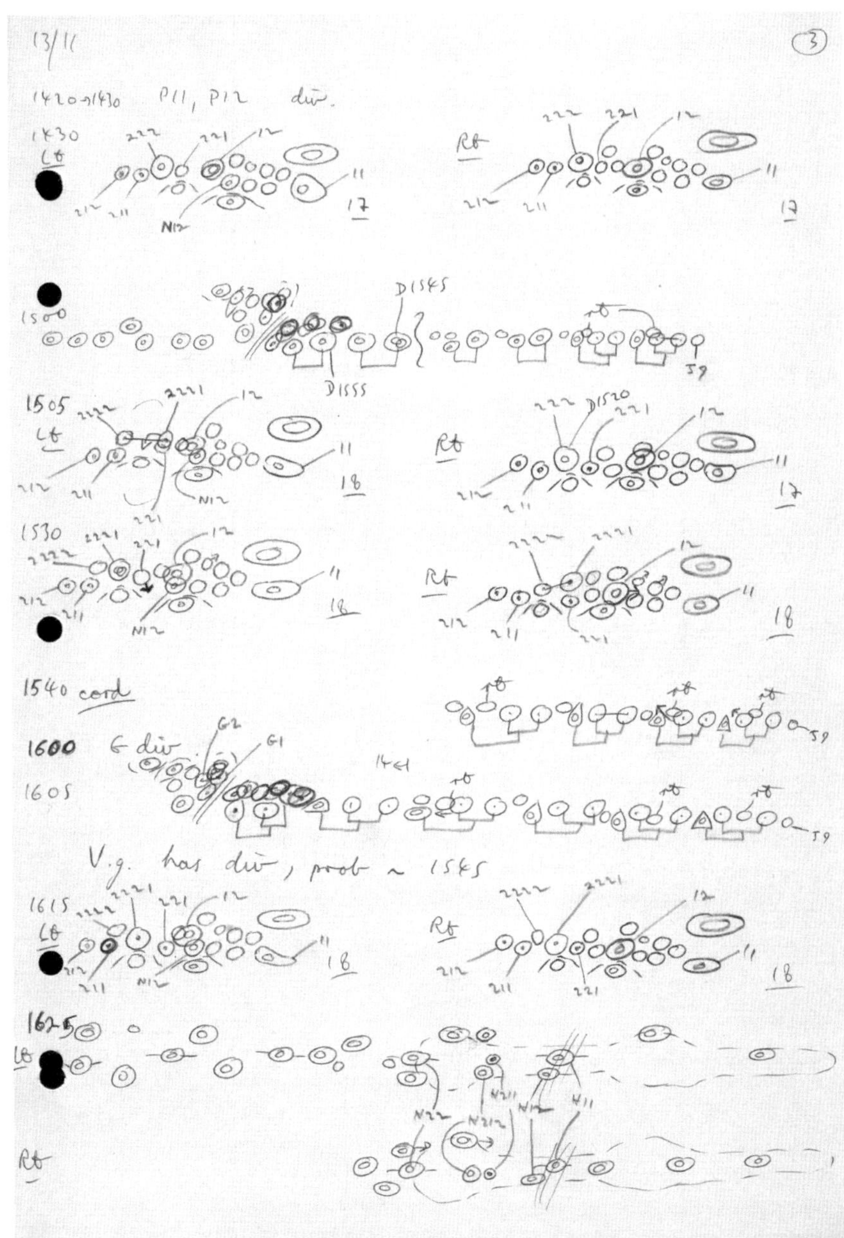

惠康博物馆，伦敦，笔记本手写页，秀丽隐杆线虫（*Caenorhabditis elegans*）尾部染色细胞的代系图

动物学研究中最令人震惊的功绩之一，便是对一种多细胞生物秀丽隐杆线虫的研究——研究者精确地确定了其幼虫体内每一个细胞的分裂和分化模式。在这个过程中，共有 671 个细胞源源不断地产生，而这些细胞的命运是预先决定的。由此一来，这种不起眼的生物成了现代发育生物学研究的支柱之一。

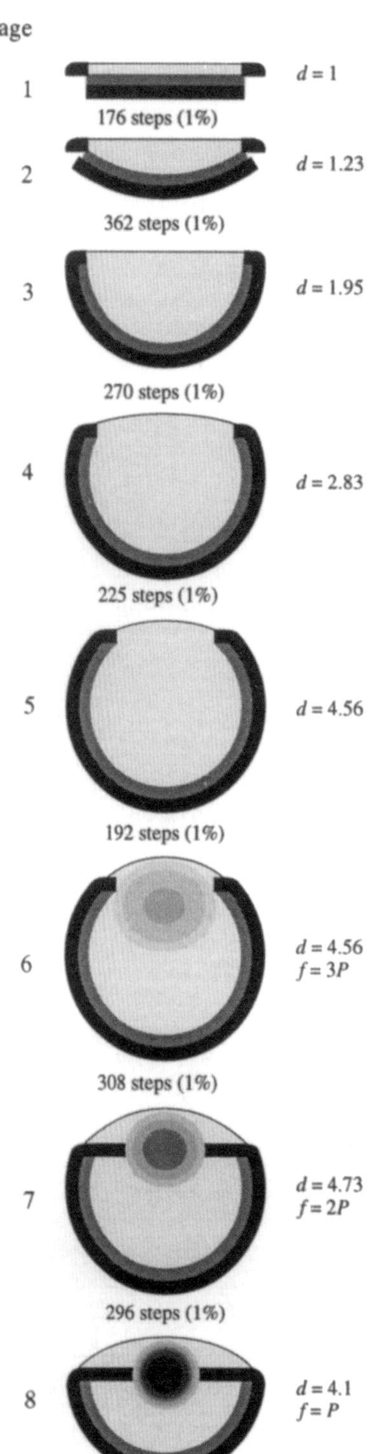

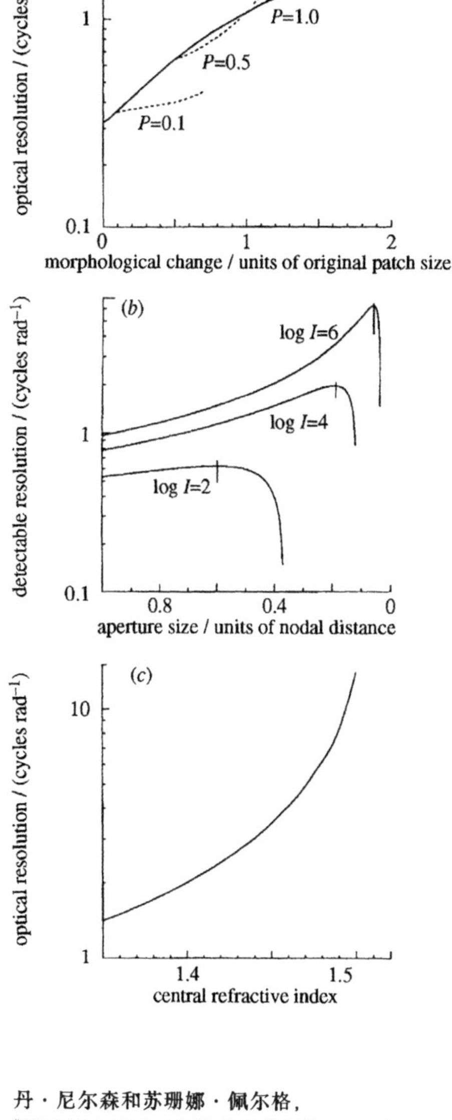

丹·尼尔森和苏珊娜·佩尔格，
《眼睛演化所需时间的悲观估计》，1994 年，
《皇家学会学报 B 辑》，第 256 卷，第 53—58 页

就连达尔文都担心过，如何解释像眼睛这样近乎完美的器官是怎样不借由神的设计，而是通过自然选择演化出来的。然而，最近对眼睛演化的模拟研究表明，这个过程可以发生得非常快。这个结果也许可以解释，为什么那么多五花八门的动物都长出了眼睛。

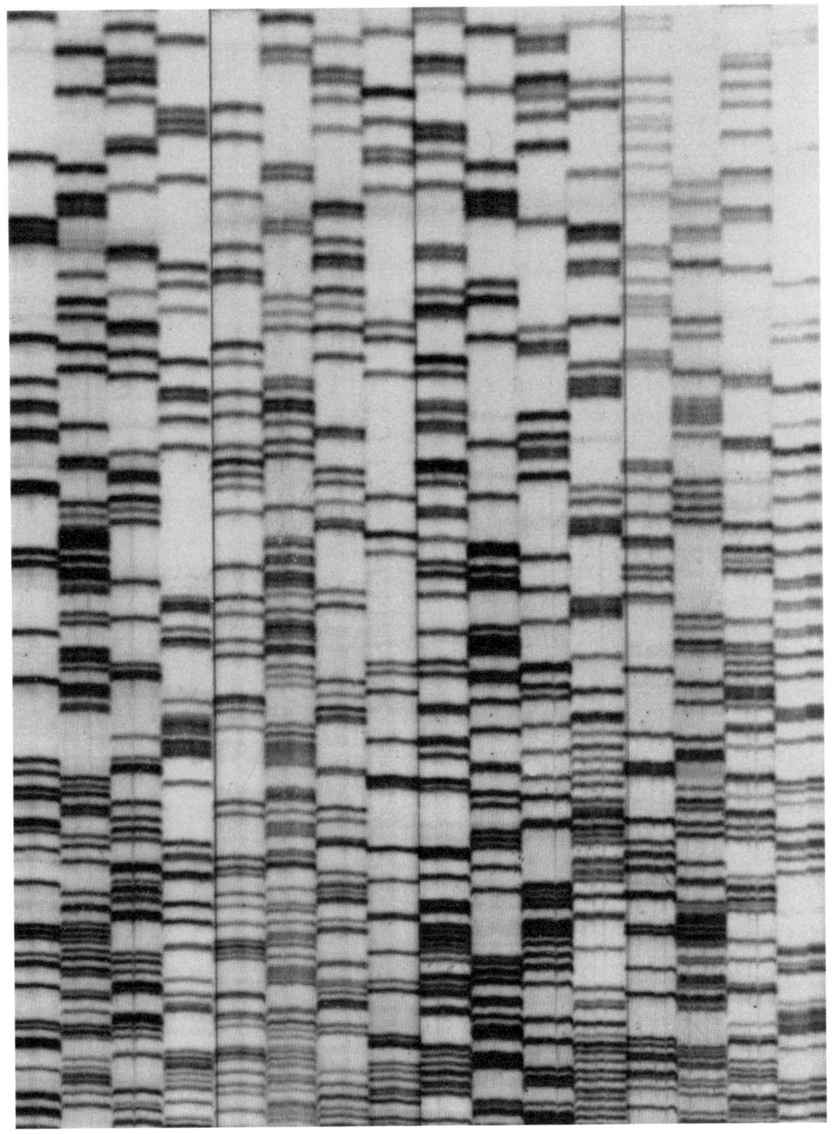

大卫·班布里奇，《来自入侵的牛滋养层细胞的移植抗原 DNA 序列》，1999 年

DNA 测序技术已经改变了实验生物学——科学家不仅可以观察到动物的结构、功能和行为，如今还可以解密它们体内蕴藏的遗传密码。这张图片来源于作者对一组特定基因的研究，这些基因被认为能在反刍动物怀孕期间的免疫过程中发挥作用。在这项研究中，作者使用了目前已经被取代的放射性 DNA 测序技术。DNA 密码由很多组序列构成，一组序列就是一个从细胞样品中纯化提取的核酸分子，其中包含四条垂直排列的序列。形成这些序列的是四种碱基，分别简称为 A、C、G 和 T。

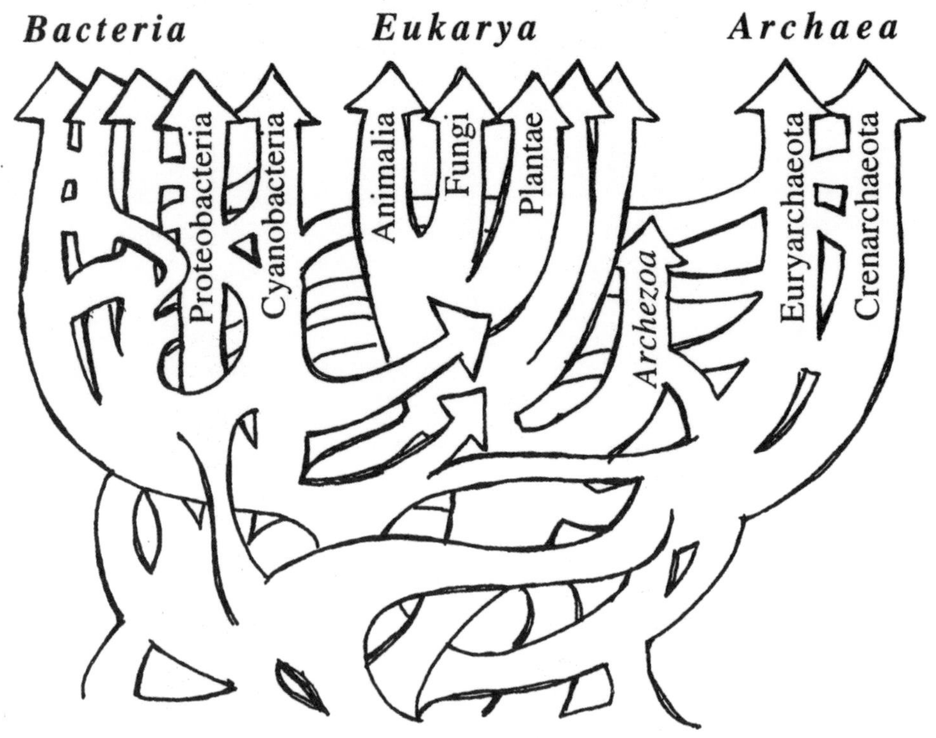

W. 福特 · 杜利特尔，《系统分类与总体演化树》，1999 年，《科学》，第 284 卷，第 2124—2128 页

到了二十一世纪初，人们已经清楚地意识到，生物并不会以简单的、分支的、树状的模式发生演化。首先，越来越多的证据表明，许多细菌中的大部分 DNA 似乎是最近才获得的，显然是通过“横向转移”过程从其他细菌那里偷来的。此外，我们觉得病毒能够提供一种途径，实现大量 DNA 片段在复杂动物，如蛇与牛之间的传递。最后，现在的人们普遍认为，构成动物、植物和真菌等复杂“真核生物”的有核细胞，实际上是来自至少两种或更多种原始细菌的集合体。由于存在如此之多的分享与合并，正如这两页上的图片所示，“生命之树”发生了根本性的变化——现在看来，不仅是一个分支可以一分为二，而且两个分支还可以令人困惑地合二为一。

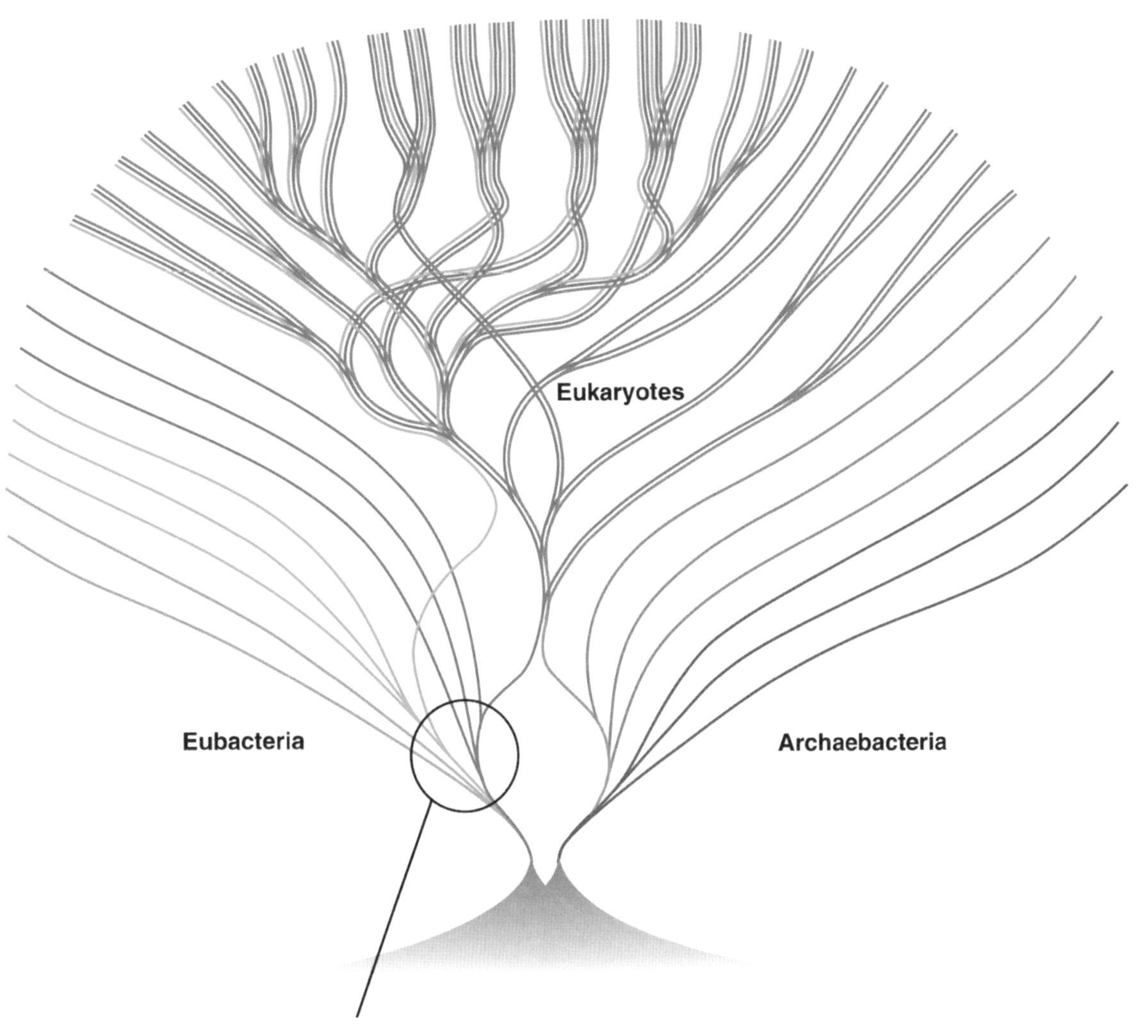

威廉·马丁,《镶嵌而成的细菌染色体：通往基因组树之路中的挑战》，1999 年，《生物学论文集》，第 21 卷，第 99—104 页

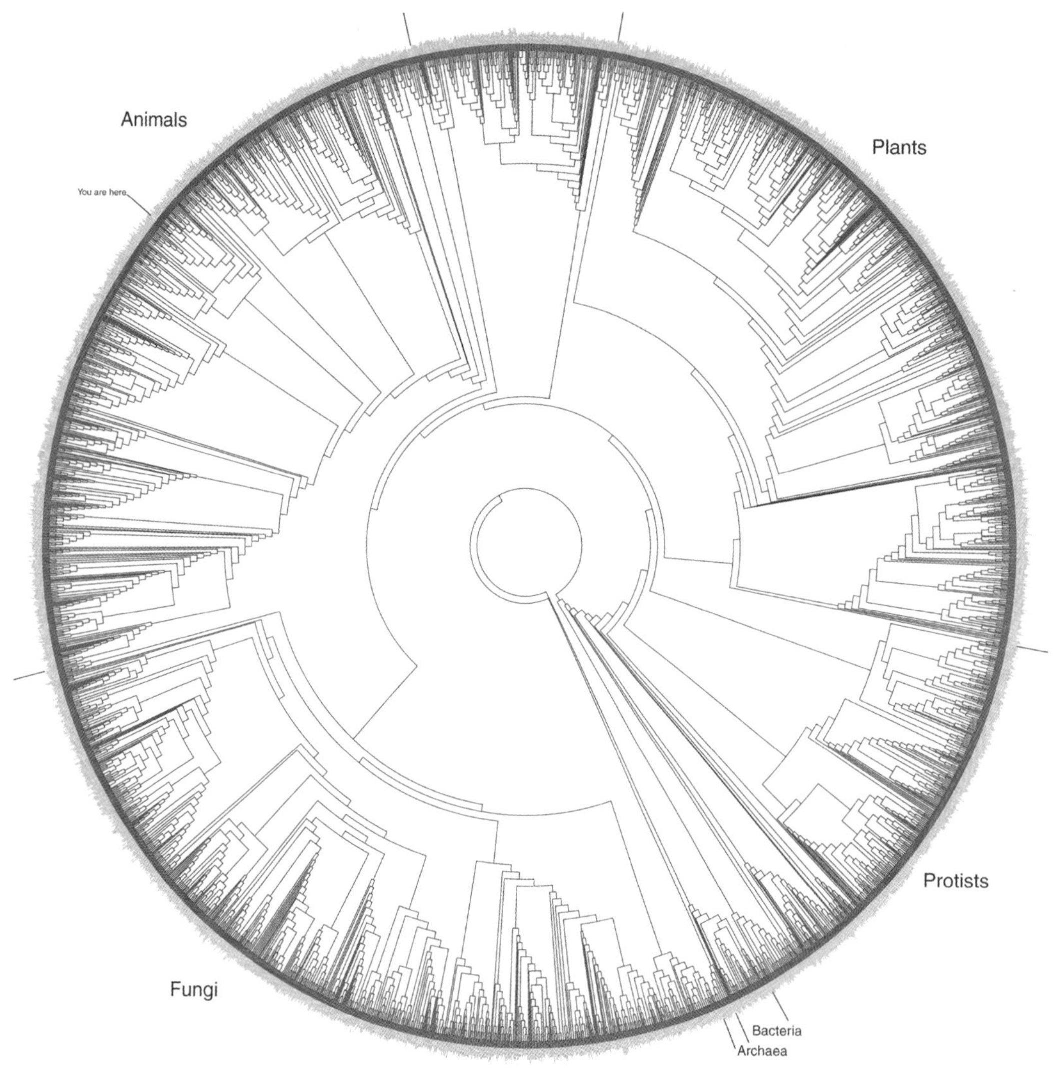

大卫·希利斯和伊丽莎白·彭尼斯，《生命之树的现代化》，2003 年，《科学》，第 300 卷，第 1692—1697 页；希利斯树图

所谓的“希利斯树图”是一个引人注目的尝试，试图创造出一棵能够囊括所有生物的演化树。因为任何一棵树上的末端新枝数量都大大超过了主枝，如今许多系统遗传学家将他们的树重新布局成了圆形，如此处所示：中间有一个“主干”，而末端新枝排布在圆周上。圆形希利斯树图那圈看上去模模糊糊的“外缘”，实际上是所包含物种的名字，用极小的字体写就。我们需要在希利斯树图中注意的是，它倾向于表现真核生物，即那些由有核细胞构成的生物，如真菌、植物和动物，而数量更多的细菌和古菌，则在这个钟表盘状图中大约五点钟的位置上，笼统被归入了一个所占面积很小的分支。对于我们人类来说，位于十点半位置的那些分支仿佛发出了微弱的声音，呼喊着“看，你在这里”。

卡罗尔·巴兰格，《生命之树：向达尔文致敬》，2007年

这幅图有着恰如其分的双关：图的中心是一个截断的树干，上面叠加着希利斯树图。

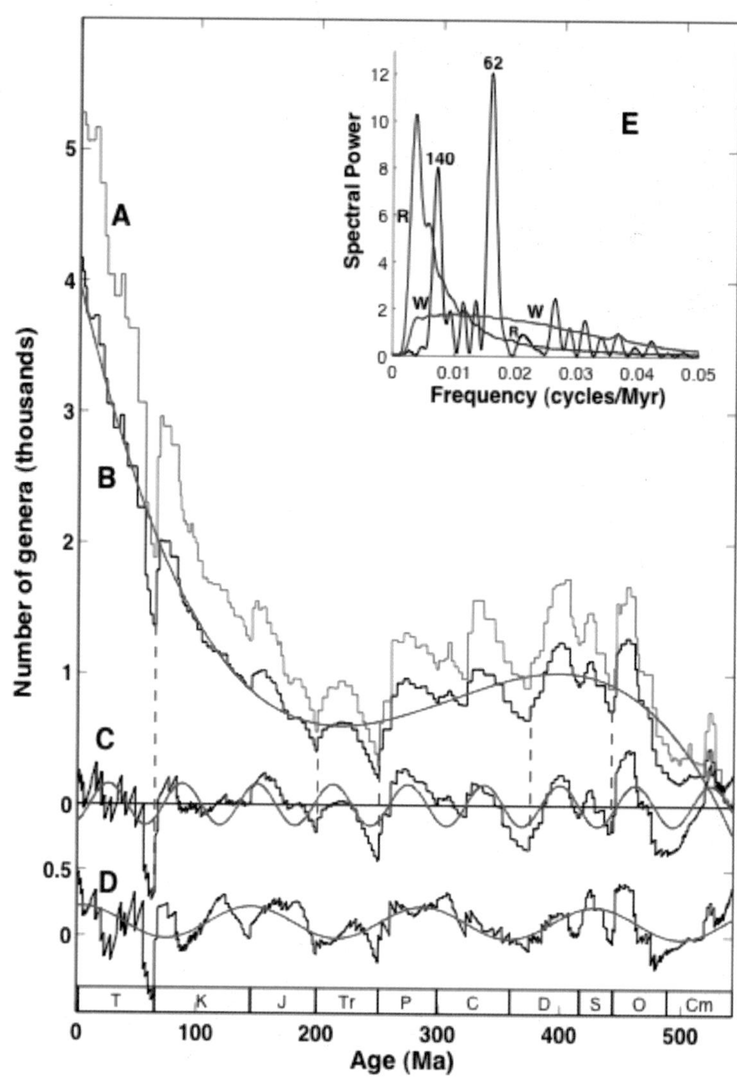

罗伯特·罗德和理查德·穆勒,《化石多样性的循环》,2005 年,
《自然》,第 434 卷,第 208—210 页

这是一个复杂的图表，从中可以解读出的意义也非常宏大。绿色的曲线“A”代表了地质年代中已知的海洋化石群的数量，最左边代表现在，最右边则是 5 亿年前。然后，这些数据被整理成 B、C、D 等曲线，移除部分干扰趋势后的数据证明了大灭绝事件会以 6200 万年为周期规律性地发生。这个推测出的周期其背后的原因仍是未知，有可能是天体运转引发的。

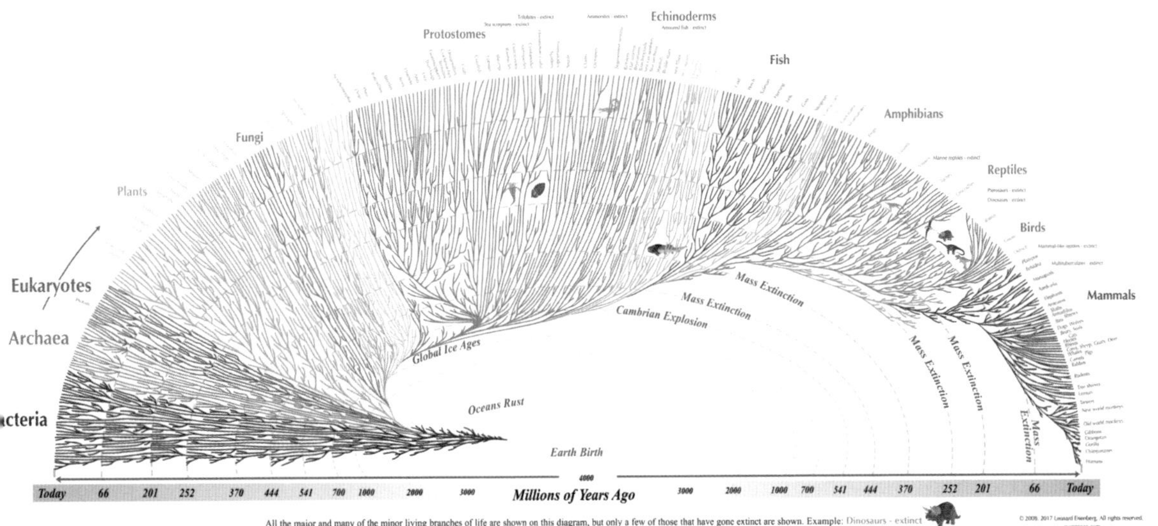

L. 艾森伯格，《生命之树》

一个旨在辅助教授演化理论的教学工具。这样的生命之树采用半椭圆形的样式，解决了单个主干具有多个分枝的排布问题。

亚历山大·格拉夫德斯基等，《哺乳动物基因的多样性与染色体组型的演化》，2011 年，《分子细胞遗传学》，第 4 卷，第 22 页

就像动物一样，染色体本身也会随着时间的推移而演化。这张图显示出鸡和人的染色体在排列上具有明显的相似性。每一种颜色都对应着 23 对人类染色体中的一种，并叠加在 39 对鸡染色体中分散的相似区域上。

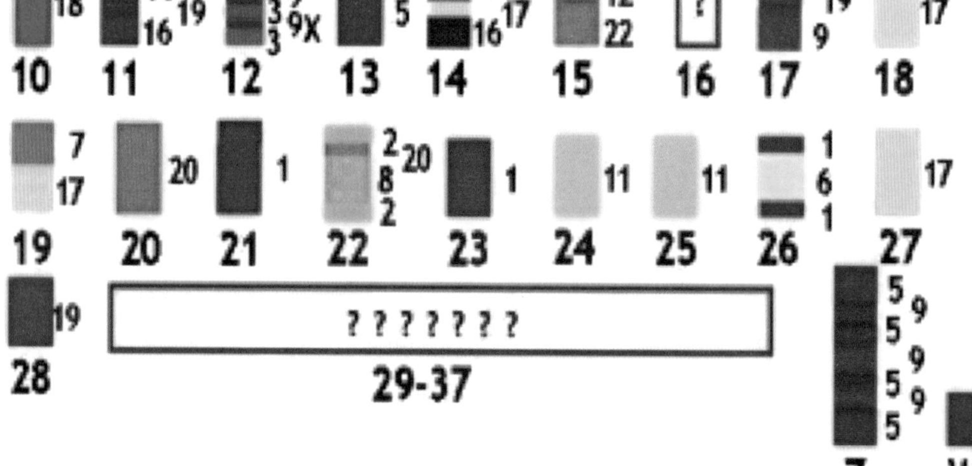

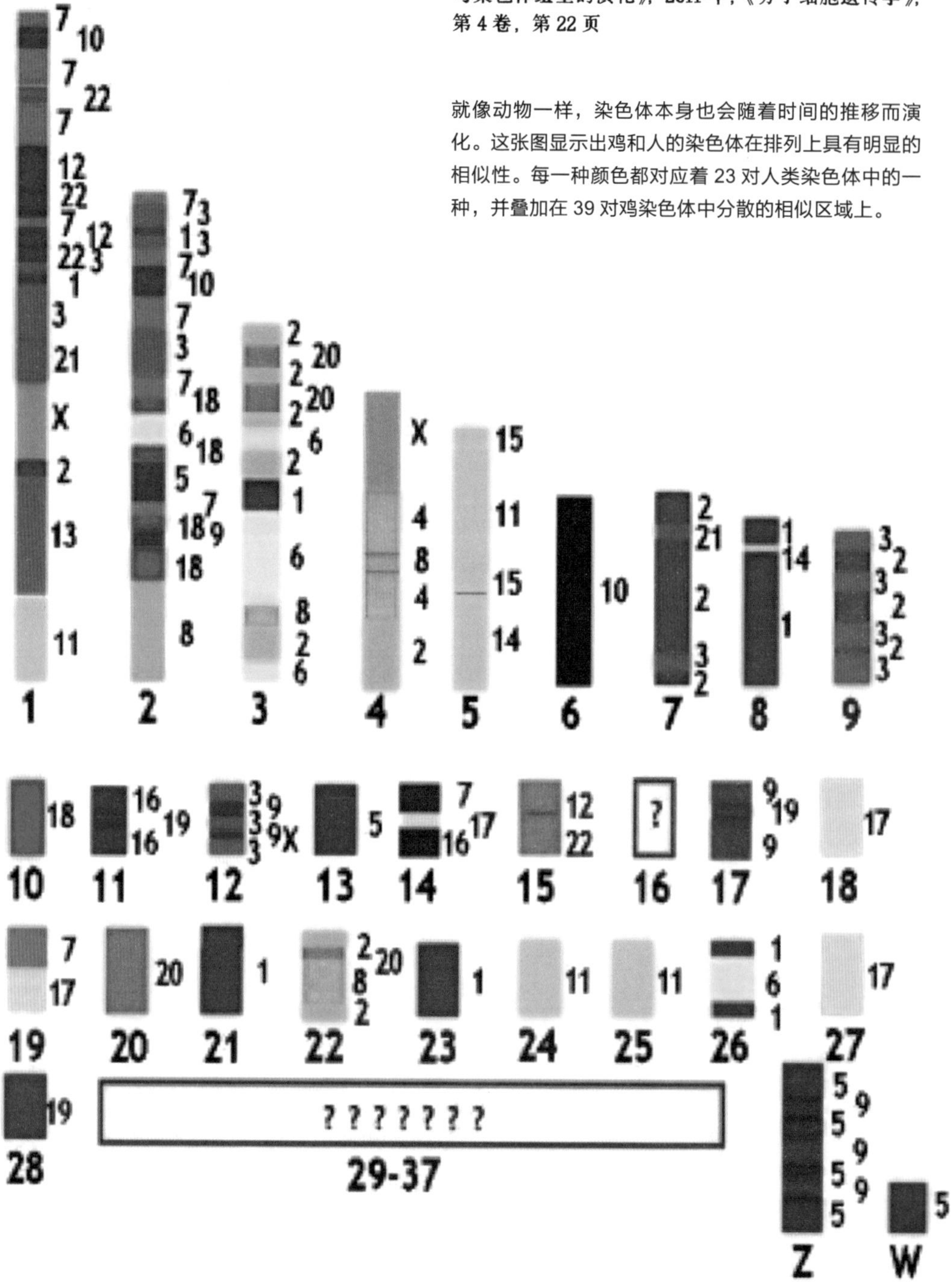

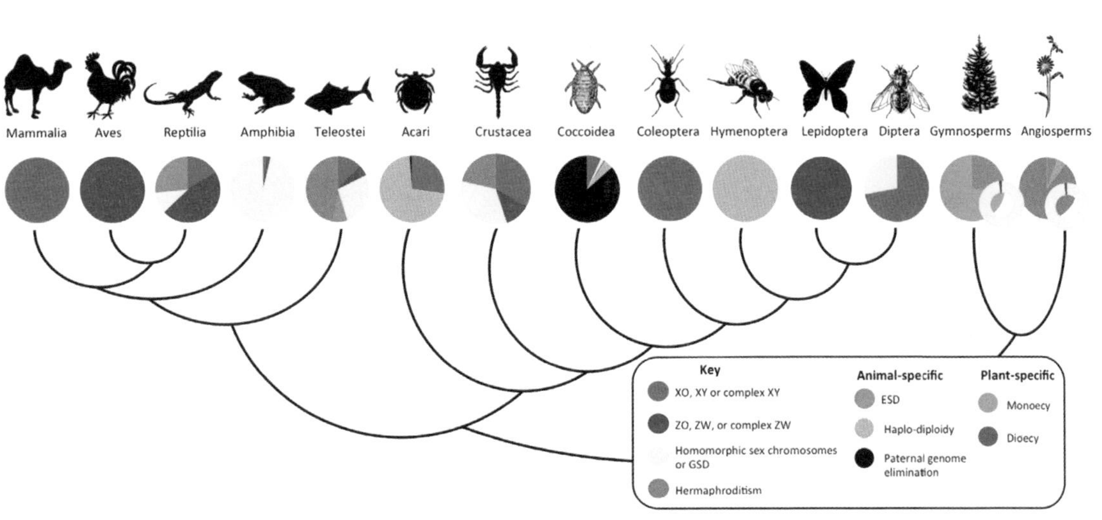

多里斯·巴斯罗格，《性别决定——为什么要有这么多方式？》，2014 年，《公共科学图书馆》（PLOS），1001899

在不同动物的胚胎发育过程中，决定其性别的机制千差万别。哺乳动物使用的性别决定系统基于 X 和 Y 这两种性染色体（图中红色部分），甲虫（鞘翅目昆虫）也是如此。相比之下，鸟类（Aves，蓝色部分）则采用 Z/W 染色体系统，表面上看来，这与哺乳动物的系统正好相反（含有 ZZ 染色体的鸟是雄性，而含 ZW 染色体的是雌性）。蝴蝶和飞蛾（鳞翅目昆虫）使用类似鸟类的性别决定系统。爬行动物使用多种不同的性别决定系统，包括环境性别决定（图中绿色部分）：在这个调控系统下，后代的性别由卵孵化时的温度决定。

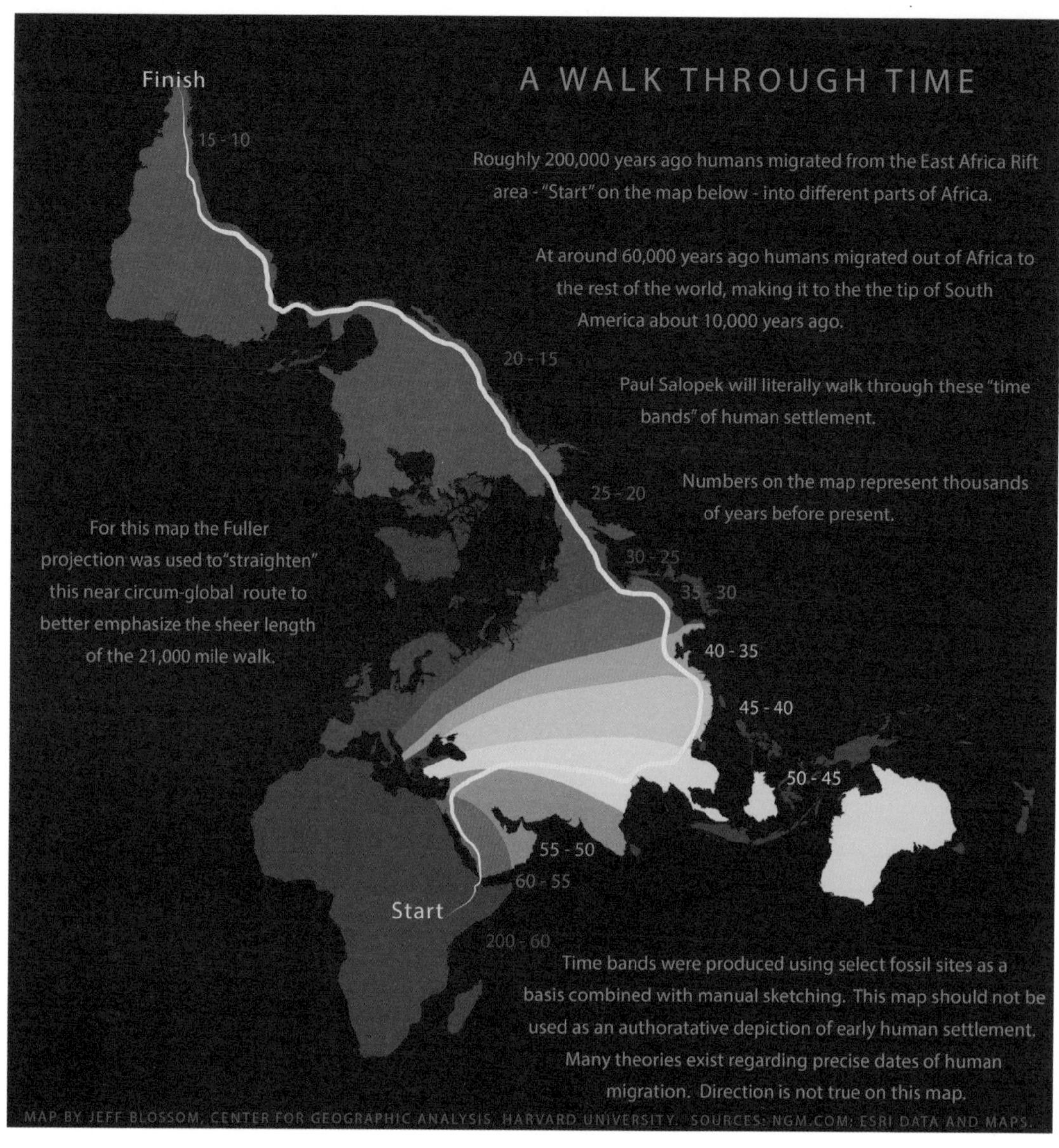

Finish
A WALK THROUGH TIME
15 - 10
Roughly 200,000 years ago humans migrated from the East Africa Rift area - "Start" on the map below - into different parts of Africa.
At around 60,000 years ago humans migrated out of Africa to the rest of the world, making it to the the tip of South America about 10,000 years ago.
20 - 15
Paul Salopek will literally walk through these "time bands" of human settlement.
Numbers on the map represent thousands of years before present.
25 - 20
For this map the Fuller projection was used to "straighten" this near circum-global route to better emphasize the sheer length of the 21,000 mile walk.
30 - 25
35 - 30
40 - 35
45 - 40
50 - 45
55 - 50
60 - 55
Start
200 - 60
Time bands were produced using select fossil sites as a basis combined with manual sketching. This map should not be used as an authoratative depiction of early human settlement. Many theories exist regarding precise dates of human migration. Direction is not true on this map.
MAP BY JEFF BLOSSOM, CENTER FOR GEOGRAPHIC ANALYSIS, HARVARD UNIVERSITY. SOURCES: NGM.COM; ESRI DATA AND MAPS.

杰夫·布洛瑟姆,《穿越时空的旅途》,2015 年

现代人类是所有哺乳动物中分布最广的一个物种，但是现代人类的地理扩散其实是最近才发生的，但扩散得非常迅速。这是一张“等时地图”，用不同的颜色表示出了在某个时间段内，现代人类的地理分布范围。在这种与众不同的地图投影方式下，每一块大陆在原本的形状上都会略有变形。

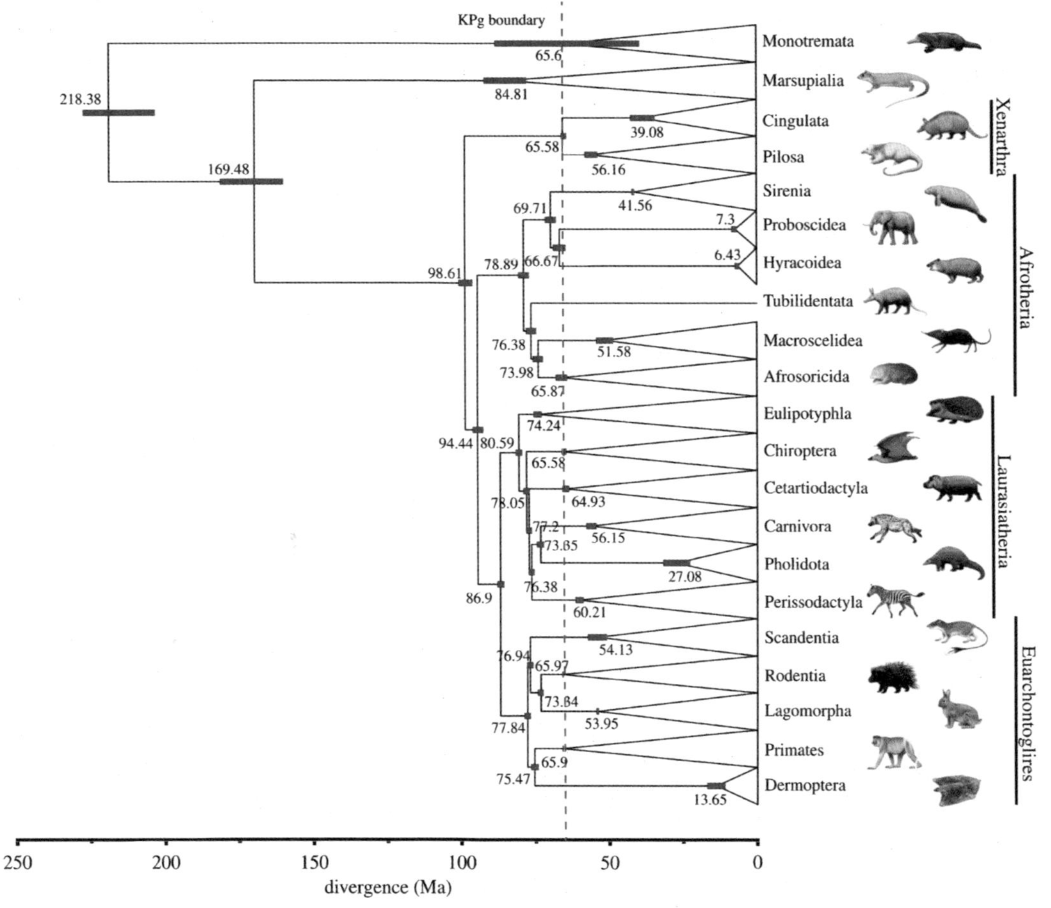

尼科尔·福利等，《哺乳动物的疯狂——哺乳动物的演化树还没有被解决吗？》，2016年，《英国皇家学会哲学学报 B 辑》，第 371 卷，20150140

想解决某二十种左右的哺乳动物类群在整个哺乳动物中的演化关系，其实有着出乎预料的困难。这些类群中不少成员在很久以前就相对快速地彼此分离了，而且还从此走上了令人眼花缭乱的演化道路。错综复杂的交织关系，可能意味着它们的演化谱系在未来的一段时间内仍将悬而不决。

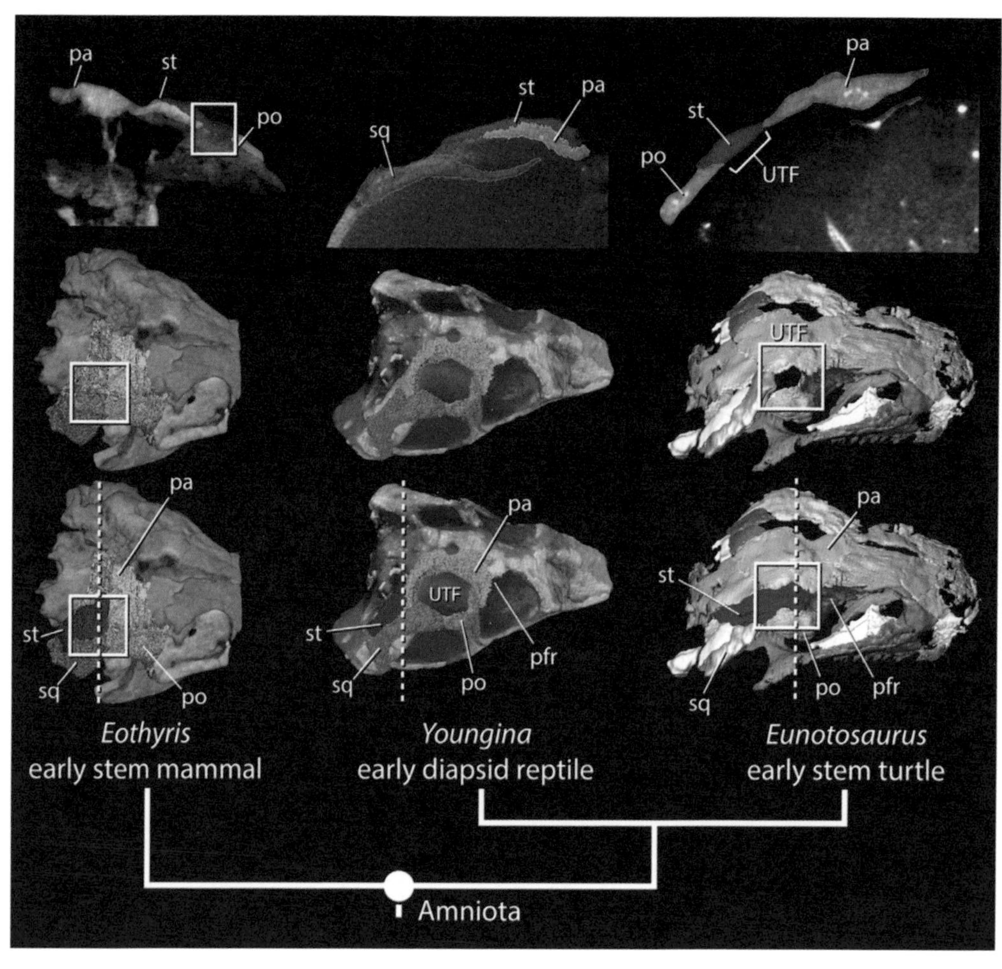

加布里埃尔·毕弗等，《羊膜类的颞区膜颅与龟类头骨的双孔形起源》，2016 年，《动物学》，第 119 卷，第 471—473 页

近几十年，对于“羊膜类”脊椎动物（包括爬行动物、鸟类和哺乳动物）的分类，一直是根据它们头骨两侧的开孔（“颞孔”）来进行的——龟类头骨两侧没有开孔，哺乳动物的每侧各有一个，而鸟类和其他爬行动物的每侧各有两个，诸如此类。长期以来，龟类被认为保留了其原始爬行动物祖先的头骨构造，因此我们无法确定这三种类型头骨所对应的动物中，谁跟谁的演化关系更密切。然而，最近研究者们使用了精细的计算机断层扫描（CT）技术，其观测结果表明，“没有颞孔”的龟类头骨实际上来自“有两个颞孔”的祖先，而并不是延续自没有颞孔的原始爬行动物。如此一来，陆生脊椎动物的三个主要群体的分化模式，现在貌似就已经被解决了：爬行动物和鸟类关系更近，而哺乳动物则是二者的远亲。

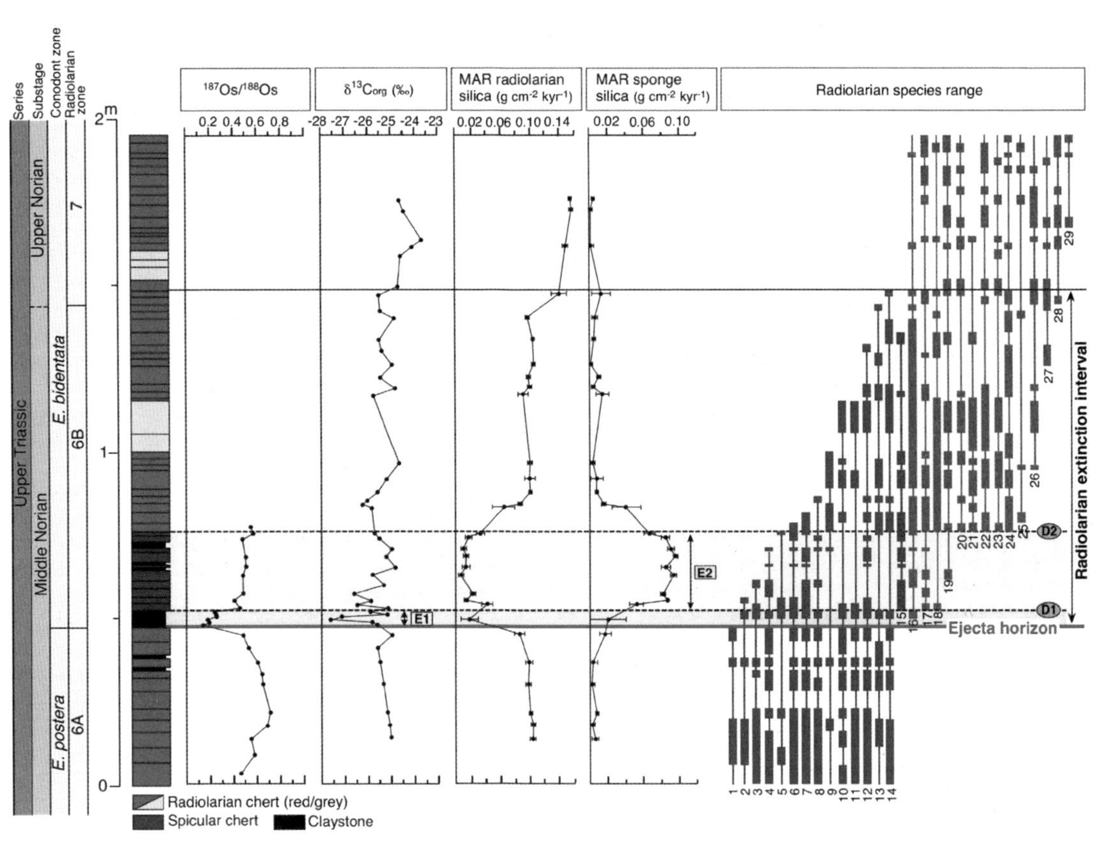

尾上玉山铁二等，2016，《小行星撞击引发了赤道泛大洋地区的晚三叠纪大灭绝事件》，《科学报告》，29609

物种大灭绝的灾难不再只是化石记录中的瞬时性事件，我们现在可以在地质时代上进行连续回溯。这张图表追踪了 2.01 亿年前，在一颗大型小行星撞击地球前后的一段相对较短的时期内，海洋沉积物中化学同位素、物种多样性、动物产生的二氧化硅总量等指标的数值变化。让我们的视线从图表的底部开始向上移动，我们会发现有一条水平的红线标出了小行星撞击的时间，而在撞击之后约 30 万年的这段时间里，几种衡量生态系统健康程度的指标都受到了极大的干扰。撞击之后，许多的陆地动物也同时发生了灭绝。

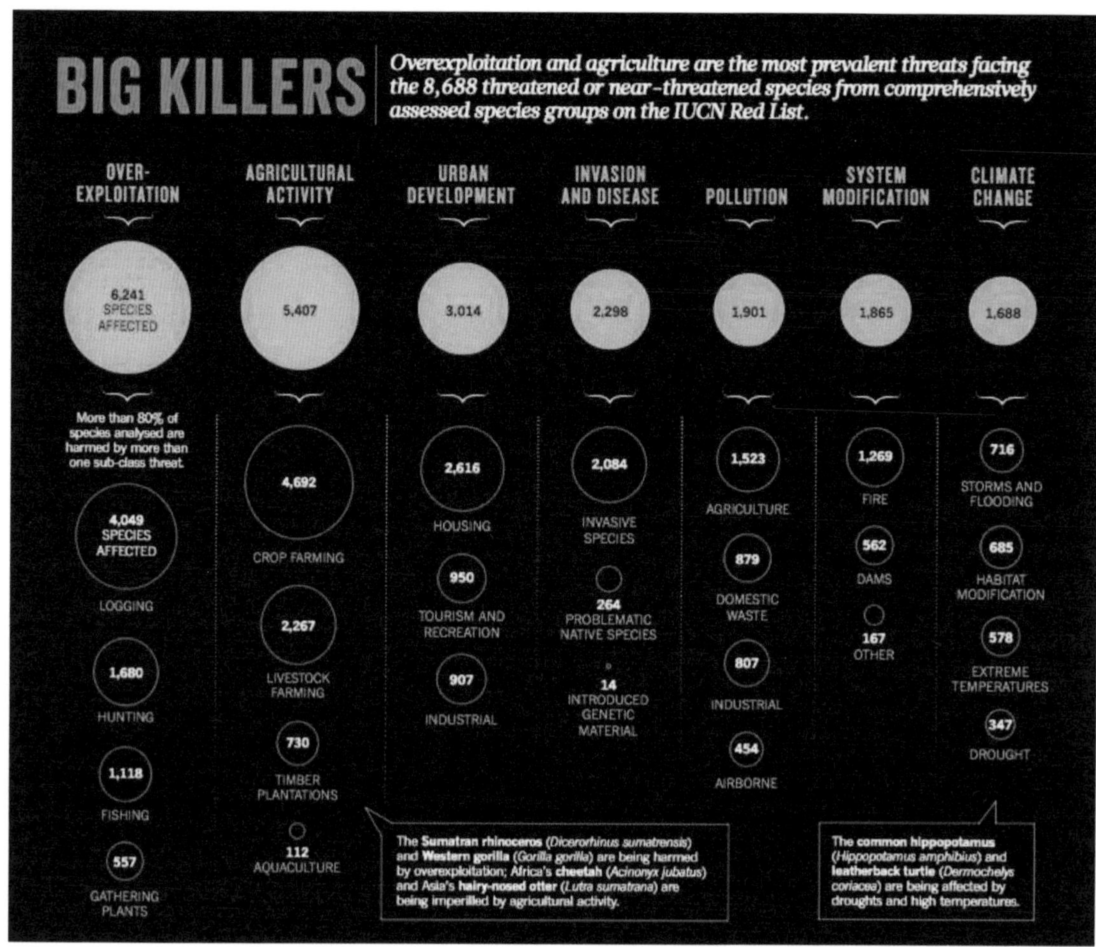

肖恩·麦克斯韦等,《生物多样性——来自枪炮、渔网和推土机的破坏》, 2016 年,《自然》, 第 153—155 卷

我们现在正经历着又一次速度更快的大灭绝，而且是由人类引起的。这幅图总结了哪些人类活动对其他物种的威胁最大。

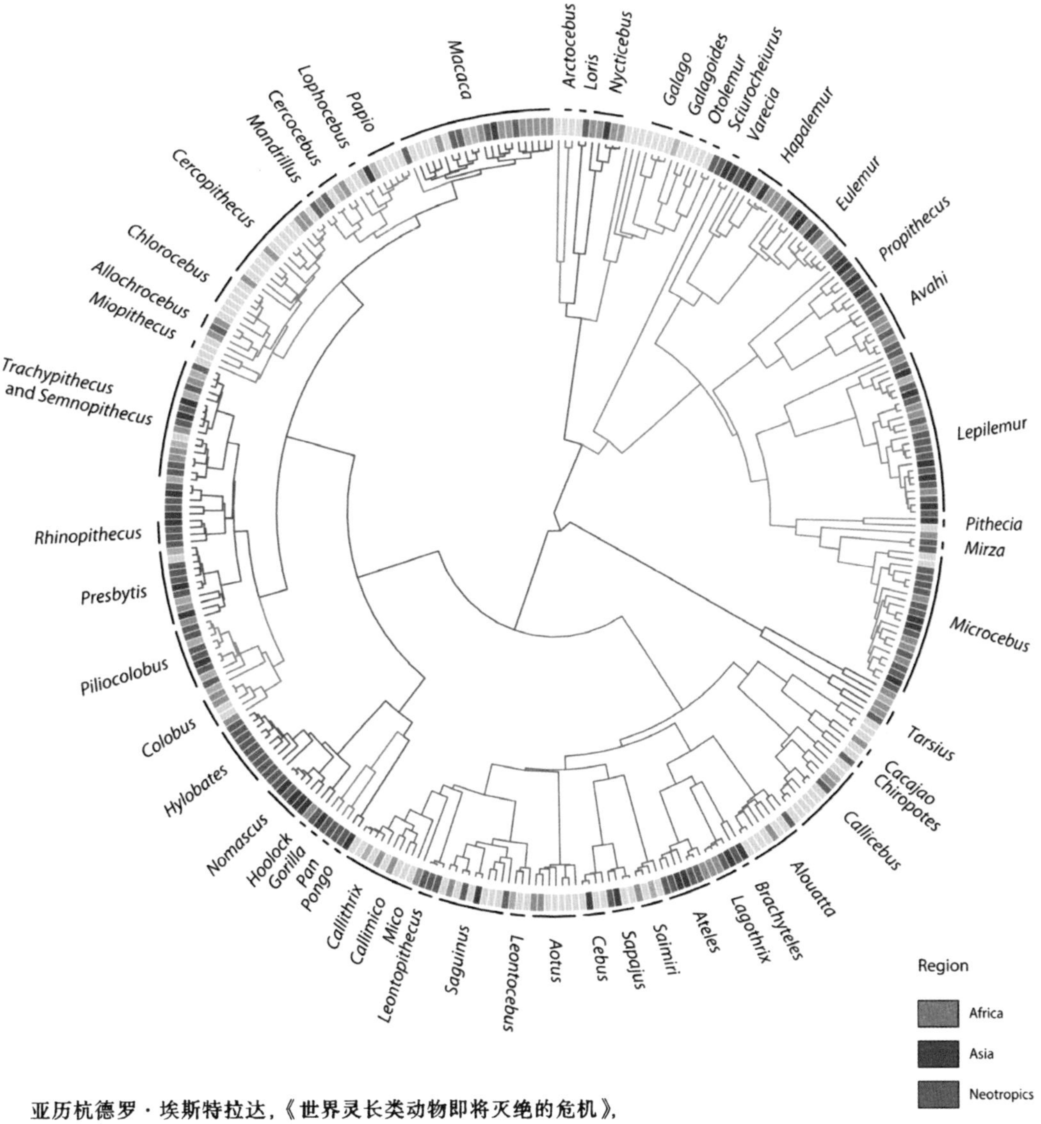

Arctocebus
Loris
Nycticebus
Galago
Galagoides
Otolemur
Sciurocheirus
Varecia
Hapalemur
Eulemur
Propithecus
Avahi
Lepilemur
Pithecia
Mirza
Microcebus
Tarsius
Cacajao
Chiropotes
Callicebus
Alouatta
Brachyteles
Lagothrix
Ateles
Saimiri
Sapajus
Cebus
Aotus
Leontocebus
Saguinus
Leontopithecus
Mico
Callimico
Callithrix
Pongo
Pan
Gorilla
Hoolock
Nomascus
Hylobates
Colobus
Piliocolobus
Presbytis
Rhinopithecus
Trachypithecus and Semnopithecus
Miopithecus
Allochrocebus
Chlorocebus
Cercopithecus
Mandrillus
Cercocebus
Lophocebus
Papio
Macaca

Region

Africa

Asia

Neotropics

亚历杭德罗·埃斯特拉达,《世界灵长类动物即将灭绝的危机》, 2017 年,《科学进展》, 第 3 卷, e1600946

Red List status

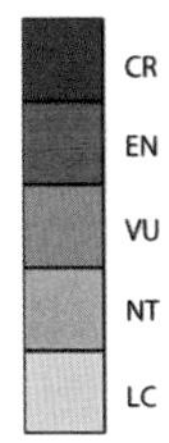

这是一张含有综合信息的分支图，不单包括世界灵长类动物的圆形演化树，还标明了它们的地理分布位置（蓝色 / 绿色 / 灰色分支），以及它们的濒危状态（圆周外围红色 / 黄色的条块）。作为人类最近的亲戚，大猩猩和黑猩猩在图上七点半的位置。如果一个物种正处于危险之中，那么比起其他物种，那些与其亲缘关系相近的物种更有可能同样处于危险之中。这说明了我们应该对哪些物种实施保育措施，一定程度上取决于演化上的亲疏关系。

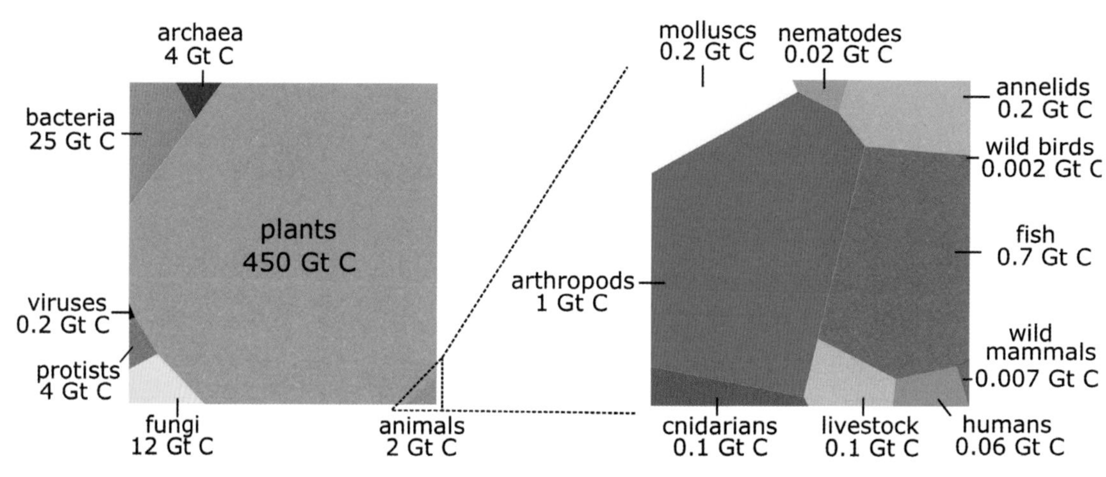

伊农·巴-昂等，《地球上的生物量分布》，2018 年，
《美国国家科学院院刊》，第 115 卷，第 6506—6511 页

这项对全世界各种生物量的评估，是近年来最引人入胜的动物分类学工作之一。根据作者们的估计，目前世界上有 5500 亿吨的碳被封存在生物体内，而其中只有 20 亿吨存在于动物体内。也许会令人惊讶的是，地球上大部分的生物量是在陆地上，主要是以树干的形式存在，而大多数的动物生物量则是在海洋里。右边的方块代表动物的生物量，其中一半左右是节肢动物（甲壳类动物、昆虫和蜘蛛等），其余的大部分是鱼。人类的总重量，比不上人类自己驯养的牲畜的总重量，但已经是所有野生哺乳动物总重量的十倍，是所有野生鸟类总重量的三十倍。

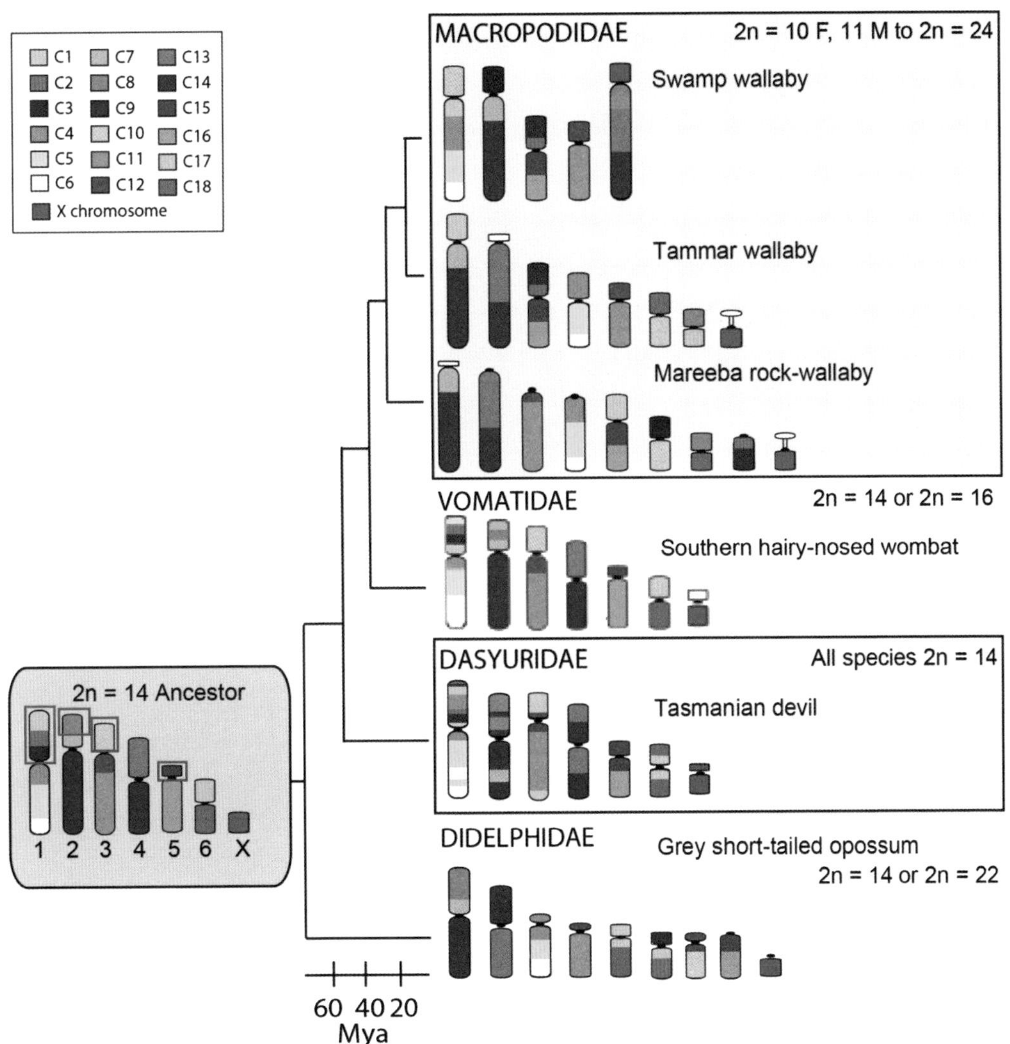

亚妮内·迪肯，《有袋类动物染色体的演化》，2018 年，《基因》，第 9 卷，第 72 页

保持演化的不仅仅是动物和它们体内的基因，它们的染色体结构也会随着时间推移而发生变化。然而，染色体分裂、融合和片段交换的原因尚不清楚。事实上，我们甚至不知道为什么不同物种要拥有特定数量的染色体，也不知道为什么特定的基因需要位于特定的染色体上。这项研究试图利用有袋类动物异常众多的染色体来研究它们的演化。一些有袋类动物的染色体在长时间内几乎没有改变，而另一些则经历了显著的重新排列，然而造成这些差异的原因至今仍然不明。（Mya 的意思是“百万年前”）

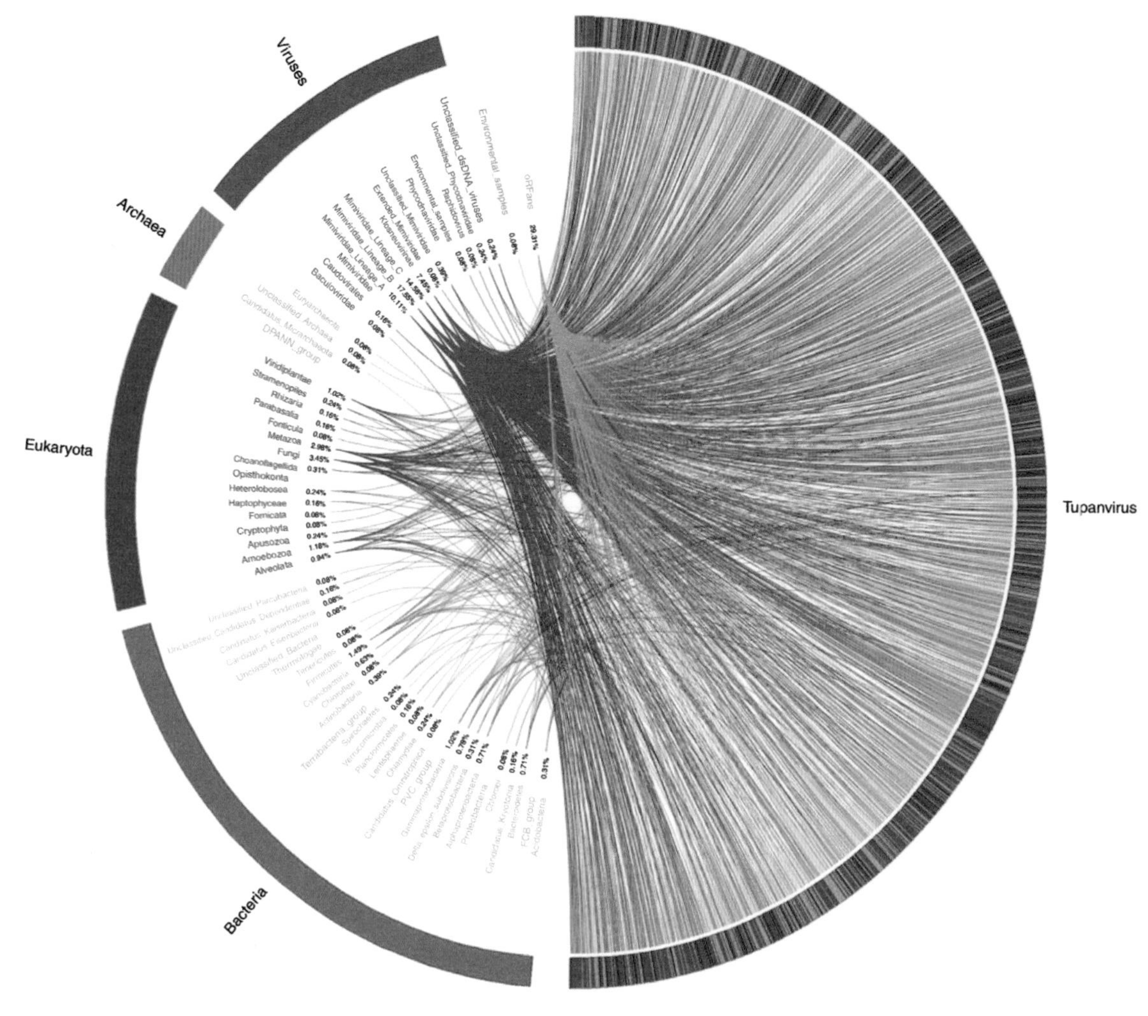

霍纳塔斯·阿布拉赫,《有尾巨型病毒拥有病毒界已知最完整的蛋白编译装置》,2018 年,《自然通讯》,第 9 卷,论文 749

如何处理产生的海量数据，是现代分子生物学面临的一大挑战。因此人们发明了由计算机生成的新的可视化图示，以使这些数据变得易于理解。大多数病毒只有很少的基因，需要利用宿主细胞的机制来进行复制。但有一种巨型病毒（Tupanvirus）自身的基因数量就异常庞大，这幅图像就来自对这种病毒的研究。这种巨型病毒的基因被绘制在圆圈的右半部分，并通过弧线与左边的生物中最与之类似的基因相连，左边的生物包括其他病毒（红色）、古菌（粉色）、动植物和真菌（蓝色），以及细菌（绿色）。

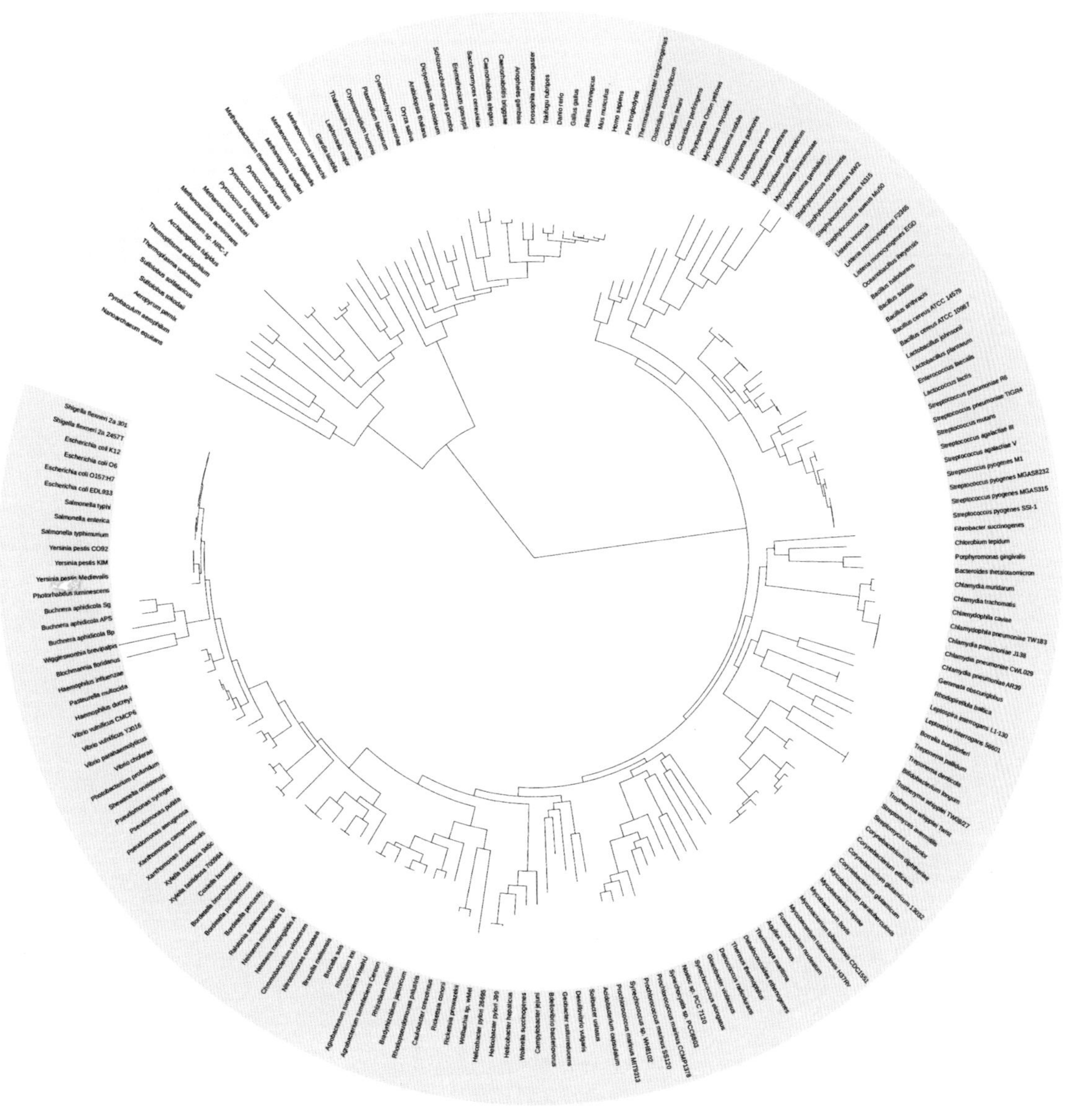

“交互式生命之树”，2019 年

由欧洲分子生物学实验室主办的“交互式生命之树”并不是一张单一的图像，而是一个在线工具。科学家们可以上传自己的分类数据，而且各种格式的数据都可以在上面进行可视化，最终形成的图像通常在视觉上会很吸引人。

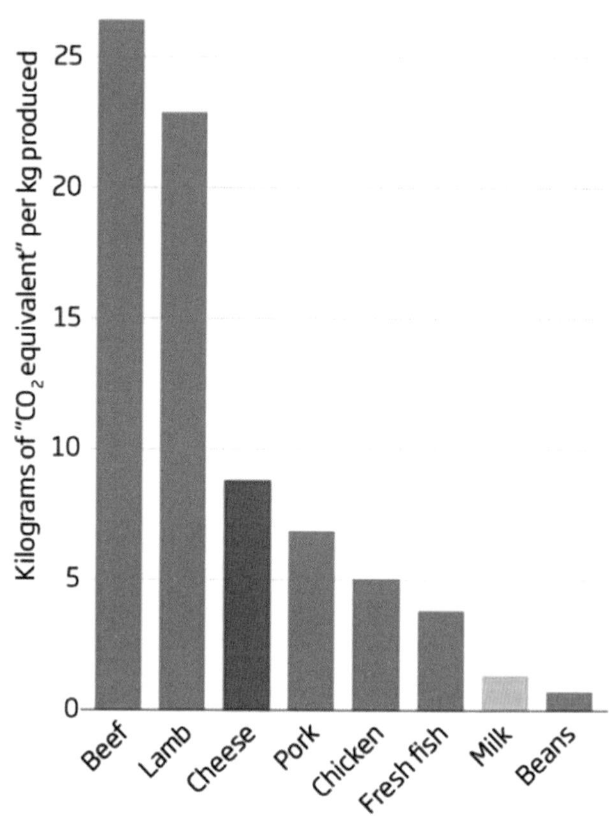

格拉汉姆 · 劳顿，《奶酪的真相》，2019 年，《新科学家》，第 3127 卷

现在人们认识到，饲养动物作为食物是人类破坏环境最主要的方式之一。这张图表改编自联合国粮农组织的《通过畜牧业应对气候变化的评估》，比较了生产 1 千克不同的肉类和乳制品所产生的二氧化碳量。动物性来源的食物总是没有植物性来源的那么节能，因为前者来自食物金字塔的上层（见 192 页）。此外，反刍动物胃中的微生物会产生甲烷，一种比二氧化碳具有更强温室效应的气体。

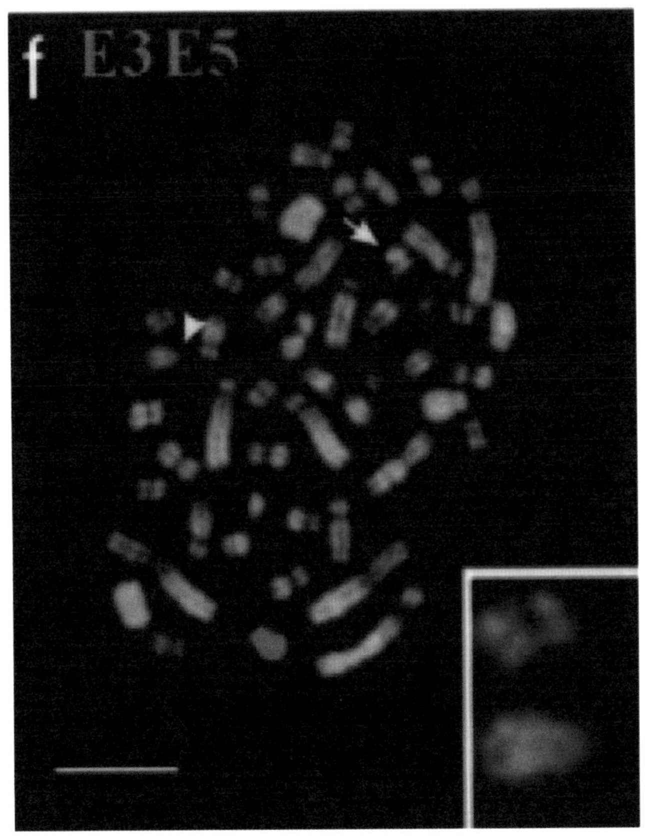

威廉·伦斯等，《鸭嘴兽中雄性染色体 $X_1Y_1X_2Y_2X_3Y_3X_4Y_4X_5Y_5$ 染色体组型结构的解析和演化》，2004 年，《美国国家科学院院刊》，第 101 卷，第 16257—16261 页

鸭嘴兽的分类位置对生物学家来说依然是个挑战。在大部分哺乳动物中，性别是由一对性染色体决定的，雌性有两条 X 染色体，而雄性有一条 X 加一条 Y 染色体。然而，鸭嘴兽的性别却不只由一条性染色体，而是由复杂的染色体组来决定的，其中看起来包含了五条性染色体，其排列和遗传过程十分烦琐。这项研究使用了一种叫作“染色体涂绘”的技术来生成上图，用于鉴定这十条染色体的哪些部分是共有的。此外，另外一些研究也表明，鸭嘴兽缺乏其他哺乳动物中驱动雄性性别生成的关键基因。

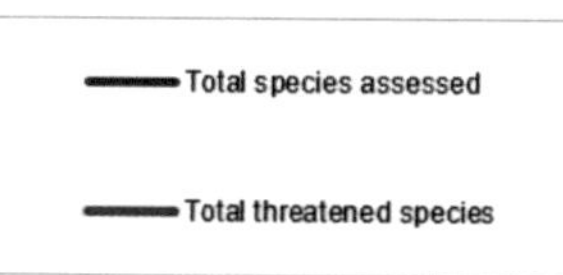

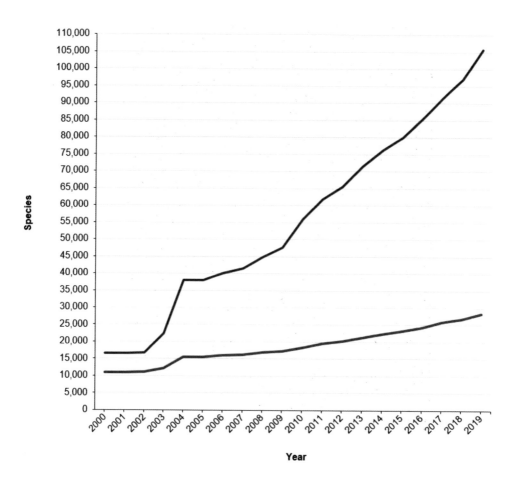

世界自然保护联盟（IUCN）红色名录，2019 年；IUCN 濒危物种红色名录（2000—2019 年）中受到评估的物种数量在持续增加

IUCN 会定期更新世界濒危物种名录，但这些数据经常会受到误解。图表上的红线是在过去二十年中被评估为受威胁物种的数量。受威胁物种数的增长，部分可归咎于栖息地的持续丧失和其他的人为原因，但主要还是由于 IUCN 数据库规模的稳步增长（黑线）所造成的。评估的物种越多，发现的受威胁物种自然就越多。

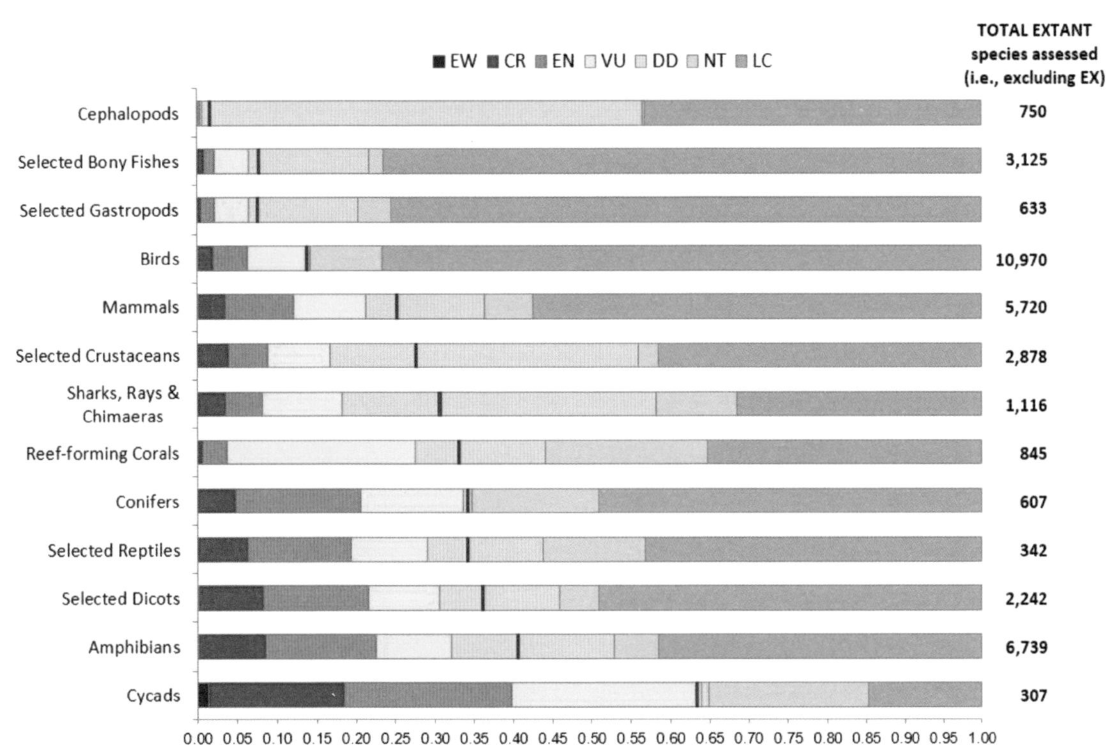

世界自然保护联盟（IUCN）红色名录，2019 年；各类动物在 IUCN 濒危物种红色名录中，不同等级现存物种的比例

人类活动所造成的威胁，在不同动物群体之间是不均等的。在这个图中，每个横条代表了一组动物或植物，并根据其含有物种所面临的威胁程度，被细分为不同的颜色：EW（野外灭绝），CR（极度濒危），EN（濒危），VU（脆弱），DD（数据不足），NT（威胁附近），LC（极少关注）。

译名对照表

页码为词条在书中首次出现的位置

文献

《阿伯丁动物寓言集》Aberdeen Bestiary 2
《澳大利亚哺乳动物》The Mammals of Australia 92
《比较解剖学基础》Grundzüge der Vergleichenden Anatomie 122
《博物学者》Physiologus 4
《哺乳动物》Die Säugetiere 174
《哺乳动物的疯狂——哺乳动物的演化树还没有被解决吗？》Mammal madness: is the mammal tree of life not yet resolved? 227
《不列颠动物志》British Zoology 45
《穿越时空的旅途》A Walk Through Time 226
《词源》Etymologiae 5
《达尔文理论》Darwinism 136
《达尔文理论和语言学》Die Darwinsche Theorie und die Sprachwissenschaft 131
《大洪水前的动植物》Tableau des Animaux et des Végétaux Éxistans Avant le Deluge 111
《地球上的生物量分布》The biomass distribution on Earth 232
《地球生命：起源与延续》Life on the Earth 126
《地球原理》（乔治·居维叶）Théorie de la Terre 83
《地球原理》（詹姆斯·赫顿）Theory of the Earth 46
《地质学原理》Principles of Geology 90
《动物的地理分布》The Geographical Distribution of Animals 92
《动物的地理分布与分类》A Treatise on the Geography and Classification of Animals 101
《动物发育史》Über Entwickelungsgeschichte der Thiere 100
《动物解剖》Anatome Animalium 38
《动物界》Le Règne Animal 47
《动物进化》Animal Evolution 202
《动物认知的演化》Mental Evolution in Animals 147
《动物生态学》Animal Ecology 192
《动物史》Historiae Animalium 5
《动物学》Zoology 228
《动物学第十三卷：无颌类和有颌鱼类》Traité de Zoologie: Tome XIII: Agnathes et Poissons vi
《动物学特辑》Zoologia Specialis 96
《动物学原理》Principles of Zoölogy 91
《动物学哲学》（让-巴蒂斯特·拉马克）Philosophie Zoologique 47
《动物学哲学》（约翰·弗莱明）The Philosophy of Zoology 94
《动物演化的阶段》Über die Entwicklungsstufen des Thieres 77
《动植物驳难》Elenchus Zoophytorum 45
《方法纲要》Synopsis Methodica 44
《放射虫》Die Radiolarien 155
《分子细胞遗传学》Molecular Cytogenetics 224
《弗朗西斯·梅特兰·贝尔福作品集》The Works of Francis Maitland Balfour 162
《给孩子的图画书》Bilderbuch für Kinder 94
《海洋的世界》Le Monde de la Mer 133
《化石多样性的循环》Cycles in fossil diversity 222
《皇家学会博物馆》Musaeum Regalis Societatis 7
《皇家学会学报 B 辑》Proceedings of the Royal Society B 216
《基督教辞令》Rhetorica Christiana 17
《脊椎动物比较形态学导论》Einführung in die Vergleichende Morphologie der Wirbeltiere 200
《脊椎动物的结构和发育研究》Studies on the Structure and Development of Vertebrates 196
《脊椎动物的身体》The Vertebrate Body 214
《脊椎动物的生活》The Life of Vertebrates 175
《脊椎动物解剖学》On the Anatomy of Vertebrates 133
《加布里瓦·法罗皮奥的解剖课》Lectiones Gabrielis Fallopii 26
《结晶的灵魂：无机生命的研究》Kristallseelen 171
《解剖学记录》Anatomical Record 177
《康涅狄格河谷地质指南》Geology of the Connecticut Valley 102
《科学报告》Nature Scientific Reports 229
《科学进展》Science Advances 231
《昆虫诞生实验》Esperienze Intorno alla Generazione degli Insetti 32
《昆虫学论文》Traité d'Insectologie 57
《利用有机物化石鉴定地层》Strata Identified by Organized Fossils 46
《两栖动物与爬行动物》Amphibia and Reptiles 178
《林奈学术趣谈》Linnaeus' Academic Delights 62
《论根据牙齿对动物年龄的判断》Traité De L'age Des Animaux Domestiques D'après Les Dents 164
《论植物新分类》Essai d'une Nouvelle Classification des Végétaux 73
《马的对称步态》Symmetrical gaits of horses 213
《蟒蛇图集》Die Zeichnung der Boiden 165
《美国鸟类》The Birds of America 90
《面相学文集》Essays on Physiognomy 67
《奶酪的真相》The truth about cheese 236
《鸟类学》（阿尔德罗万迪）Ornithologiae 7
《鸟类学》（雷和威路比）Ornithology 34
《鸟类自然史》A Natural History of Birds 57
《纽伦堡编年史》Nuremberg Chronicle 20
《诺森伯兰动物寓言集》Northumberland Bestiary 10
《欧亚和北美的古哺乳动物时代》The Age of Mammals in Europe, Asia and North America 173
《爬行动物骨骼学》Osteology of the Reptiles 212
《胚胎学》Embryologie 210
《普通地质学》Elementary Geology 89
《蜻蜓与蜉蝣》Dragonflies and mayflies 64
《人的直立姿势》The Upright Posture of Man 195
《人的种类》Types of Mankind v
《人类的由来》The Descent of Man 114
《人类救赎之镜》Miroir de l'Humaine Salvation 22
《人类学及人类进化史》Anthropogenie oder Entwickelungsgeschichte des Menschen 150
《人体测量学实验手册》A Laboratory Manual of Anthropometry 189
《三个自然神学论述》Three Physico-theological Discourses 48
《蛇与龙的自然史》Serpentum et Draconum Historiæ 6
《生命之树：向达尔文致敬》Tree of Life: Homage to Darwin 176
《生命之树的现代化》Modernising the Tree of Life 220
《生物多样性——来自枪炮、渔网和推土机的破坏》Biodiversity：the ravages of guns, nets and bulldozers 230
《生物化石地层系统》Stratigraphical System of Organized 78
《生物学简史》A Short History of Biology 3
《水晶宫恐龙园》The Crystal Palace Dinosaurs 113
《四足动物通史》A General History of Quadrupeds 45
《苏里南昆虫变态图谱》Metamorphosis Insectorum Surinamensium 42
《万物志》De Proprietatibus Rerum 15
《伟大的艺术》Ars Magna 16
《无脊椎动物的系统》Système des Animaux Sans Vertèbres 74
《无脊椎动物自然史》Histoire Naturelle des Animaux Sans Vertèbres 74
《物种发生》On The Genesis Of Species 135
《物种起源》On the Origin of Species 102
《新拉鲁斯插图词典》Nouveau Larousse illustré 162
《新世界》De Nieuwe en Onbekende Weereld 33
《形态学大纲》Generelle Morphologie der Organismen 148
《性别决定——为什么要有这么多方式？》Sex determination 225
《遗传理论研究》Studies in the Theory of Descent 144
《英格兰、威尔士和苏格兰部分地区的地层概述》A Delineation of the Strata of England and Wales, with part of Scotland 78
《英国海洋史——海葵与珊瑚》A History of the British Sea—Anemones and Corals 124
《英国昆虫自然史》A Natural History of English Insects 48
《有袋类动物染色体的演化》Chromosome evolution in marsupials 233
《鱼类、虾类和蟹类》Poissons, Écrevisses et Crabes 60
《鱼类史》De Historia Piscium 34
《鱼类学》De Piscibus 7
《远古多塞特》Duria Antiquior 97
《植物地理学的观念》Ideen zu einer Geographie der Pflanzen 76
《植物杂交实验》Versuche über Pflanzenhybriden 130
《自然创造的遗迹》Vestiges of a Natural Creation 92
《自然创造史》Natürliche Schöpfungsgeschichte 88
《自然界的艺术形态》Kunstformen der Natur 148
《自然三大界之方法论及百科图表》Tableau Encyclopedique et Méthodique des Trois Règnes de la Nature 73
《自然史》Histoire Naturelle 58
《自然史的秘密——世界志怪录》Le Secret de l'Histoire Naturelle Contenant les Merveilles et Choses Mémorables du Monde 25
《自然史（第五卷）：鱼类和水生哺乳动物》Historiae Naturalis de Piscibus et Cetis Libri V
《自然通讯》Nature Communications 234
《自然万宝全书》Locupletissimi Rerum 41

人物

图像来源

书中地图系原文插附地图

出版方已尽力联络书中收录作品的版权所有者，如有疏漏，还请谅解。插图由作品的所有者、许可人或持有机构慷慨提供，如下所示：
Alamy Stock Photo/Everett Collection Historical: p.188
© 2019 American Association for Anatomy, by permission of John Wiley and Sons: p.177
© Amgueddfa Cymru – National Museum of Wales, photo Robin Maggs: p.97
Author' s collection, and author's faculty collection: pp. vi, 32, 45（下）, 47, 66, 82—85, 88, 89（下）, 91, 92, 102, 107, 111, 122, 123, 133, 134, 135, 137, 140, 144, 145, 150, 153, 156, 157, 158, 159, 162, 164, 166—171, 174, 175, 176, 178, 179, 181, 183—187, 189, 190, 191, 196—204, 206—210, 212, 214, 217
© 2014 Bachtrog et al. PLoS Biol 12(7): e1001899, under Open Access Creative Commons license (CC by 4.0) https://creativecommons.org/licenses/by/4.0: p.225
Bayerische Staatsbibliothek München: pp. 20, 21 (Rar. 287, fols 4v, 5r), 26 (Res/2 Anat. 13, tab. III, p.69), 27 (Res/2 Anat. 13, p.67)
Biblioteca de Catalunya, Barcelona, under Public Domain Mark 1.0 license: p.16
Biblioteca Digital del Real Jardín Botánico, CSIC: https://bibdigital.rjb.csic.es: pp. 54–55
Bibliothèque nationale de France, Paris: pp. 12, 24, 25
Biodiversity Heritage Library (BHL): p.64
The British Library, London, under Public Domain Mark 1 (PDM 1.0) license: p.52
Carol Ballenger / David M. Hillis: p.221
CASG Slide #351069, Sara Mansfield © 2014 California Academy of Sciences: p.205
Chantilly, cliché CNRS-IRHT, © Bibliothèque et archives du musée Condé, Chantilly: pp. 15 (Ms 339, fo. 270), p.23 (Ms 139, fo. 33), p.22 (Ms 139, fos 3v, 30v, 29v)
The Dean & Chapter, Hereford Cathedral: Richard of Haldingham, *Mappa Mundi*, c.1300, details: pp. 5(上), 14
D. Dunlop: p.73
David M. Hillis, Derrick Zwickl, and Robin Gutell, University of Texas: p.220
Evogeneao Tree of Life, 2008, 2017, © Leonard Eisenberg, courtesy of www.evogeneao.com: p.223
Dr Gabriel S. Bever, Center for Functional Anatomy & Evolution, Johns Hopkins University School of Medicine: p.228
Genes (Basel), 2018 Feb; 9(2):72, under Open Access Creative Commons license (CC by 4.0) https://creativecommons.org/licenses/by/4.0: p.245
The Geological Society of London: pp. 80—81, 89(上)
Getty Research Institute, Digital image courtesy of the Getty' s Open Content Program: pp. 3, 17, 33
Getty Research Institute, Research Library (archive.org), via Biodiversity Heritage Library (BHL): pp. 42, 43
Graham Lawton, Guilty Pleasure: The Carbon Footprint of Cheese, *New Scientist*, 13/02/2019, © 2019 New Scientist Ltd. All rights reserved. Distributed by Tribune Content Agency: p.236
© 2011 Graphodatsky et al.; licensee BioMed Central Ltd, under Open Access licence (CC by 2.0): p.224
Harvard University Botany Libraries, via Biodiversity Heritage Library (BHL): pp. 40—41(局部), 53, 72
Harvard University, Museum of Comparative Zoology, Ernst Mayr Library, via Biodiversity Heritage Library (BHL): pp. 46, 60, 61, 74, 96
Historic Maps Collection, Department of Rare Books and Special Collections, Princeton University Library: p.103
Howard Lynk – VictorianMicroscopeSlides.com: pp. 142, 143
iTOL.embl.de, Interactive tree of life, 2019, European Molecular Biology Laboratory: p.235
The IUCN Red List of Threatened Species, by permission: pp. 238, 239
The J. Paul Getty Museum, Los Angeles: pp. 10, 11
© Jeff Blossom, Center for Geographic Analysis, Harvard University: p.226
John Rylands Library, Copyright of The University of Manchester: p.13
Prof. Jonatas Abrahão, Institute of Biological Sciences, Universidade Federal de Minas Gerais, Brazil: p.234
Koninklijke Bibliotheek, The Hague: pp. iii, 18,19
© Kurt Stueber (GNU Free Document License): p.149
Library of Congress, Washington D.C., licensed under CC0 1.0 Universal (CC by 1.0): pp. 121,151,152,154; 124 (Geography and Map Division)
Maxwell SL, Fuller RA, Brooks TM, and Watson JE, 2016: p.230
MBLWHOI Library, via Biodiversity Heritage Library (BHL): pp. 85,100,132,138—139, 141,155,192, 193
Mendel Museum, Masaryk University, Brno: p.130
Michigan State University Libraries: p.38
Missouri Botanical Garden, Peter H. Raven Library, via Biodiversity Heritage Library (BHL): pp. 62, 76
National Agricultural Library, Agricultural Research Service, U.S. Department of Agriculture: p.49
Natural History Museum Library, London, via Biodiversity Heritage Library (BHL): pp. 98—99, 118,119
Nature Reviews, Microbiology, 2019, 17(4), 199–200 – fig. 1; courtesy of Prof. Ron Milo, Weizmann Institute of Science, Rehovot: p.232
N. M. Foley, M. S. Springer, and E. C. Teeling: p.227
Open source, via Archive.org (CC Mark 1.0): pp. 110—111
Polish Academy of Arts and Sciences, project PAUart, www.pauart.pl: pp. 110—111
Princeton Theological Seminary Library: p.48
Public domain: pp. 108—109,180,186—187
Rens, W. et al., Resolution and evolution of the duck-billed platypus karyotype..., 2004, *Proceedings of the National Academy of Sciences*, vol. 101, pp. 16257–16261, fig. 3f, Courtesy of the authors: p.237
Reprinted with permission of AAAS from Estrada et al., Sci. Adv. 2017;3: e1600946, fig. 5, © The Authors, some rights reserved; exclusive licensee American Association for the Advancement of Science. Distributed under a Creative Commons Attribution NonCommercial License 4.0 (CC BY-NC) http://creativecommons.org/licenses/by-nc/4.0/: p.231
Reproduced by kind permission of the Syndics of Cambridge University Library: p.120
Republished with permission of the American Association for the Advancement of Science, from Doolittle, Phylogenetic classification and the universal tree, *Science*, 1999, vol. 284, issue 5423, pp. 2124–2148, fig. 2; permission conveyed through Copyright Clearance Center, Inc.: p.218
Republished with permission of the American Association for the Advancement of Science, from M. Hildebrand, Symmetrical Gaits of Horses, *Science*, 1965, 150:3697, pp. 701–708, permission conveyed through Copyright Clearance Center, Inc.: p.213
Republished with permission of The Royal Society, from Nilsson and Pelger, A Pessimistic Estimate of the Time Required for an Eye to Evolve, *Proceedings: Biological Sciences*, 1994, 256:1345, figs 1, 2; permission conveyed through Copyright Clearance Center, Inc.: p.216
Rijksmuseum, Amsterdam, (CC0 1.0), RP-P-1896-A-19368-340: p.39
R. Muller, Department of Physics and Lawrence Berkeley Laboratory, University of California: p.222
Robarts Library, University of Toronto Library, via Archive.org: jacket and p.163
Science Photo Library: pp. 78 (Science Source), 116–117 (Paul D. Stewart)
Scientific Reports, 2016, 6:29609 – fig. 3, under Open Access, Creative Commons license (CC by 4.0) https://creativecommons.org/licenses/by/4.0: p.229
Smithsonian Libraries, via Biodiversity Heritage Library (BHL): pp. 插页, 标题页, iv, viii—1, 5(下), 6, 7, 28—31, 34—37, 44, 45(上), 50, 51, 56, 59, 63, 79, 90, 94, 101, 104, 105, 106, 107, 125, 128, 129, 136, 165
Special Collections, University of Aberdeen: pp. 2, 4, 8, 9
Stephen Turner: p.77
University of California Libraries (archive.org), via Biodiversity Heritage Library (BHL): pp. 126,127
University of Glasgow Library, via Wellcome Collection, London, under Public Domain Mark 1 (PDM 1.0) license: pp. 70, 71
University of Michigan, Creative Commons Zero (CC0): p.182
University of Toronto – Gerstein Science Information Centre, via Biodiversity Heritage Library (BHL): pp. 93, 160, 161
Wellcome Collection, London, under Creative Commons license (CC by 4.0) https://creativecommons.org/licenses/by/4.0: pp. 57, 58, 65, 67, 68, 69, 75, 115, 121, 146—147, 148, 194, 195, 215
Wellcome Collection, London, under Public Domain Mark 1 (PDM 1.0) license: p.v
William Martin, Institut für Molekulare Evolution, Heinrich Heine Universität, Düsseldorf: p.219

1
2
3
4
5
6
7
8
9
10
15
16
17
19
20
21
22
23
24
25
26
27
29
54
55
56
57
58
62
63
67
68
73
75
77
79
80
81
82
83
84
85
86
87
88
89
90
91
92
93
95
96
97
98
99
100
101
102
103
104
105
106
107
108
109
110
111
112
113
114
115
120
122